U0172204

湖北省公益学术著作出版专项资金资助项目
中国城市建设技术文库
丛书主编　鲍家声

Research on Decision Support Scheme of Passive Ultra Low-energy Building Design
Take Residential Buildings in Cold Region as an Example

被动式超低能耗建筑设计辅助决策方法研究

以寒冷地区居住建筑为例

吴　迪　著

http://press.hust.edu.cn
中国 · 武汉

图书在版编目(CIP)数据

被动式超低能耗建筑设计辅助决策方法研究：以寒冷地区居住建筑为例/吴迪著.—武汉：华中科技大学出版社，2023.1
（中国城市建设技术文库）
ISBN 978-7-5680-8491-8

Ⅰ.①被…　Ⅱ.①吴…　Ⅲ.①寒冷地区-建筑设计-节能设计-研究　Ⅳ.①TU201.5

中国版本图书馆 CIP 数据核字(2022)第 223410 号

被动式超低能耗建筑设计辅助决策方法研究——以寒冷地区居住建筑为例　吴　迪　著
Beidongshi Chaodi Nenghao Jianzhu Sheji Fuzhu Juece Fangfa Yanjiu
——Yi Hanleng Diqu Juzhu Jianzhu Wei Li

出版发行：华中科技大学出版社（中国·武汉）　　电话：(027)81321913
地　　址：武汉市东湖新技术开发区华工科技园　　邮编：430223

策划编辑：简晓思
责任编辑：陈　骏　　封面设计：王　娜
责任校对：刘　竣　　责任监印：朱　玢

录　　排：武汉正风天下文化发展有限公司
印　　刷：湖北金港彩印有限公司
开　　本：710mm×1000mm　1/16
印　　张：19.75
字　　数：371 千字
版　　次：2023 年 1 月第 1 版第 1 次印刷
定　　价：198.00 元

投稿邮箱：zhangsm@ hustp.com
本书若有印装质量问题，请向出版社营销中心调换
全国免费服务热线：400-6679-118　竭诚为您服务

作者简介

吴迪，女，1988 年生，天津大学建筑学博士，郑州大学建筑学院讲师，硕士生导师。主要从事可持续建筑理论与设计方法、生态城市与绿色建筑等研究。以第一作者在国内外高水平学术期刊发表论文 10 余篇，主持中国博士后科学基金 1 项、河南省自然科学基金青年基金 1 项，参与国家重点研发计划项目 2 项、国家国际科技合作项目 1 项。曾指导学生在全国绿色校园概念设计大赛中获得一等奖。

前　言

作为一种以量化目标为导向的节能标准，德国被动房标准自问世以来，对全世界产生了深远影响。我国被动式超低能耗建筑的相关标准是在被动房标准的启发下，根据国情进行调整演化的产物，在建筑节能实践中发挥着重要作用。被动式超低能耗建筑相关标准应用的问题主要体现在设计过程的后期评价难以落实到建筑前期的方案设计阶段，造成方案设计阶段优化周期长、效率低。为了将目标导向的性能化设计方法落实到被动式超低能耗建筑方案设计阶段，本书提出被动式超低能耗建筑设计辅助决策方法，在建筑前期设计阶段，该方法对于有效控制能耗、提升设计效率、保证被动式超低能耗总体目标的实现具有重要意义。

本书第 1 章绪论部分介绍了被动式超低能耗建筑的发展背景、相关概念和研究现状。第 2 章对德国被动房标准进行了研究，对欧洲其他国家针对自身国情调整被动房标准的理论研究和实践进行总结，进而分析我国被动式超低能耗建筑以被动房标准为基础的演化过程。第 3 章以被动式超低能耗建筑标准和现行节能设计方法的基本构成为逻辑依据，提出建筑前期方案设计阶段达成能耗目标的方法框架，包括能耗目标的分步实现、各阶段能耗目标的设定以及遴选适宜的设计策略等。第 4 章在案例调研的基础上，按照居住建筑的类别，建立了寒冷地区被动式超低能耗居住建筑典型模型，筛选研究变量并确定变量的取值范围。第 5 章基于典型模型、能耗模拟、统计学分析方法及我国既有被动式超低能耗建筑标准，对我国寒冷地区被动式超低能耗居住建筑设计各阶段能耗目标值进行推导。第 6 章基于全局敏感度分析方法，对寒冷地区被动式超低能耗居住建筑方案设计阶段的设计策略进行敏感度分析和排序。第 7 章应用研究成果对两个案例进行优化设计，验证了方法的有效性。

本书采用了文献研究、比较分析、演绎推理等定性分析方法及能耗模拟、回归分析、统计分析等定量分析方法，建立了面向方案设计阶段的被动式超低能耗建筑设计辅助决策方法框架，推导了各阶段能耗目标值，并对寒冷地区被动式超低能耗居住建筑设计策略敏感度排序，以期推进我国被动式超低能耗建筑设计的效率与进程。

本书的撰写得到了中国博士后科学基金（2019M662531）、河南省自然科学基金青年科学基金（202300410428）、河南省高等教育教学改革研究与实践重点项目（2021SJGLX047）、河南省重点研发与推广专项（科技攻关）（222102110125）的支持。衷心感谢提供鼎力支持的河北奥润顺达窗业集团、青岛中德生态园与河北在水一方。

由于时间有限，书中不足之处敬请广大读者批评指正。

作者

2022 年 6 月 28 日

目　录

1　**绪论**　001

1.1　被动式超低能耗建筑的发展背景　002

1.2　被动式超低能耗建筑的相关概念　010

1.3　被动式超低能耗建筑的研究现状　015

2　**从德国被动房标准到我国被动式超低能耗建筑标准**　051

2.1　德国被动房标准分析　053

2.2　欧洲其他国家被动式超低能耗建筑标准分析　066

2.3　中国被动式超低能耗建筑标准分析　076

2.4　我国被动式超低能耗建筑标准的借鉴与调整　085

3　**被动式超低能耗建筑设计辅助决策方法构建**　089

3.1　方法构建的逻辑基础　091

3.2　被动式超低能耗建筑设计辅助决策方法框架　096

3.3　方法框架核心环节分析　101

4　**寒冷地区被动式超低能耗居住建筑典型模型建立**　117

4.1　寒冷地区居住建筑分类与案例调研　118

4.2　典型模型的建立　126

4.3　典型模型变量设置　131

5 寒冷地区被动式超低能耗居住建筑设计能耗目标值研究 153
5.1 能耗目标值的推导方法 154
5.2 形体生成阶段能耗目标值研究 159
5.3 综合完善阶段能耗目标值研究 168
5.4 协同深化阶段能耗目标值研究 174

6 寒冷地区被动式超低能耗居住建筑设计策略敏感度分析 177
6.1 敏感度分析方法 178
6.2 形体生成阶段设计策略敏感度分析 180
6.3 综合完善阶段设计策略敏感度分析 188

7 被动式超低能耗建筑设计辅助决策方法应用 203
7.1 被动式超低能耗建筑设计辅助决策方法归纳 204
7.2 案例应用一:寒冷地区被动式超低能耗低层住宅优化设计 205
7.3 案例应用二:寒冷地区被动式超低能耗高层住宅优化设计 222

参考文献 240
附录 259
后记 306

1 绪 论

1.1 被动式超低能耗建筑的发展背景

1.1.1 建筑节能的宏观背景

日益紧迫的资源、环境与经济发展的矛盾已成为国际社会共同面临的一个严峻挑战。美国能源署发布的《世界能源展望 2018》(*World Energy Outlook 2018*)预计，到 2040 年，亚洲非经合组织国家将是能耗增长最快的地区（图 1-1）[1]。

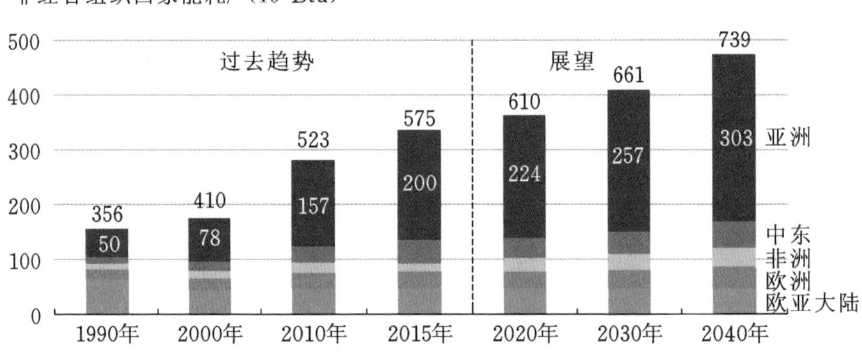

图 1-1 亚洲非经合组织国家将是能耗增长最快的地区

（图片来源：文献[1]）

在我国，随着居民生活水平的提高和建筑业的蓬勃发展，建筑对能源的需求和消耗不断扩大，能源问题日益凸显。数据显示[2]，我国建筑部门用能年均增长率在 5% 以上，2020 年，我国能源消费总量已突破 54 亿吨标煤，大大超出能源供应能力。今后一段时期是我国实现节能减排目标的关键期[3]。为达到我国能源和碳排放目标，缓解我国能源问题，防止生态环境进一步恶化，建筑业必须将节能工作向更广、更深的层面发展。

1.1.2 德国被动房的产生及其影响

为了应对能源危机、实现可持续发展，世界各国都积极制订中长期目标和技术路线图，推动节能建筑从低能耗向超低能耗、近零能耗、零能耗甚至正能耗发展。

20世纪90年代初期，被动房（德文“passivhaus”，英文“passive house”）作为超低能耗建筑的一种类型在德国发端。被动房理念的雏形是瑞典学者Bo Adamson提出的一种保温性能极佳，无须使用传统采暖系统的建筑理念[4]。Bo Adamson与德国物理学家Wolfgang Feist建立了被动房研究所（passive house institute，PHI），一同开始对被动房理念和标准进行系统研发。

融合20世纪70—80年代丹麦、德国、瑞典等国一系列超低能耗实验住宅、零能耗建筑及超级保温房（super-insulated houses）的研究成果，并通过一系列严谨的计算、论证和实验，被动房理念逐步成型[5]。1991年，世界上第一座真正意义上的被动房在达姆施塔特落成，标志着被动房理念的正式确立（表1-1）。

表1-1 被动房理念在20世纪70—80年代一系列研究成果之上发展而来

时间	地点	项目	图示	要点
1973年	哥本哈根	DTH零能耗屋		早期被动房研究借鉴了在这所房子中做的实验及获得的经验
1974年	德国	Philips实验住宅		实验性超级保温住宅，佐证了被动式技术对于节能的重要性
1981年	美国	超级保温房		与被动房非常相近，是欧洲低能耗住宅和被动房的重要研究基础
1985年	美国	Rocky Mountains Institute		超级保温的太阳能被动房在2011年的国际被动房大会上被授予“被动房先锋奖”
1989年	德国	Nulli		零耗能房，许多被动房研究小组的成员参与了这个项目
1991年	德国	energy-autarchic solar house		与被动房非常接近

续表

时间	地点	项目	图示	要点
1991 年	德国	passive house darmstat		第一座正常运行的被动房，达姆施塔特被动房

（数据来源：根据文献[5]整理绘制）

与其他低能耗、超低能耗建筑理念相比，被动房具有五个显著特征：高性能保温，高性能外窗，带热回收的机械通风系统，气密性，无热桥设计。

1. 高性能保温

被动房通过高性能保温将热量留在室内，使冬季采暖需求维持在较低水平。

2. 高性能外窗

实验表明，被动房需要配置 U 值小于 0.85 W/（$m^2 \cdot K$）的高性能外窗，并进行专业的无热桥安装，才能避免由窗户内表面温度过低而引起的不舒适感觉[8]（图 1-2）。

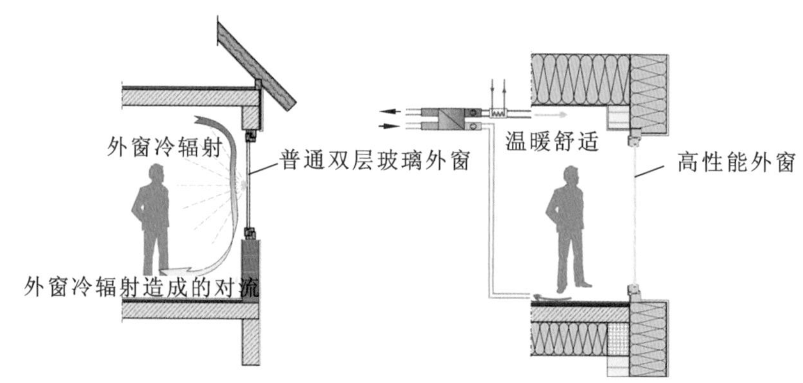

图 1-2　被动房的高性能外窗

（图片来源：作者自绘）

3. 带热回收的机械通风系统

被动房的采暖、新风和生活热水，仅需通过一个带热回收的机械通风系统（mechanical ventilation with heat recovery，MVHR）就可以全部完成，又称“紧凑型系统”（compact unit），如图 1-3 所示。 MVHR 配置的热量回收模块，对建筑内部热源（如身体产热、家电产热、太阳得热等）产生的热量进行回收利用，可以补偿部分采暖需求（图 1-4）。

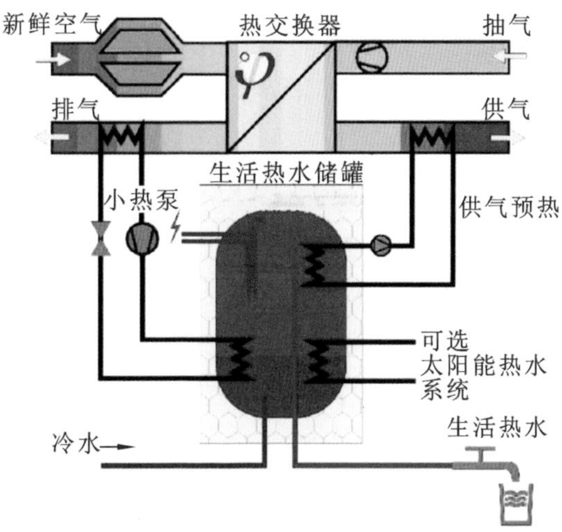

图 1-3　典型被动房紧凑型系统原理

（图片来源：文献[6]）

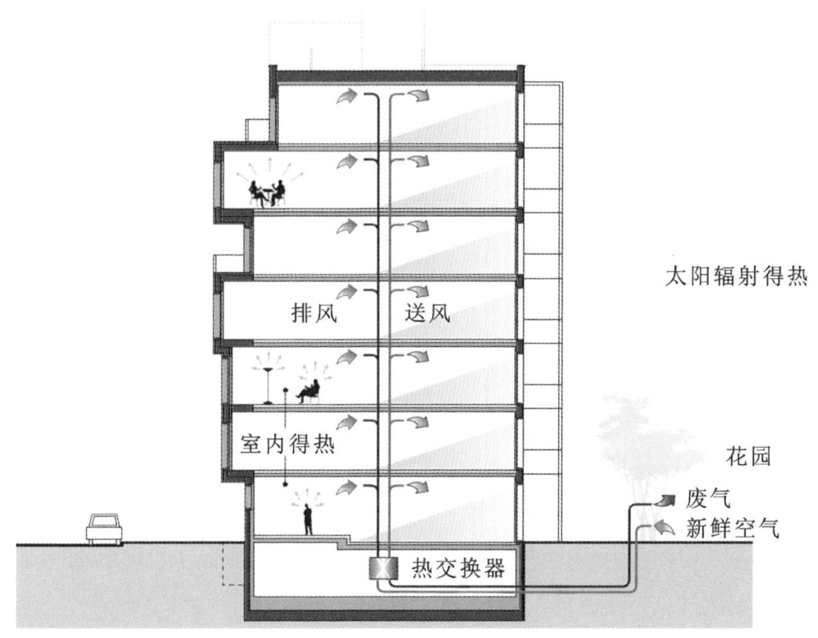

图 1-4　MVHR 多层建筑应用

（图片来源：作者自绘）

4. 气密性

在围护结构保温性能极大提高后，由空气渗透造成的热量损失就成为影响采暖需求的重要因素。为了达到被动房标准，被动房对围护结构气密性的要求很高。

5. 无热桥设计

被动房采用无热桥设计，使得通过围护结构贯穿部位、节点和缝隙等薄弱部位散失的热量大大减少。被动房总结出形象的“宽铅笔”原则来表达对保温层和气密层连续性的要求，即：保温层和气密层设计必须满足用一个宽头铅笔无间断地划过（图 1-5）。

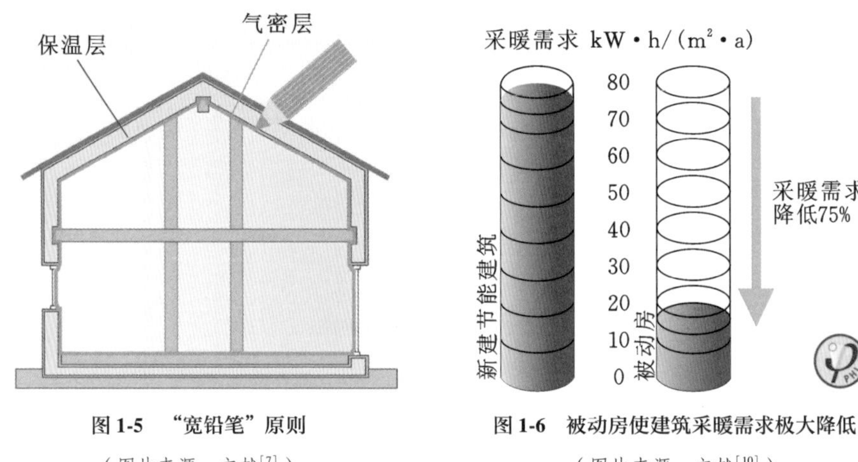

图 1-5 “宽铅笔”原则

（图片来源：文献[7]）

图 1-6 被动房使建筑采暖需求极大降低

（图片来源：文献[10]）

被动房虽然以上述五点为显著特征，但是被动房标准并不从技术措施的角度进行约束，而是以量化目标进行要求（详细标准参见本书 2.2 节）：

- 建筑室内热负荷<10 W/m² 或采暖需求<15 kW·h/（m²·a）；
- 制冷需求+除湿需求<15 kW·h/（m²·a）；
- 一次能源消耗量<120 kW·h/（m²·a）。

被动房使建筑采暖需求极大降低，比普通新建建筑节能 75% 以上[9]（图 1-6）。

作为一种以量化目标导向的节能标准，德国被动房标准自问世以来，对全世界产生了深远影响。

2006 年欧盟建筑能效指令 EPBD（Energy Performance of Building Directive）正式生效后，德国被动房标准成为各国效仿的标杆，欧洲各国开始逐步建立本国超低能耗建筑标准或认证体系，如英国 AECB 系列标准、挪威 NS3700 标准和瑞士 Minergie 等。美国、加拿大、法国、荷兰、奥地利均出台了与被动式超低能耗标准节能水平接近的标准。中国以河北省《被动式低能耗居住建筑节能设计标准》(DB13(J)/T 273—2018)为先导，山东、北京、河南、黑龙江等省市逐步开始建立自己的被动式超低能耗建筑标准或导则。

发展至今，受被动房标准影响而开展相关研究的地区涉及欧洲、亚洲和美洲，研究工作涉及标准制定、建成项目性能实测、生命周期评价等领域。

1.1.3 被动式超低能耗建筑在我国的蓬勃发展

我国于2007年通过中德合作将被动房理念和技术引入国内，衍生出被动式超低能耗建筑等类似概念（详见本书1.2节），相关研究和项目建设逐步展开。

2010年，上海世博会城市最佳实践区的被动房示范项目“汉堡之家”首次进入公众视野[12]（图1-7）。

图1-7 2010年上海世博会被动房示范项目“汉堡之家”

（图片来源：文献[11]）

2013年，我国第一个被动式超低能耗建筑示范项目“在水一方”在河北秦皇岛落成。随后，关于被动式超低能耗建筑的相关研讨、交流不断加深，国内逐渐掀起了被动式超低能耗建筑研究与建设热潮。

2016年，由住房和城乡建设部等单位编制的《被动式低能耗建筑——严寒和寒冷地区居住建筑》的出版，对于被动式超低能耗建筑的材料选用、构造节点设计等技术方面起到了规范和指导作用。同年，国务院印发了《关于进一步加强城市规划建设管理工作的若干意见》，在“推进节能城市建设”一节中提到“发展被动式建筑”，这是被动式建筑首次出现在国家文件中。

2018 年，由被动式低能耗建筑产业技术创新战略联盟组织编撰的《被动式低能耗建筑产品选用目录（第四批）》发布，包含门窗组、屋面和外墙防水材料/保温材料/预压膨胀密闭带、设备组等产品，有力推动了建筑业产品和施工水平的升级。

2018 年，由住房和城乡建设部联合国家市场监督管理总局发布了《近零能耗建筑技术标准》(征求意见稿）[14]，这是我国被动式超低能耗建筑及近零能耗建筑领域研究的重要成果。

截至 2018 年 6 月底，被动式超低能耗建筑示范项目覆盖北京、山东、河北、河南、黑龙江、青海、福建、天津等省市[15]，涉及严寒、寒冷、夏热冬冷、夏热冬暖地区（以寒冷地区城市分布最为密集），包括居住建筑、办公建筑、工业建筑等多种建筑类型。 笔者将近年来具有代表性的国内被动式超低能耗居住建筑项目进行了归纳，见图 1-8。

被动式超低能耗建筑吸收并借鉴国际成功经验，以明确的、量化的能耗目标为唯一衡量标准[16]，引导着建筑设计探索各种设计策略、技术措施的组合达到超低能耗目标。 与常规技术措施导向的节能建筑设计不同，被动式超低能耗建筑呈现鲜明的性能化设计特征，建筑采暖、制冷需求计算成为设计重要的辅助手段[16]。

由于采暖、制冷需求往往需要在围护结构构造、供热通风与空气调节系统确定后才可以计算，而目前被动式超低能耗建筑能耗需求核算主要涉及的是初步设计阶段和施工图设计阶段，难以对建筑前期的方案设计起到有效的引导和控制，缺乏对能耗因素的整合，造成优化过程长、效率低的问题。 可以说，虽然量化目标导向的标准确立了被动式超低能耗建筑的性能化设计特征，但是并未很好地落实到建筑方案设计阶段。 被动式超低能耗建筑的相关标准和评价仍主要体现在方案设计完成后的初步设计和施工图设计阶段。

而建筑前期方案设计阶段恰恰是在许多因素尚未确定的情况下，建筑师调动所有可能做出建筑形体、空间与平面布局决策的重要阶段。 有学者对 67 座建筑进行调研时发现，在 303 项建筑节能设计策略中，有 57% 是在方案设计阶段确定的，而在初步设计阶段确定的仅有 13%[17]。 国内外调研和大量实际工程经验也表明，建筑 30% 以上的节能潜力来自建筑方案设计阶段[18]。 随着设计的深入，不可更改内容的增多，节能潜力越来越小，决策的有效性也不断衰减（图 1-9）。

对比我国现行的 65% 节能标准，被动式超低能耗建筑的要求更高（计算方法详见 1.2 节），其高标准、严要求使得依靠经验判断或技术措施叠加的设计与决策方法难以满足要求。 如果以量化目标为导向的性能化设计落实到被动式超低能耗建筑前期方案设计阶段，建筑师就可以在设计前期及时对设计方案的能耗表现进行诊断和

北京百子湾公租房
青岛绿色公园
天津中新生态城公屋二期
4号楼、5号楼
河北高碑店列车新城
北京铁血山庄
大连博朗金维度
天津生态城公屋二期
济南汉峪海风组团
河北天山熙湖二期住宅
小区被动房项目
高碑店被动式专家公寓楼
青海丽水湾被动式超低
能耗绿色建筑示范项目
福建南安北山被动式
住宅示范工程
秦皇岛“在水一方”
C12#楼
哈尔滨“辰能·溪树庭院”
B4楼
广东Halodome

图 1-8　国内被动式超低能耗居住建筑项目

（图片来源：作者根据网络资料整理）

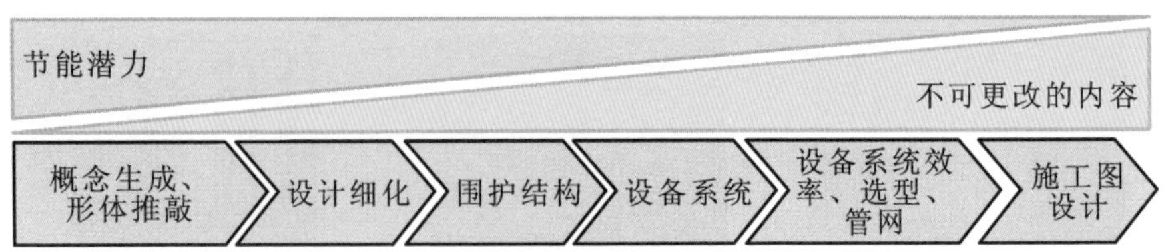

图 1-9　随着设计的深入，建筑节能潜力递减，不可更改的内容增多

（图片来源：作者自绘）

评价，并据此优化设计，使建筑前期设计策略的选择有据可依，在设计进程的开始就为超低能耗目标的整体实现提供有力保障。

基于以上认识，本书结合天津大学的国家国际科技合作专项项目低碳城市与绿色建筑设计关键技术研究（2014DFE70210）、“十三五”国家重点研发计划（2016YFC0700200）、高等学校学科创新引智计划（B13011）等项目，提出了“被动式超低能耗建筑设计辅助决策方法”研究课题，旨在建立一套面向方案设计阶段的被动式超低能耗建筑设计方法框架。

1.2　被动式超低能耗建筑的相关概念

1.2.1　被动房

被动房研究所对被动房的定义[19]是：“仅靠再加热或再冷却维持室内空气质量所需新鲜空气就能达到 IS07730 规定热舒适度，不再需要额外的空调系统”的建筑。

图 1-10　被动房认证标签

（图片来源：PHI 官网）

被动房研究所对于申请被动房认证的建筑拥有一套完整的认证体系。认证时被动房研究所会对设计方案和施工方案进行全面的考察，只有当建筑满足被动房标准的所有条目，并且性能测试达标时（如建筑完工后进行的气密性测试），才予以颁发被动房认证标签（图 1-10）。

由于被动房一词具有很强的专属性，文中涉及的“被动房”均特指通过德国被动房研究所认证的建筑。

1.2.2 被动式超低能耗建筑

在被动房这一概念传入我国的过程中，由于翻译和语言习惯差异的存在，我国在相关文献、文件中曾使用过“被动式低能耗建筑[20][21]”“被动式超低能耗建筑[22]”“被动式超低能耗绿色建筑[23]”“被动式房屋[24]”等词语来指代衍生自德国被动房的建筑技术体系。这些词语虽然类似，但是概念范畴又有一定的差异。厘清概念、确定准确用词是开展后续研究的第一步，分析过程如下。

1. 被动式

通常意义上的“被动式”是与“主动式”相对立的概念，用来形容不需要耗费能源的设计策略或技术。譬如，我国许多传统建筑（如北方窑洞、南方徽派建筑）都应用了被动式设计策略。

“被动房”和“被动式超低能耗建筑”与通常意义上的“被动式建筑”有所不同，它们不排斥主动技术，而是强调优先通过被动式设计策略（如保温、隔热、气密性、太阳能辐射、室内非采暖热源得热及建筑围护结构高效节能技术等），最大限度地降低冬季采暖需求，减少建筑对主动式采暖和制冷系统的依赖。在此基础上，辅以一套富有创新性的新风加热和热回收系统，使建筑不再依赖传统的采暖和空调系统即可实现冬季和夏季室内热环境舒适[25]。

被动房不排斥主动技术，但其仍以“被动房”命名，目的在于突显该理念对被动式设计的重视。因此，本书保留“被动式”这一限定，可以凸显“被动式超低能耗建筑”与“被动房”之间的渊源关系，也起到强调被动式技术的作用。

2. 超低能耗

我国既有文献中存在“低能耗”“超低能耗”“绿色建筑”等不同提法。本书通过文献调研与分析，分别对“低能耗”“超低能耗”和“绿色建筑”这三个概念范畴进行了界定（表 1-2）。

表 1-2 低能耗、超低能耗与绿色建筑的概念界定

概念	范畴界定	界定依据
低能耗	比现行标准再节能 40% ～60%	NorthPass 研究报告[26]； GIZ 与我国住房和城乡建设部联合发布的报告[27]； SBI 于 2008 年对欧盟成员国开展问卷调查[28]

续表

概念	范畴界定	界定依据
超低能耗	比常规新建建筑要再节能 60% 以上	Wuppertal Institute 的一份研究报告[29]
	采暖、空调与照明能耗比 2016 年节能设计标准降低 50% 以上	《近零能耗建筑技术标准（征求意见稿）》[14]
绿色建筑	“四节一环保”	《绿色建筑评价标准》[30]

（数据来源：根据文献[14][26][27][28][29][30]整理绘制）

超低能耗建筑可以看作是比现行节能标准再节能 50% 以上的建筑。经计算，被动房采暖需求（15 kW · h/（m^2 · a））比我国现行“节能 65% 标准”[31]中的耗热量指标（换算成 kW · h 约为 47 kW · h/（m^2 · a））①还要再节能近 70%，根据表 1-2 的界定，被动房的节能水平相较于我国寒冷地区现行节能法规，已经属于超低能耗范畴。

结合我国《绿色建筑评价标准》中对于“绿色建筑”的定义可知，绿色建筑除了考虑“节能”，还包含“节地”“节水”和“节材”，并需要从建筑的全生命周期出发（材料生产与运输、设计、建造、运行、维护、拆除、再利用）考虑问题。从这个意义上来看，绿色建筑比被动房的理论外延更为宽泛。由于被动房概念更加关注用能需求和能耗，故本文避免使用“绿色”一词，否则容易造成概念的外延不明确。

3. 中心词：建筑

被动房的中心词是“房（house）”，而我国的各种用词虽然不统一，但中心词均选用了“建筑（building）”一词。根据我国的语言习惯，“房”更容易让人联想到小体量的建筑。而我国现阶段按照使用功能将建筑分为民用建筑和公共建筑。民用建筑中的居住建筑除了小体量的别墅，更多的是大体量的单元住宅和高层住宅。从这个角度来看，使用“建筑”作为中心词来表述比“房”更为准确。

综合以上分析，本书统一使用“被动式超低能耗建筑”来指代在德国被动房理

---

①《严寒和寒冷地区居住建筑节能设计标准》中，耗热量限值 17.1 W/m^2，按照 HDD18 计算，约等于 47 kW · h /（m^2 · a）。

念基础上发展而来的建筑概念。“被动式超低能耗建筑”一方面表达了与被动房的渊源关系，另一方面也强调了与被动房的区别，即各国在引入被动房时对标准与技术体系产生的调整与修改。

1.2.3 设计辅助决策

1. 设计

建筑设计是介于建筑策划和建筑施工之间的环节[32]，是建筑从构思到实现全流程中至关重要的一环。通常，建筑设计又分为方案设计、初步设计、施工图设计（或称详细设计[33]）三个阶段[34]。

在建筑设计环节中，方案设计阶段是许多因素尚未确定的阶段，是可供选择的设计策略最多、在很大程度上决定着最终设计成果导向和实际环境影响的阶段。大量工程案例和研究成果表明，方案设计阶段是对建筑整体性能表现影响重大的阶段[17][18]，对方案设计阶段进行研究可以有效指导建筑师的节能设计与创作实践。因此，本书在进行设计辅助决策方法研究时，主要针对的是建筑方案设计阶段（图 1-11）。

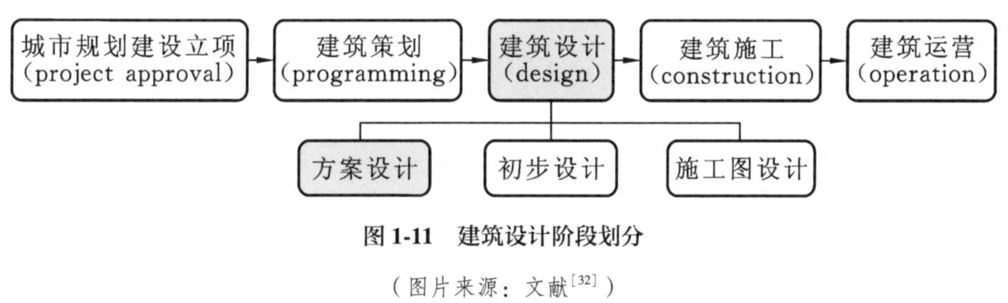

图 1-11　建筑设计阶段划分

（图片来源：文献[32]）

2. 辅助决策

“决策”(decision making)，意为做出决定。关于决策有两个代表性论断，一是由世界经济学家 Herbert A.Simon 提出的“管理就是决策”；二是由我国学者于光远提出的“决策就是决定”。这两种论断分别从管理层面和决断层面揭示出决策的基本内容。前者认为决策是管理工作的核心，这类看法将决策看作一个行为或过程。后者则将决策看作是人们为了实现某一目标而做的决定。无论是哪种论断，决策均可以看作是人们在对客观事物具有一定认识的前提下，为达到一定目标的创造性思维活动。

决策可以分为公共决策、管理决策与技术决策[35]。被动式超低能耗建筑设计决策属于技术决策，它是一套建立在常规设计流程之上的系统化方法和判别工具，帮助建筑师判定设计方案是否能够有效保证超低能耗目标的最终实现，并据此调整和优化设计方案。

而所谓“辅助决策”，意为：辅助建筑师做出决策，而不是主导其做决策；为建筑师的判断和决策提供支持，使被动式超低能耗建筑设计决策（尤其是方案设计阶段的设计决策）有据可依；提高设计与决策过程的效率。借助“被动式超低能耗建筑设计辅助决策方法”，可以将不同能耗目标与影响要素统合到建筑设计的不同的阶段来考虑，在可操作范围内充分挖掘各阶段节能潜力，为后续设计阶段打下良好的基础，有利于建筑被动式超低能耗总体目标的实现。

1.2.4 寒冷地区

许多研究证明，被动式超低能耗建筑标准与技术体系在寒冷地区具有更好的适用性。结合笔者参与的课题和研究实际，本书以我国寒冷地区居住建筑为例展开相关研究。

根据我国《民用建筑热工设计规范》[36]和《建筑气候区划标准》[37]中的相关内容（表 1-3），可以发现二者对寒冷地区的划分基本一致[38]。从地域上来看，《建筑气候区划标准》可以看作是对《民用建筑热工设计规范》的细分。

表 1-3 《民用建筑热工设计规范》和《建筑气候区划标准》对寒冷地区划分和设计要求

来源	分区名称	划分依据	设计要求
《民用建筑热工设计规范》	寒冷地区	最冷月平均气温：-10～0 ℃ 日平均气温≤5 ℃的天数：90～145 d	应满足冬季保温要求，部分地区兼顾夏季防热
《建筑气候区划标准》	ⅡA、ⅡB、ⅥC、ⅦD	分为一级区指标和二级区指标，包括 1 月平均气温，7 月平均气温、平均湿度、气温日较差、降水量等	应满足冬季保温、防寒、防冻等要求，夏季部分地区应兼顾防热

（数据来源：根据文献[36][37]）

综上，本书中的寒冷地区具体是指《建筑气候区划标准》中的ⅡA区，即《民用建筑热工设计规范》中寒冷地区的东部地区。该地区人口集中、经济活跃、建设量大，建筑主要满足冬季保温防寒要求，兼顾夏季防热。对该地区建筑被动式超低能耗建筑设计进行研究具有现实意义。

1.3 被动式超低能耗建筑的研究现状

1.3.1 被动式超低能耗建筑设计方法研究

为了引导、规范被动式超低能耗建筑的设计并推动其发展，研究人员对被动式超低能耗建筑设计方法展开了广泛研究。根据研究方法的不同，既有研究可以归纳为基于定性分析的研究、基于定量分析的研究及基于实际案例的研究三大类，下面分别对这三类研究进行综述。

1. 基于定性分析的研究

针对被动式超低能耗建筑设计方法，许多学者展开了基于定性分析的理论研究，对本书具有启发性的研究成果如下。

2009年，清华大学的周正楠[39]对基于“被动房”理念的建筑设计方法进行了研究，将被动房设计分为“需求最小化策略”与“供给最优化策略”，需求最小化策略可以通过被动式方法来实现。研究认为，一方面被动房是一种满足标准要求的建筑类型；另一方面，被动房理念可以发展成为一种可持续建筑的设计方法。

2011年，住房和城乡建设部科技发展促进中心彭梦月[40]指出，在我国采暖、制冷需求量大的寒冷地区和夏热冬冷地区，建造被动房节能潜力巨大。研究认为，被动房或超低能耗建筑重视建筑节能设计优化与建筑细部构造的处理，采用高效适用的技术并进行施工质量控制，而非尖端和复杂技术的堆砌。鉴于与发达国家节能技术水平的差异，研究提出通过设置低能耗1星（铜奖）、低能耗2星（银奖）、低能耗3星（金奖）、被动房的方式来循序渐进地实现超低能耗目标，针对居住建筑提出了屋面、外墙、地下室、外窗传热系数及采暖、制冷、生活热水和通风技术方案（表1-4）。

表 1-4　居住建筑被动房和低能耗技术方案

	屋面 K 值 W/（m^2·K）		外墙 K 值 W/（m^2·K）		地下室 K 值 W/（m^2·K）		窗户 K 值 W/（m^2·K）	采暖	制冷	生活热水	通风
	北京	上海	北京	上海	北京	上海					
铜奖	0.31	0.38	0.38	0.49	0.45	0.60	2.0	北京：集中供热（燃煤或燃气锅炉） 上海：分体式空调 COP = 2.0	分体式空调机组 COP = 2.0	非集中式燃气热水器	开窗通风
银奖	0.38	0.27	0.27	0.32	0.36	0.40	1.7	集中供热：例如燃气冷凝式锅炉	非新风制冷机 COP = 2.0	通过采暖系统集中式供应生活热水	集中式排风机
金奖	0.18	0.20	0.20	0.23	0.30	0.30	1.3	集中供热：地源热泵采暖系统/太阳能采暖系统+燃气冷凝式锅炉	地源热泵通过大面积建筑构件制冷：如楼板埋管、冷吊顶 COP≥3.5	通过采暖系统集中式供应生活热水	带热交换的集中式通风系统（热回收效率 75%以上）
被动房标准	0.11	0.14	0.17	0.18	0.20	0.20	0.8	高效热回收的通风系统：辅助采暖：地源热泵或太阳能采暖系统/冷凝式锅炉/带热泵的通风采暖成套设备	热回收新风系统/吸附式空调等	通过可再生能源系统供应生活热水或通风采暖热水成套设备	带热交换的集中式通风系统（热回收效率 75%以上）

（数据来源：文献[40]）

2013 年，天津大学的房涛等[41]提出被动房技术的几个关键方面，即建筑节能设计（气候分析、采光、朝向、体形系数等），外围护结构节能技术（传热系数、气密性、热桥等），置换式通风与热回收，可再生能源利用，市场化推广与政策推进。研究基于周正楠提出的“需求最小化”策略与“供给最优化”策略[42]，建立了寒冷地区被动房理念的设计指导方法。研究针对被动房“需求最小化”的特点，对建筑朝向、体形系数、窗墙比、围护结构传热系数进行约束和控制；针对被动房“供给最优化”的特点，对可再生能源的利用和建筑进行一体化设计。

2013 年，天友建筑的任军等[43]以天津天友绿色设计中心为例，提出以“超低能耗”和“节约成本”为目标、问题导向的超低能耗既有建筑绿色改造方法（图 1-12）。

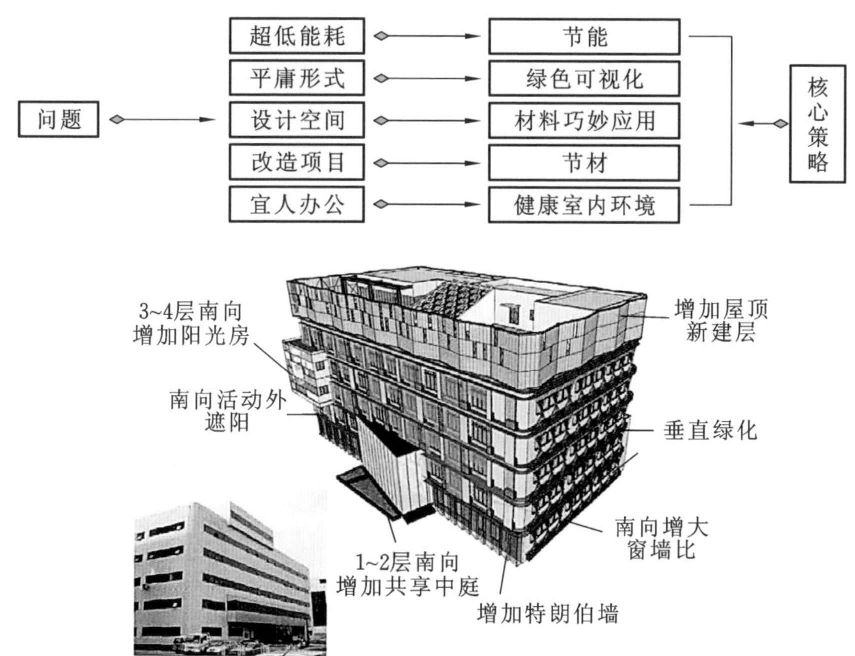

图 1-12　天友绿色设计中心问题导向的绿色核心策略

（图片来源：文献[43]）

2014 年，天津市建筑设计院的武小婷[44]在分析了我国传统节能建筑“处方式设计”及“按专业划分的孤立设计”问题后指出，性能化设计不对具体的技术措施进行规定，关注建筑最终的能耗表现，有助于提高节能投资收益和避免技术采用过程的盲目性，是适合超低能耗绿色建筑的设计方法。研究提出了基于能耗目标与模拟分析的性能化设计方法：首先，借助动态模拟软件对被动式技术进行优化组合，优化建筑设计、给出暖通空调和照明的负荷与计算周期内的能量需求；然后，结合场地条件确定能源类型，筛选主动式技术；最后，优化运行管理模式，实现用户侧节能（图 1-13）。

2015 年，Arturas Kaklauskas 等[45]指出，被动房研究多聚焦于能耗、经济等方面，而缺乏对社会、文化、道德、心理、情感等感性方面的关注。为了兼顾这些感性方面的内容，研究者对被动房社会、文化、情感等设计要素进行了分析

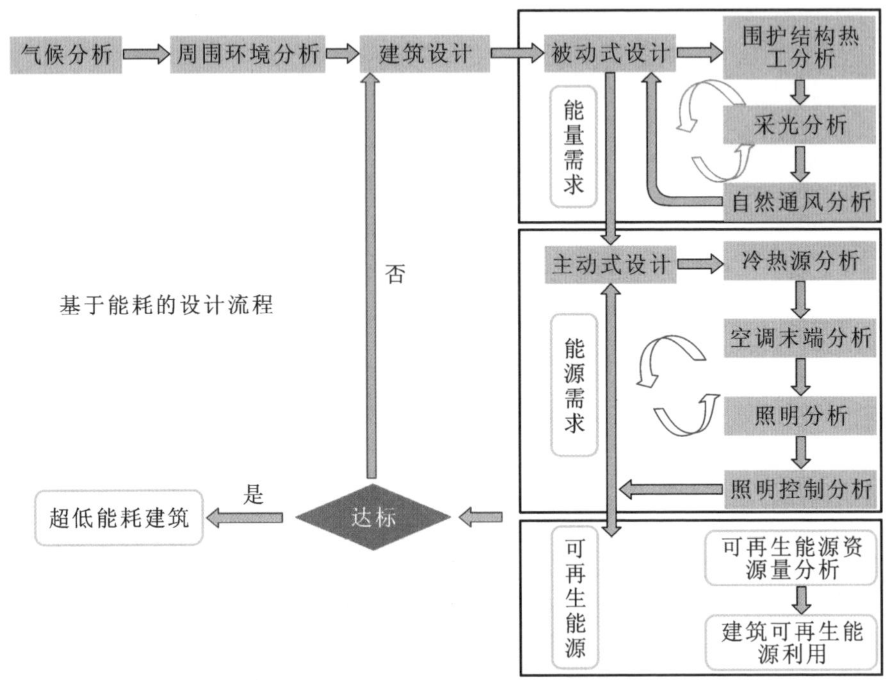

图 1-13　基于能耗的被动式超低能耗建筑设计流程

（图片来源：文献[44]）

(图 1-14)，构建了“智能被动房设计系统（the intelligent passive house design system)”，该设计系统包括：被动房基本原理与信息、被动房围护结构、能源系统、空间布局等的解决方案及被动房多变量设计模型。

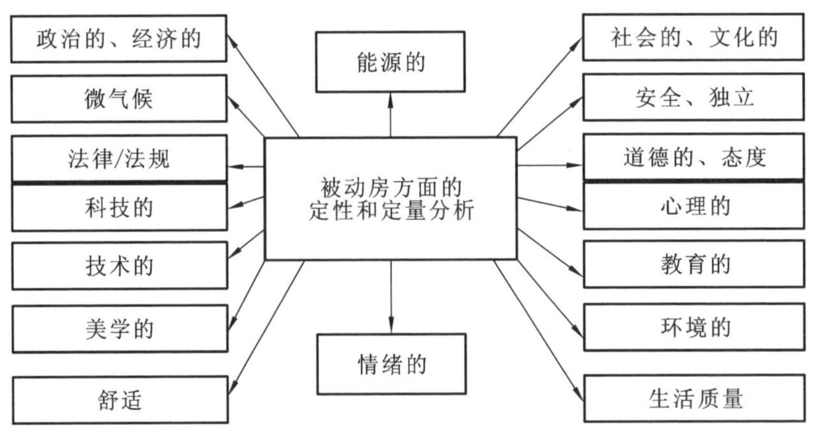

图 1-14　被动房设计中的情感、社会等因素

（图片来源：文献[45]）

2015 年，西安建筑科技大学的杨柳等[46]提出了低能耗建筑设计的气候分析技术与气候分区方法，并根据以上方法将全国分为 9 个“被动式综合气候分区”，分析了每个分区适宜的被动式设计策略。 延续这个思路，赵新洁[47]、程程[48]、万晓彬[49]等相继从环境气候分析、室内环境气候精细化表征方法、被动式设计技术的应用三个方面，定性地阐述了对我国被动式超低能耗建筑设计的思考。

北京五合国际的卢求[50]分析了被动房的起源和技术体系，指出被动房的设计与建造的要点有：体形紧凑、窗墙比、极佳的围护结构保温隔热性能、遮阳、气密性和高效的热回收通风系统。

西安建筑科技大学的宋琪[51]基于“整合设计”思想，提出了被动式建筑的设计过程，并从规划布局、建筑体形、围护结构、被动式采暖、降温与通风、自然采光六个方面论述了被动式建筑设计策略。 该研究建立了被动式建筑的微观和宏观评价模型与设计方法。 该研究中的“被动式建筑”的概念范畴更为宽泛，与本书探讨的被动式超低能耗建筑有一定区别。

2016 年，中国建筑科学研究院的徐伟等[16]提出，被动式超低能耗建筑设计的总原则是“被动优先，主动优化”，建筑师应结合具体的气候条件、生活习惯及本地传统建筑中使用的被动式设计策略，对建筑平面、朝向、体形系数、外窗样式、遮阳设计等进行适应性设计。 研究还指出，被动式超低能耗建筑设计的建筑形态与技术方案之间关联约束更强，设计重点由满足“功能”向满足“性能”转变。 为了保证超低能耗目标的实现，从初步设计方案到施工图设计，都需要进行能耗需求的核算。 该研究提出了被动式超低能耗建筑设计的“一体化设计原则”，包括目标驱动、专职协调、次序优化、清晰决策、包容并蓄、专业融合、整体优化、预算共享和设计迭代。

2016 年，北京工业大学王学宛等[52]对被动式超低能耗建筑设计方法进行了较为系统的研究。 该研究明确指出了超低能耗建筑“以能耗为控制指标的性能化设计”的属性，提出了 3 种适用于超低能耗建筑的通用设计方法，分别是关键参数限额法、双向交叉平衡法和经济环境决策法，并紧密结合超低能耗建筑特点，绘制了方法流程图（图 1-15）。

山东建筑大学的尹梦泽[53]提出了我国北方地区的被动式超低能耗设计方法，重点对适应性总体布局、适应性形体空间设计和适应性围护结构设计进行了分析。 该研究从成果上看，仍然属于设计策略的集成，而非系统设计方法的构建。

张春鹏[54]对被动式超低能耗建筑的中国本土化设计方法体系进行研究，包括策略体系、方法体系和技术体系。 在方法体系的探讨中，认为应结合建筑学、建筑气候学和建筑环境工学原理，对建筑方案阶段“人-建筑-气候”问题进行定量分析。 研究提出了建筑师与设备工程师应紧密配合，使用性能化设计方法提供实现能耗目

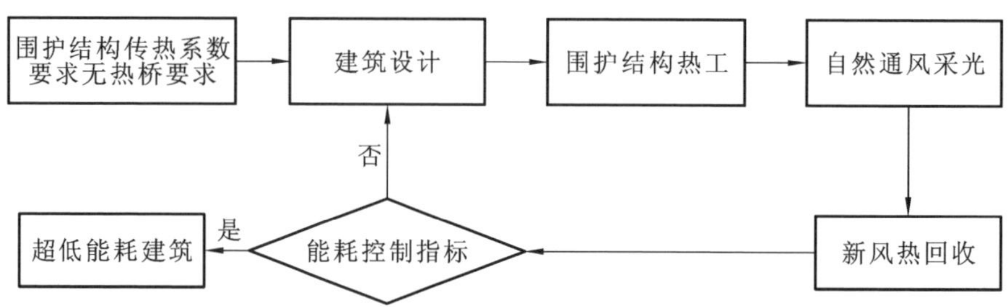

图 1-15　超低能耗建筑通用设计方法：关键参数限额法

（图片来源：文献[52]）

标的系统解决方案。

陈强[55]对山东地区被动式超低能耗建筑设计的围护结构热工设计、通风和空调系统设计、采暖和遮阳设计进行了研究。研究认为，我国被动式超低能耗建筑的保温材料、围护结构和热回收新风系统的技术水平与国外差距较大，需要绿色建材、部品和设备的研发和产业支撑。研究还指出，无热桥保温系统设计、气密层设计、遮阳设计、新风系统和辅助热源设计是实现被动式超低能耗建筑的关键因素[56]。

2017 年，HarleyTruong 等[57]对一栋位于澳大利亚的 Chiefley 被动房的设计进行了分析，包括平面布局、保温、外窗和遮阳、HVAC 系统。建筑在选址上避免了其他建筑的遮挡，平面形状选取了进深较浅的矩形，卧室和起居室一侧的立面窗墙比为 0.81，便于冬季太阳光充分射入。为了降低夏季太阳辐射热，西立面仅开有一扇小窗，东立面未开窗（图 1-16）。

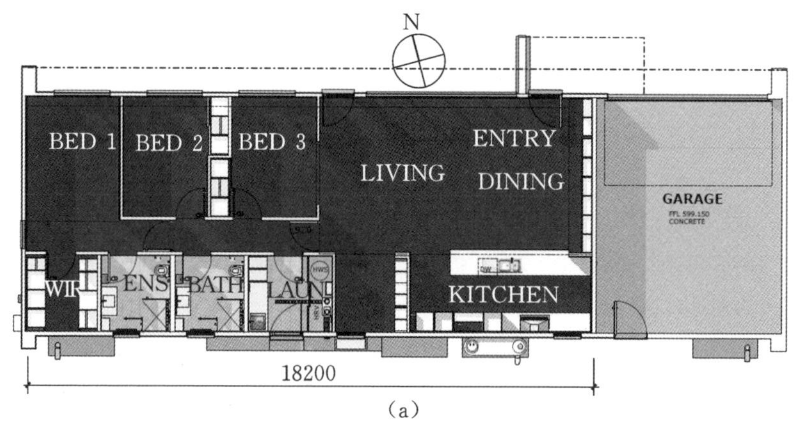

（a）

图 1-16　澳大利亚 Chiefley 被动房的平面布局与立面

（a）平面；（b）立面

（图片来源：文献[57]）

（b）

续图 1-16

2017 年，Francesco Causone 等[58]针对地中海气候，提出了“地中海被动房三原则”（图 1-17），分析了其基本设计原则及可能产生的缺点。

	被动房	Medhaus1	Medhaus2	Medhaus3
设计原则	保温 气密性 机械通风	气密性 混合通风 遮阳 蓄热材料 智能控制	保温 气密性 混合通风 遮阳 蓄热材料 智能控制	保温 气密性 混合通风 遮阳 蓄热材料 智能控制 夜间通风
可能的缺点	过热	过冷 需要采暖	缺乏得热 内侧结露	采暖系统性能

图 1-17　地中海被动房三原则

（图片来源：译自文献[58]）

2018 年，郑州大学的路统宇[29]对河南寒冷地区被动式超低能耗居住建筑技术进行研究，包括以气候为引导进行方案设计、围护结构热工设计、遮阳设计、通风设计、辅助设备系统设计。研究指出应以气候为引导，对总平面布局、建筑朝向、体形系数等进行适应性设计；以性能化设计方法进行围护结构热工性能设计。通过区域遮阳进行设计，增加冬季太阳得热并降低夏季太阳热辐射。

2018 年，田力男[60]将被动式超低能耗建筑的被动式节能技术归纳为以下类别，分别是：场地设计，被动式太阳能利用，围护结构节能设计，自然采暖，自然通风及绿色建材。场地设计包括地形、水势、植被等环境要素，并考虑避开冬季主导风向。在围护结构节能设计中，研究提到了使用通风式双层幕墙、垂直绿化及可回收降解的建筑材料。

2. 基于定量分析的研究

基于定量分析的被动式超低能耗建筑设计方法研究在定性分析的基础上更进一步，使用能耗模拟、数学计算等方法使研究结果更为具体。与本书相关的研究成果如下。

2009 年，德国被动房创始人之一 Feist 博士撰写的一篇文章[61]中，对被动房设计中能耗模拟软件和计算方式进行了探讨。该文章指出，动态模拟软件虽然具有许多优点，但是所需输入的参数详细复杂，计算结果的准确性与操作者密切相关，建模和参数的差别会导致结果的不同。对于小体量建筑，使用动态模拟软件进行计算时间可能会很短，但是若要进行优化设计，则需要在参数设置和试错方面花费大量时间和精力。于是，Feist 提倡“不必对每一栋建筑都进行动态模拟，而是以一种更简单的基于能量平衡原则”的计算方式，并指出这种计算方式应“成为被动房设计的标准步骤”。

2015 年，德国被动房研究所的 Jürgen Schnieders 在一篇分析被动房在世界各气候区适用性文章[62]的结尾部分，针对 6 个典型城市（叶卡捷琳堡、东京、上海、拉斯维加斯、阿布扎比）的被动房设计方法进行了简短分析。以上海为例，Schnieders 提出了如图 1-18 所示的高层住宅模型，设计要点包括悬挑阳台（夏季自遮阳且不遮挡冬季阳光）、楼梯间与居住空间之间的气密性、每 7 层一个机械通风服务系统、立面活动遮阳板与双层玻璃、保温层等。该研究对建筑形体设计有所提及，但是仅限于几张图片示例，研究并不系统。

2016 年，东南大学的张正普[63]针对夏热冬冷地区村镇住宅“部分时间、部分空间”的使用特点，基于 Energyplus 分析了被动房保温、外窗、遮阳、气密性技术对于改善苏南村镇住宅室内热环境的潜力，提出了达到被动房标准的技术方案。

2016 年，D.Dan 等[64]分析了一座罗马尼亚被动房的设计流程，分析主要从围护

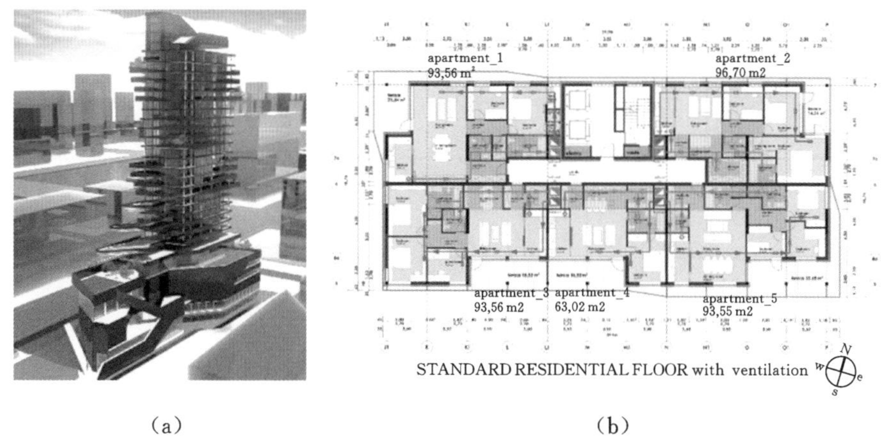

(a) (b)

图 1-18 上海被动房设计方案

(a) 外观;(b) 平面

(图片来源:文献[62])

结构和 HVAC 系统、能耗模拟、生命周期成本三个方面展开,还对这座被动房进行了实时联网能耗监测(图 1-19)。

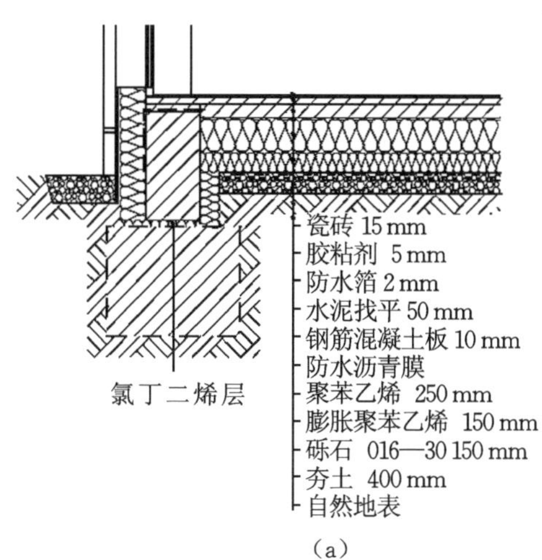

(a)

图 1-19 罗马尼亚被动房设计分析

(a) 围护结构构造节点;(b) HVAC 系统;(c) 生命周期成本计算;(d) 监测系统

(图片来源:文献[64])

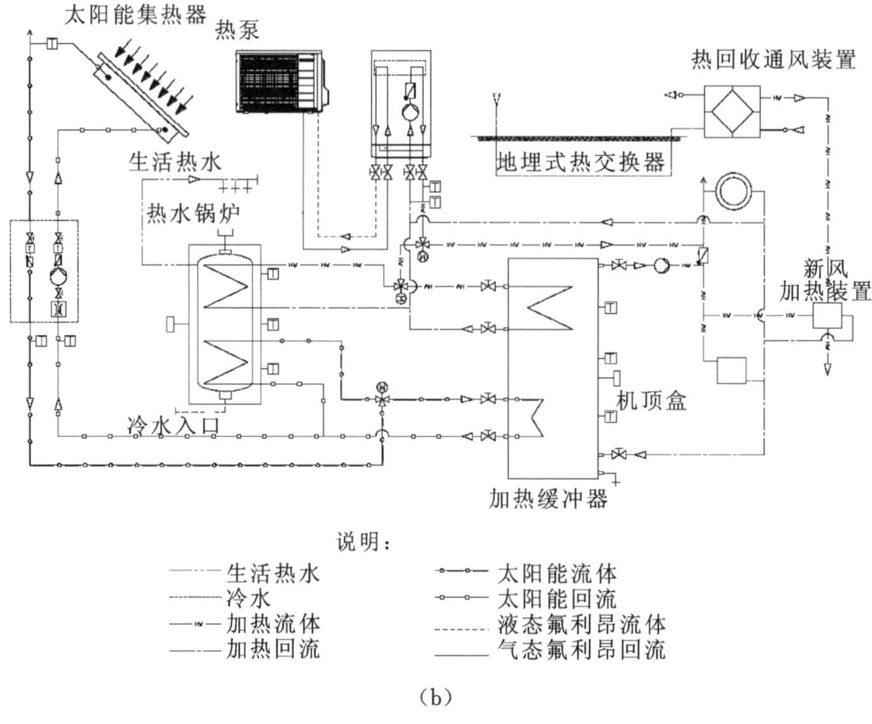
太阳能集热器
热泵
热回收通风装置
生活热水
地埋式热交换器
热水锅炉
新风
加热装置
机顶盒
冷水入口
加热缓冲器
说明：
生活热水
冷水
加热流体
加热回流
太阳能流体
太阳能回流
液态氟利昂流体
气态氟利昂回流

（b）

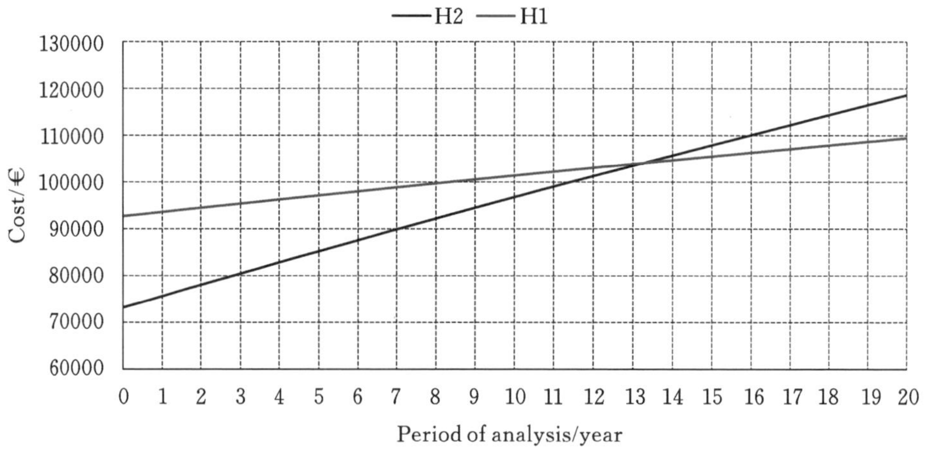
H2
H1
130000
120000
110000
100000
90000
80000
70000
60000
Cost/€
0 1 2 3 4 5 6 7 8 9 10 11 12 13 14 15 16 17 18 19 20
Period of analysis/year

（c）

续图 1-19

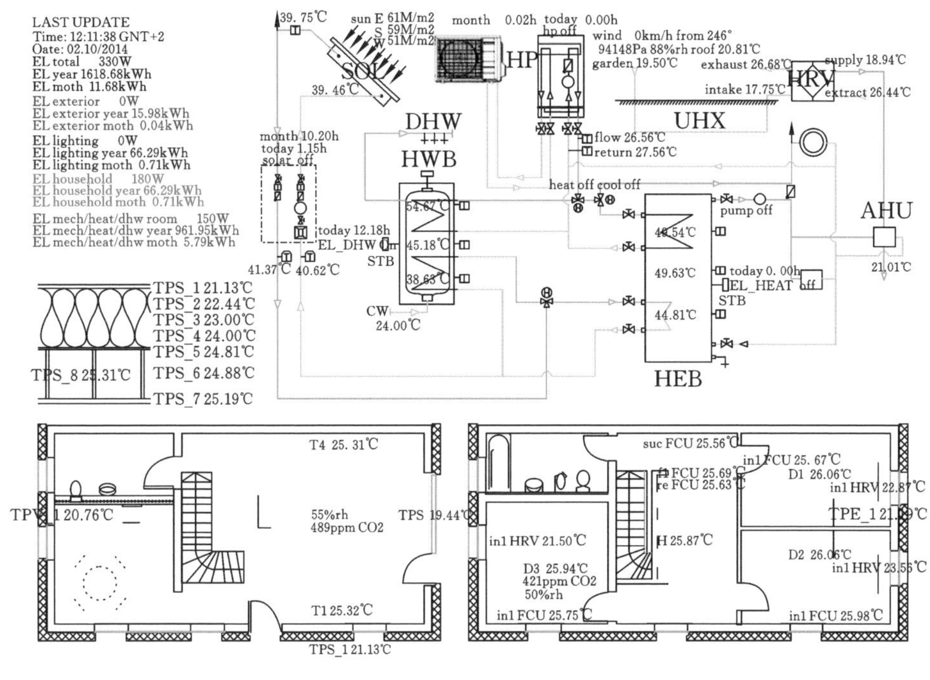

（d）

续图 1-19

张帅[65]对严寒 B 区被动式超低能耗建筑的围护结构关键技术进行了分析，包括控制性能指标限值、围护结构保温体系、建筑正负零标高以下构造设计优化和无热桥构造设计。

昆明理工大学的王丽敏[66]将太阳能建筑和被动式超低能耗建筑相结合，研究了带太阳能新风系统的被动式超低能耗建筑采暖需求计算方法，并基于该方法开发了设计软件；建立了基于 65% 节能标准的基准模型，对被动式超低能耗建筑的经济与环境效益进行了分析。

2017 年，华南理工大学的詹峤圣[67]研究了适应广州湿热地区被动房性能要求的轻钢体系建筑外墙，经过模拟软件分析比对，得出了可行的技术路线。

2018 年，Lamberto Tronchin 等[68]认为，设计时对室内得热的预估及对使用行为的忽视，可能导致温和气候条件下的被动房出现过热问题。研究提出将被动房设计阶段与运行阶段的性能分析关联起来的构想，并基于多元线性回归和试验设计建立一个简单、稳健、可扩展的校准方法（图 1-20），使基于一系列假设的能耗模拟与运行阶段的性能表现保持连续性。

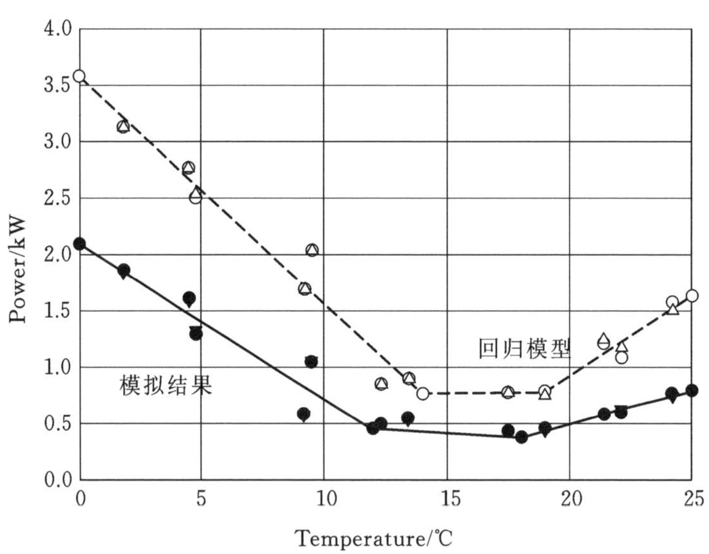

图 1-20　能耗模拟结果与回归模型对比

（图片来源：文献[68]）

2018 年，天津大学的邹芳睿等[69]针对建筑设计过程与性能优化脱节的问题，使用 Matlab 建立了被动超低能耗建筑采暖需求和制冷需求的简化计算模型及指标体系（表 1-5）。研究对天津地区被动式超低能耗建筑进行分析，发现应注重外窗太阳能得热系数取值、合理设计窗墙比并提升热回收效率。

表 1-5　被动式超低能耗建筑能耗指标

符号	代表参数及含义	单位	取值
$\Delta T=T_w-T_n$	室内温度	℃	冬季 $T_w=0.5$；夏季 $T_w=24.75$
N	层数		3～20
L	底长	m	25～200
D	底宽	m	11～18
h	层高	m	2.5～3.5
r	窗墙比	0.3～0.7 [12]	
X	换气次数	m^3/h	0.45～0.7
Y	新风热回收效率		60%～95%
G	太阳能得热系数		冬季≥0.45；夏季≤0.3
K_{eh}	外窗传热系数	W/（m^2·K）	0.80～1.50

续表

符号	代表参数及含义	单位	取值
K_q	外窗传热系数	W/（m^2·K）	0.10～0.25
K_d	屋顶传热系数	W/（m^2·K）	0.10～0.25
U	热桥系数		0.1
E_{win}	冬季供暖需求	W/（m^2·K）	15
E_{sum}	夏季制冷需求	W/（m^2·K）	16.2

（数据来源：文献[69]）

2018 年，同济大学的邓丰等[70]基于上海地区一栋一梯三户 18 层住宅，使用 PKPM 分析外围护结构负荷、保温层厚度与位置、凸窗、遮阳等设计策略，对能耗和增量成本的影响进行计算（图 1-21），提出了适合上海高层住宅的被动式超低能耗设计策略。

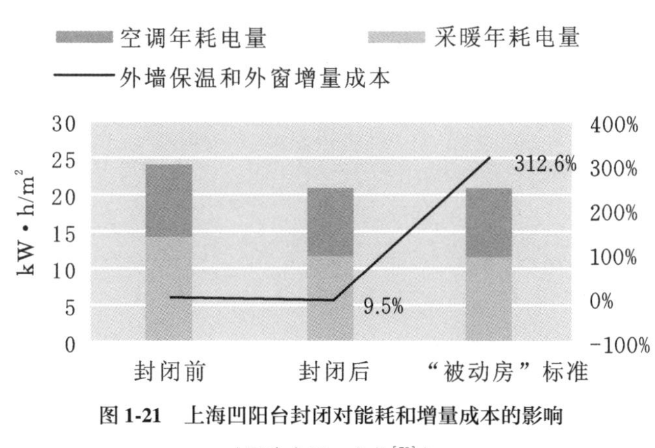

图 1-21　上海凹阳台封闭对能耗和增量成本的影响

（图片来源：文献[70]）

2018 年，张文勇[71]针对被动式超低能耗建筑设计中存在的多目标优化问题，使用响应面优化算法，以最大化舒适度和最小化耗能率为目标，对设计温度、集热窗面积、蓄热体表面积等设计策略进行了多目标优化（图 1-22）。

2019 年，Renata Dalbem 等[72]通过四个步骤，将巴西某社会住宅优化为达到被动房标准的建筑（图 1-23）。步骤如下：①计算原建筑的热工性能和能耗表现；②以达到巴西节能标准 RTQ-R 为目标，对围护结构热工性能参数进行敏感度分析；③使用多目标进化算法进一步优化围护结构参数；④使模型达到被动房标准的要求。研究对上述四个设计方案的热工性能、能耗表现和经济性进行了对比分析。

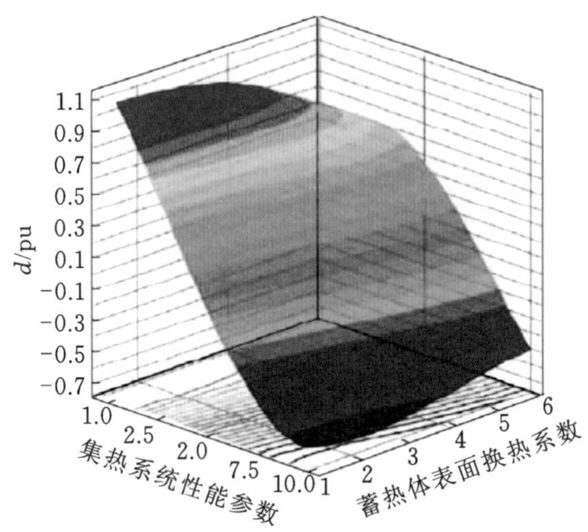

图 1-22 响应面拟合结果

（图片来源：文献[71]）

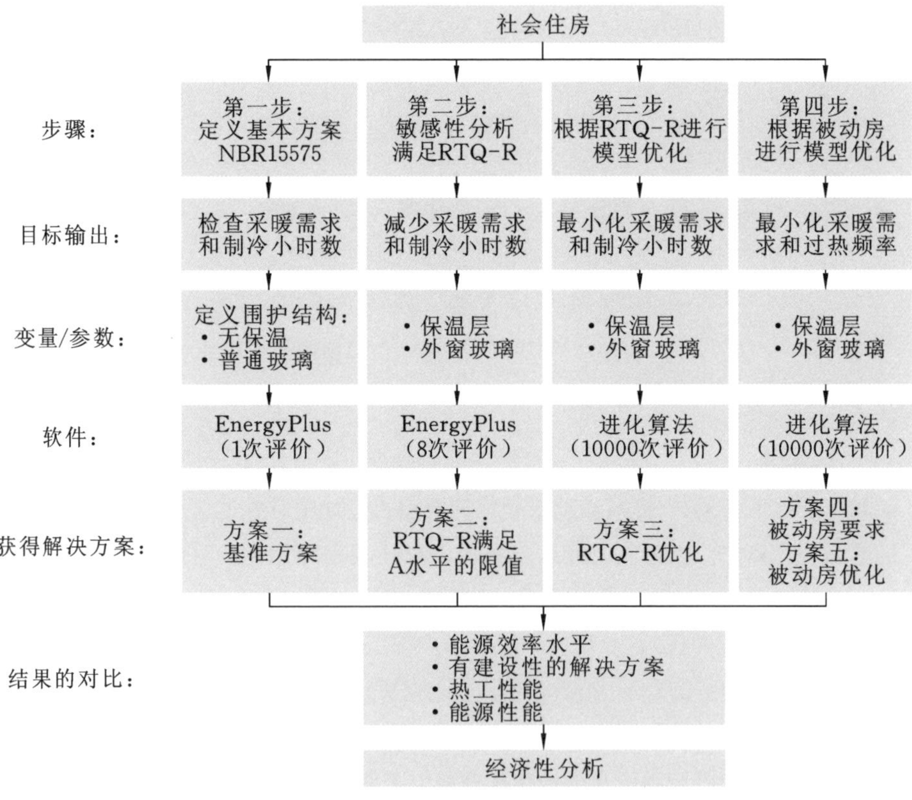

图 1-23 巴西某社会住宅优化成被动房的四个步骤

（图片来源：文献[72]）

3. 基于实际案例的研究

随着被动式超低能耗建筑示范项目在我国的广泛建设，不少学者结合实际案例对被动式超低能耗建筑的设计策略进行分析，从设计实践的角度反映了对被动式超低能耗建筑设计方法的思考。

2012 年，黄秋平等[109]结合大连生态科技创新城中央公园咖啡吧项目（图 1-24），重点分析了咖啡吧在“围护结构体系、气密性设计、自然采光与遮阳设计、太阳能利用、地埋管地源热泵系统、排风热回收、地道风设计”7 个方面的设计策略。

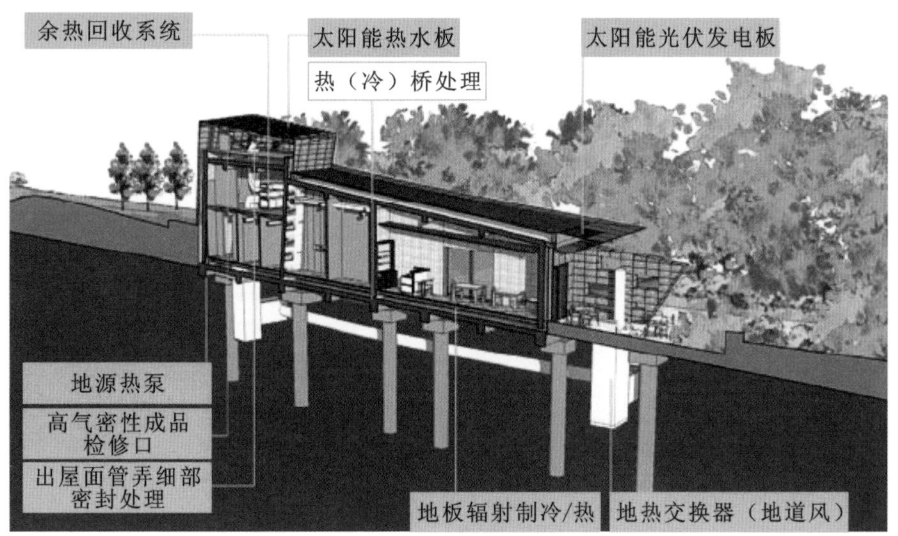

图 1-24　大连生态科技创新城咖啡吧项目

（图片来源：文献[109]）

2012 年，刘洋[73]结合我国第一个被动式超低能耗建筑项目“秦皇岛‘在水一方’C12 号住宅楼”（图 1-25），对被动式超低能耗建筑外墙、门窗、气密性、防热桥及冷热水风热回收空调系统进行了分析。

2013 年，刘兆新等[74]分析了中德合作被动式低能耗示范项目“哈尔滨‘辰能·溪树庭院’”应用的节能技术，主要包括外墙外保温系统、外窗系统、围护结构气密性、天棚柔和式微辐射系统、全置换新风系统（图 1-26）。

图 1-25　秦皇岛“在水一方”
（图片来源：文献[73]）

图 1-26　哈尔滨“辰能·溪树庭院”
（图片来源：文献[74]）

2014 年，郝翠彩[112]等结合河北省建筑科技研发中心示范工程（图 1-27），从工程设计和工程施工两个方面总结了实施被动式低能耗建筑应注意的问题，并分析探讨其解决方法，探讨了被动式超低能耗办公建筑在寒冷地区的设计实践。

图 1-27　河北省建筑科技研发中心
（图片来源：文献[112]）

图 1-28　青岛中德生态园被动房
（图片来源：文献[110]）

2015 年，丁枫斌等[110]在青岛中德生态园被动房示范项目的设计过程中（图 1-28），分析了当地气候条件，得出青岛当地被动房技术指标。该研究对被动房标准的探讨及根据当地气候条件进行修订的思路，是被动房标准本土化的一个有益尝试。

2015 年，陈毅华[75]结合日照新型建材住宅示范项目（图 1-29），对其围护结构保温隔热、气密性、热桥处理措施、空气源热回收空调系统等技术进行了分析。

2016 年，牛犇[113]结合大连博朗金维度被动房项目（图 1-30），分析了其采用的主被动设计策略。包括：地形改造（形成北高南低的台地景观，有利于自然采光与通风和减少冬季的冷风侵袭）、高性能围护结构和外门窗、热桥处理技术、通风系统节能技术、厨房送排风系统、自动控制集成和架空隔热屋面[76]等。

图 1-29 日照新型建材住宅

（图片来源：文献[75]）

图 1-30 大连博朗金维度被动房项目

（图片来源：文献[113]）

2017 年，陶进[114]等对吉林城建学院超低能耗建筑示范项目的设计策略进行了分析。该项目采用的建筑形体节能设计策略有调整南北朝向、立面无过多凹凸变化、体形系数小于 0.3、主入口设置避开冬季主导风向等，重点对外墙保温、外门、无热桥构造设计、气密性措施及能源系统设计与安装进行了分析。

2018 年，刘洋[77]结合济南汉峪海风被动式超低能耗绿色建筑示范项目（图 1-31），对德国被动房技术在我国高层居住建筑中的实践进行研究，并进行了各项技术实践应用及经济分析。在设计策略方面，主要对围护结构热工性能和施工做法、无热桥技术、气密性处理、高效热回收通风系统、可再生能源利用及综合监测系统进行了分析。

2018 年，马伊硕[78]结合“威海海源公园一战华工纪念馆”项目（图 1-32），从规划方案设计、围护结构做法、气密性措施、设备技术方案、关键产品和材料等方面，对项目的设计研究过程进行了详细的介绍。该研究呈现出较为系统的设计思路与方法，除了围护结构热工性能等方面的考虑，还体现出对建筑规划布局和形体设计的重视。

图 1-31 济南汉峪海风项目鸟瞰

（图片来源：文献[77]）

图 1-32 威海海源公园一战华工纪念馆

（图片来源：文献[78]）

1.3.2 建筑设计决策研究

1997 年，同济大学的邓刚[79]对建筑决策进行了系统分析，包括决策的基本概念、基本属性、基本方法、决策和设计过程、决策的意义。研究指出，作为决策者的建筑师与设计目标的选定、手段的采用、成果的优劣都有直接关联，所以建筑师必须具备学识、果断冷静、豁达大度等基本素质。研究还强调，随着设计过程的日益复杂，个人才能的局限性凸显，但是建筑师必须是对设计决策中要解决问题的意义最为清楚的人。研究提出了对决策和设计过程的思考，即：设计过程局部存在反馈回路，但总的是一条不断发展的“长链”，链中的每个环节可表述为与设计目标和手段相对应的类型决策→实践的过程；设计过程是一个微分设计决策与实践的积分的过程，决策贯穿设计始终（图 1-33）。

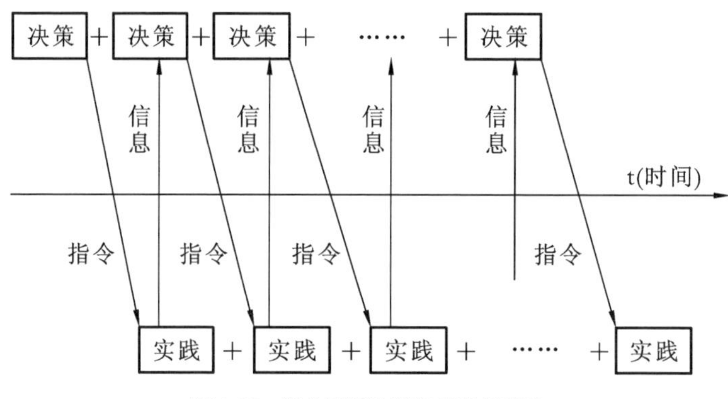

图 1-33 微分设计决策与实践的积分

（图片来源：文献[79]）

2004 年，东南大学的李琳[80]将“平衡法则”运用于高层建筑的决策模型，提出了城市高层建筑决策的一般工作步骤。在该工作步骤中，指标的量化与结合指标体系对因子进行综合评价是决策的重要组成部分。

2009 年，Flager 等[81]指出，参数化工具和性能化设计工具的不断涌现，使设计团队可以更好地探索设计空间，获得最初直觉的性能反馈并做出设计决策。

2009 年，清华大学 DeST 开发组基于“模拟辅助设计”的原则，提出了“design by simulation”的方法[82]。陈锋[83]在其博士论文中基于这个思路，分析了设计过程中人与计算机的分工（图 1-34），对不同设计阶段的信息、模拟方法和性能评价方法进行研究。

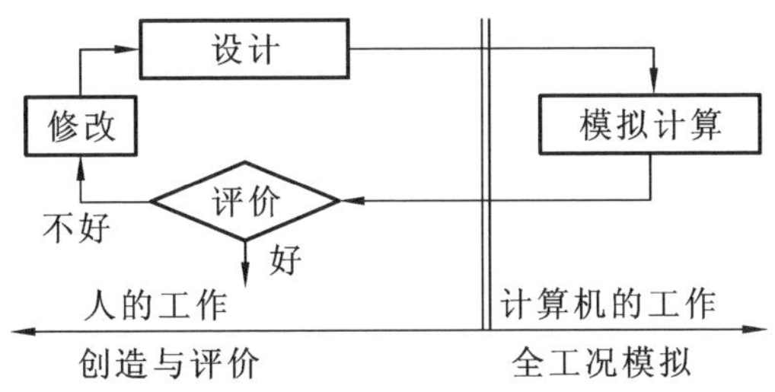

图 1-34　设计人员与模拟程序的分工

（图片来源：文献[82]）

赵园春[84]指出决策是解决建筑设计中各种矛盾并做出选择的过程，在分析建筑设计决策概念和特点的基础上，提出建筑设计决策技术流程。研究指出可以运用层次分析法为决策提供定量的依据，但并未进行细化研究。

2010 年，东南大学的刘贵利[85]在著作《城市规划决策学》中，对城市规划决策中的理论基础、法定程序、决策机制、指标体系等问题进行了系统论述。

2011 年，姚佳丽等[86]以住宅为例，分析了绿色建筑设计决策的控制要素。研究提出了以“并行设计方法”指导绿色建筑设计的理念，将并行设计方法的“环节重叠和压缩环模型”分解为多个“分析—综合—评价小循环”，实现对绿色建筑设计的过程控制（图 1-35）。以现有绿色建筑环境性能评价体系为基础，将评价指标按照一定的对应法则进行转化，推导出对绿色建筑设计实践具有直接和明确引导作用的决策控制要素（图 1-36）。

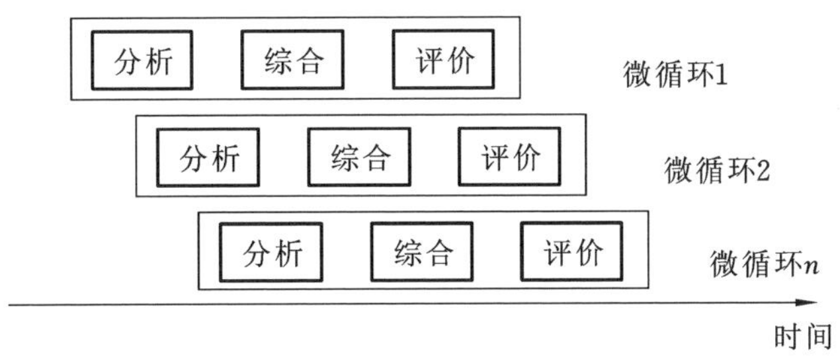

图 1-35　环节重叠和压缩环模型

（图片来源：文献[86]）

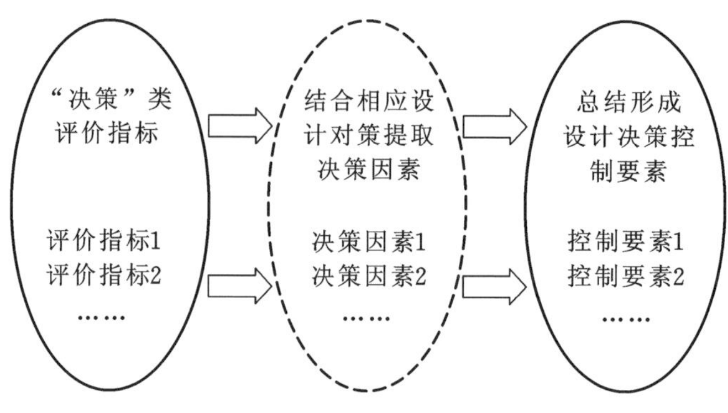

图 1-36　绿色建筑决策控制要素

（图片来源：文献[86]）

2012 年，瑞典皇家工学院的任娟等[87]以办公建筑为例，探讨了基于 BIM 技术的绿色办公建筑设计前期决策观念模型，包括前期设计信息初步模型与优化模型两部分，实现在设计前期阶段对设计方案进行评价与优化，为建筑师提供准确和便捷的设计决策支持。

2013 年，东南大学的杨文杰[88]探索了基于 Rhinoceros 平台的性能化建筑方案优化设计流程和支撑技术，包括若干重要建筑性能、定量计算、自动反馈、智能优化等内容。

2014 年，Yehao Song 等[89]基于合作设计（collaboration-based design）思想，针对零能耗建筑提出了“决策—设计—反馈”（decision-design-feedback）的设计流程（图 1-37）。在这一设计流程中，决策者和设计师可以在各设计阶段判断设计策略是否可以满足用户需求或评价指标。

2015 年，Marcelo Bernal 等[90]分析了设计师行为与计算机方式在方案生成、评价和选择方面的联系与区别，归纳出 4 种计算机辅助设计与决策的方式，分别是：以人为主的方式（human-based actions）、计算机辅助方式（computer-aided actions）、以计算机为主的方式（computer-based actions）和计算机增强方式（computer-augmented actions）。

2015 年，南京林业大学的高蓓超[91]基于现行绿色建筑评价体系，建立了针对绿色建筑方案设计阶段的简化指标，在能耗模拟的基础上结合模糊综合评价及 TOPSIS 方法，建立了方案设计决策数学模型。

2015 年，哈尔滨工业大学的曲大刚[92]分析了传统建筑设计方法存在的建筑设计与评价脱离所带来的建筑过程反复、建筑设计准确度不高、设计方案优化与深化不

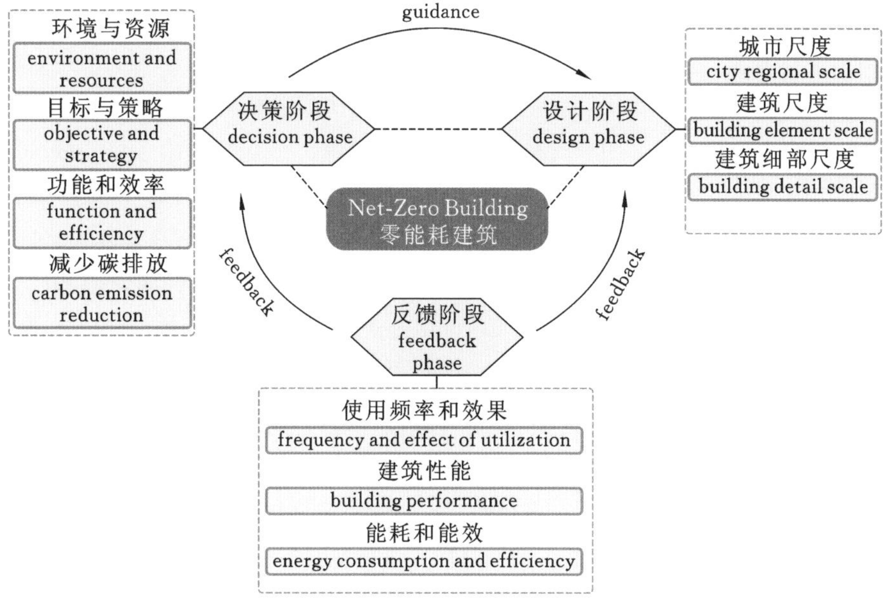

图 1-37　零能耗建筑“决策—设计—反馈”流程

（图片来源：译自文献[89]）

足、建筑设计效率较低等问题。基于多学科协同优化设计的理念，对性能驱动下的设计阶段进行划分，构建出建筑性能驱动设计的流程，尝试实现建筑“设计与评价一体化”的方式（图 1-38）。

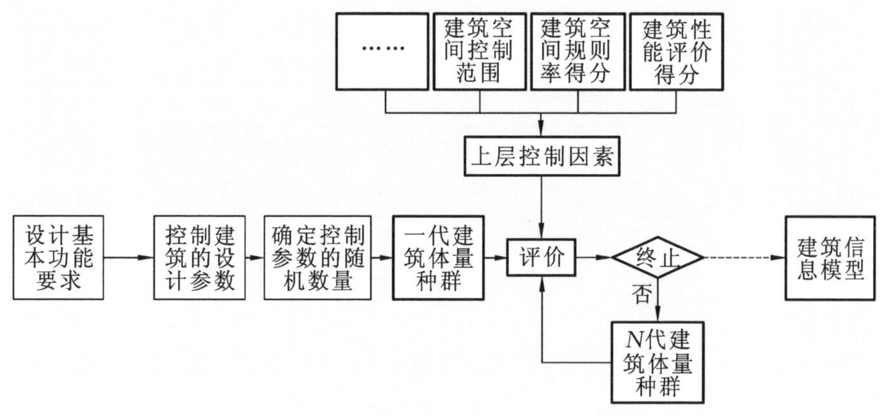

图 1-38　建筑性能驱动的设计流程

（图片来源：文献[92]）

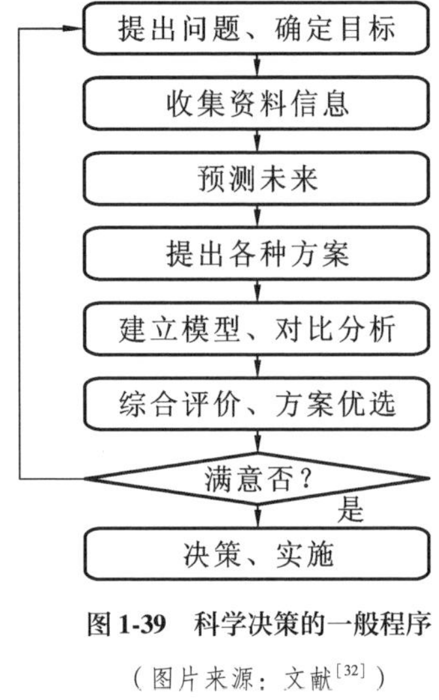

图 1-39　科学决策的一般程序

（图片来源：文献[32]）

2016 年，清华大学的庄惟敏[32]在其著作《建筑策划与设计》中，提到"当今决策程序的一般共识"，归纳了科学决策的一般程序（图 1-39）。该研究认为建筑策划的决策过程可以抽象为"一种评估和取舍执行方案的过程"。研究提出了将模糊决策理论与建筑策划相结合的思想，认为该方法将对提高建筑策划服务水平、实现多学科融合具有重要意义。

2016 年，GBPP 绿色建筑设计研究中心的廖亮等[93]探讨了以艺术性和功能性为主导的传统建筑设计过程的种种弊端，提倡以性能为导向的性能化设计过程。该设计过程将建筑师和工程师的思维方式相融合，既重视发展建筑的艺术性、功能性和社会属性，也对建筑风环境、声环境、光环境、热环境、节能、绿色等性能进行模拟，形成全周期绿色建筑设计发展路线（图 1-40）。

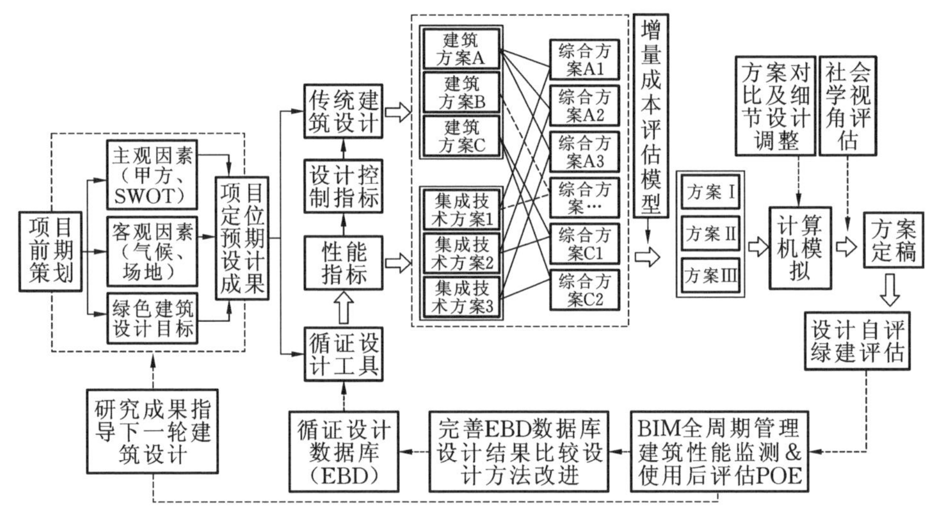

图 1-40　全周期绿色建筑设计发展路线

（图片来源：文献[93]）

2018 年颁布的《近零能耗建筑技术导则（征求意见稿）》对近零能耗建筑的性能化设计方法框架进行了概括（图 1-41），内容如下。

（1）设定室内环境参数和技术指标；

（2）确定初步设计方案；

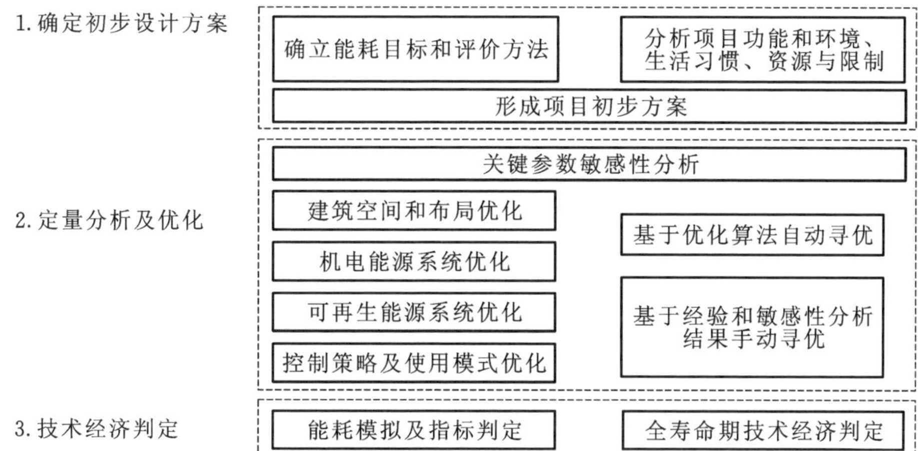

图 1-41　性能化设计流程框架

（图片来源：文献[180]）

（3）利用能耗模拟软件等工具进行初步设计方案的定量分析及优化；

（4）分析优化结果并进行达标判定。当技术指标不能满足所确定的目标要求时，应修改初步设计方案，重新进行定量分析及优化至满足所确定的目标要求。

2018 年，John Haymaker 等[94]提出了设计空间构建框架，包括明确参与者的身份和作用、确定目标、形成备选方案、做出性能和价值评价（图 1-42）。研究认为，建筑设计过程是一个提出问题并进行决策的过程，性能化设计可以使决策的价值最大化。

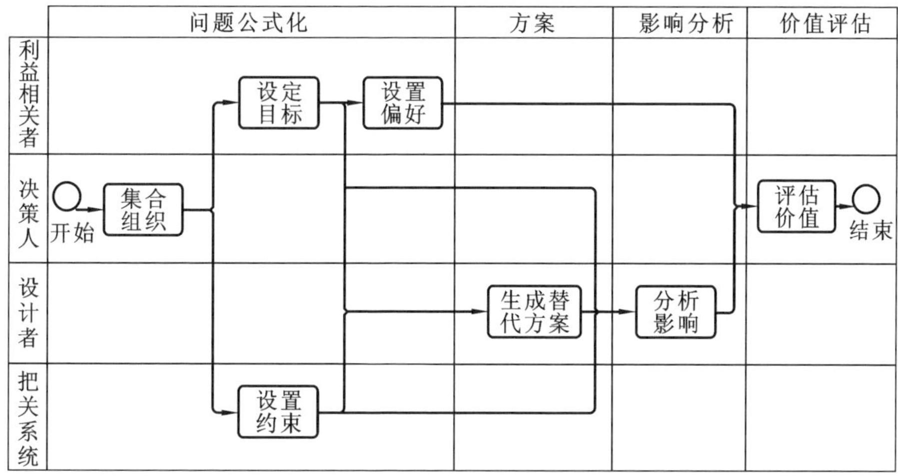

图 1-42　设计空间构建框架

（图片来源：文献[94]）

1.3.3 方案设计阶段的能耗模拟与优化研究

随着计算机技术与节能标准的不断发展，能耗模拟逐渐对建筑设计产生着深刻的影响。许多常见的能耗模拟软件，如 Energy plus、Design builder、TRNSYS、DeST 等由于参数设置复杂、计算周期长，并不适用于方案设计阶段，得到的能耗模拟结果并不能对方案设计阶段起到很好的指导作用[95]。鉴于建筑方案设计阶段对节能影响的重要性，许多学者对方案设计阶段能耗模拟和优化设计问题展开了相关研究。

1. 敏感度分析

一些学者通过建立典型模型，进行回归分析和敏感度分析（sensitivity analysis, SA），使建筑师在设计前期可以进行能耗预测和设计优化。

2012 年，Janelle S. Hygh 等[96]运用 EnergyPlus 软件对办公建筑设计前期的 27 个常见设计变量进行大量模拟，分别得到了在迈阿密、温斯顿-塞勒姆、阿布奎基、明尼阿波利斯气候条件下的线性回归方程，并根据标准回归系数得到了敏感性设计策略，辅助建筑师进行快速节能设计优化（图 1-43）。

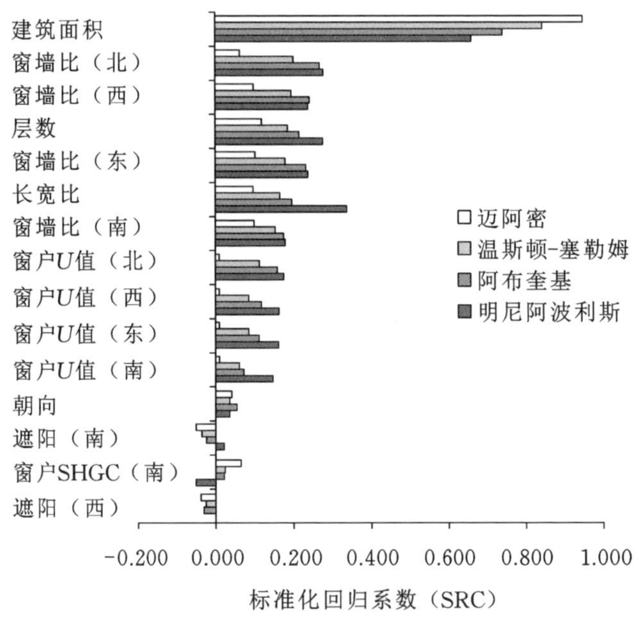

图 1-43 美国办公建筑设计策略敏感度分析

（图片来源：文献[96]）

2013 年，天津大学的李晓俊[97]建立了一种面向建筑方案设计阶段的、基于能耗模拟的节能整合设计灵敏度工具（图 1-44）。

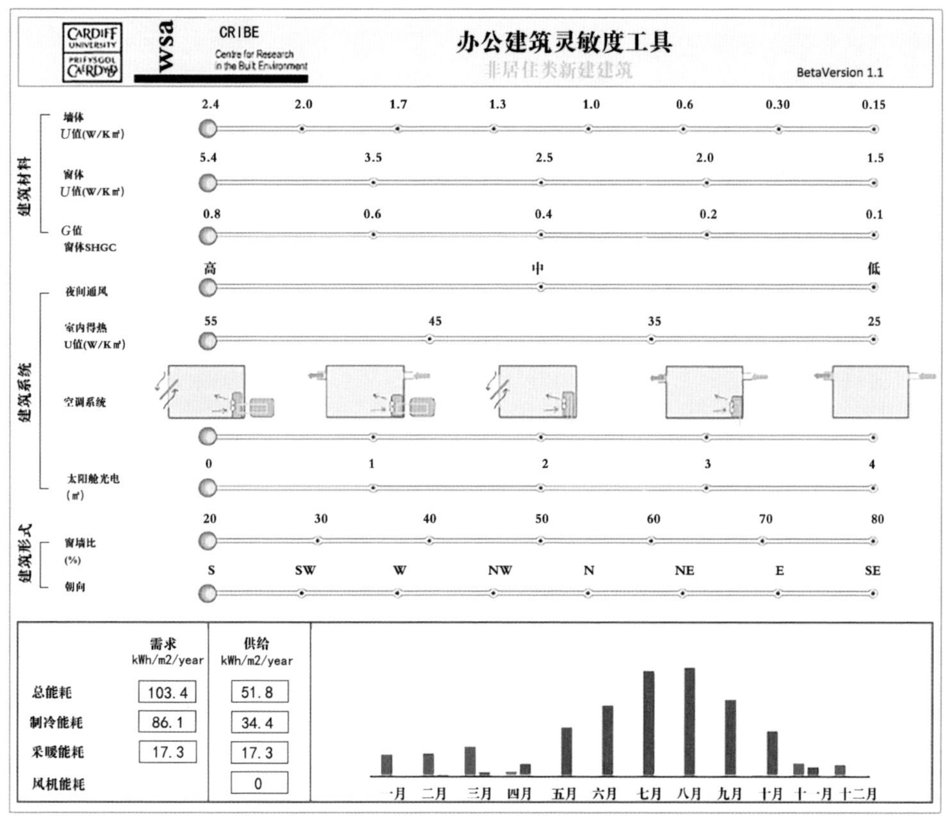

图 1-44　节能整合设计灵敏度工具

（图片来源：文献[97]）

2014 年，Seoung-Wook Whang 等[98]使用层次分析法对零能耗建筑前期的被动式设计策略进行了定量分析，基于权重对被动式设计策略进行了分类和筛选（图 1-45）。研究认为，合理确定建筑前期的设计策略对于零能耗目标的实现意义重大。

2014 年，Somayeh Asadi 等[99]针对美国商业建筑，运用 eQUEST 和 DOE-2 软件进行能耗模拟，在大量数据的基础上通过多元线性回归建立了适用于设计初期的能耗预测模型与设计策略敏感度分析（图 1-46）。

2015 年，David Pudleiner[100]将不确定性分析（uncertainty analysis，UA）和敏感度分析相结合，对工业厂房建筑的设计策略进行敏感度分析（图 1-47），建立了建筑前期设计优化与决策的方法流程。

20个选定的偏微分方程与权重

	PDE	权重	排序	优先级结果（多选）（%）	条形图
1	太阳能板	2.522	14	5.38	
2	南向外窗+北向立面保温	15.678	1	7.00	
3	自然通风	12.433	2	7.37	
4	植被屋顶/绿色屋顶	2.678	12	4.74	
5	阳光房	2.303	16	5.93	
6	分区规划	6.776	6	6.11	
7	捕风器	1.897	18	3.33	
8	气密结构	9.680	3	4.02	
9	太阳能反射镜光	2.502	15	1.69	
10	北向种植	1.067	20	1.75	
11	三层玻璃/真空玻璃窗	9.086	4	9.43	
12	热地板系统	3.374	10	4.05	
13	热墙	2.900	11	4.66	
14	种植墙	2.587	13	4.17	
15	外墙保温系统	7.738	5	5.82	
16	热反射保温系统	3.647	9	4.80	
17	通风窗口	1.870	19	4.02	
18	百叶窗/外部百叶窗	4.009	8	5.48	
19	双层幕墙	5.186	7	7.56	
20	太阳能反射涂料	2.059	17	2.68	

图 1-45　设计前期被动式设计策略权重分析

（图片来源：文献[98]）

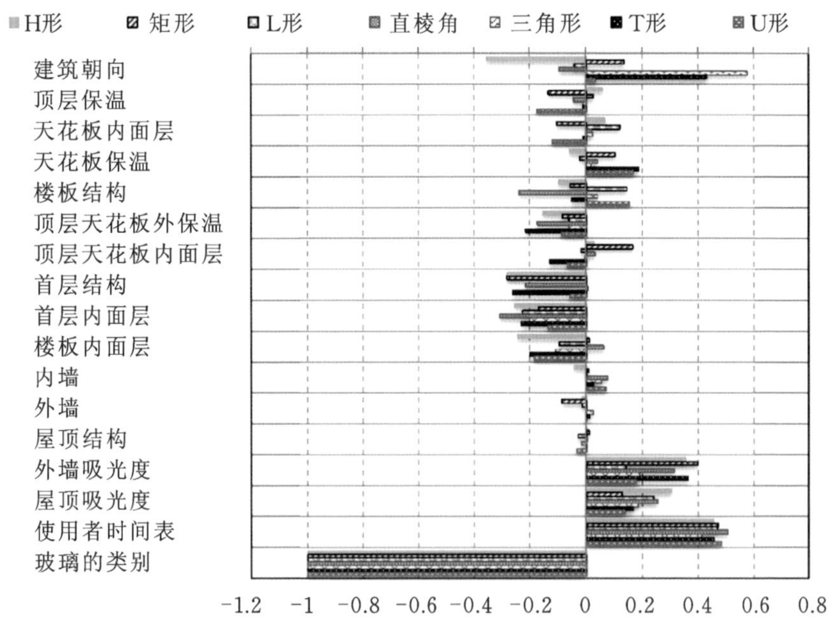

图 1-46　美国商业建筑设计策略敏感度分析

（图片来源：文献[99]）

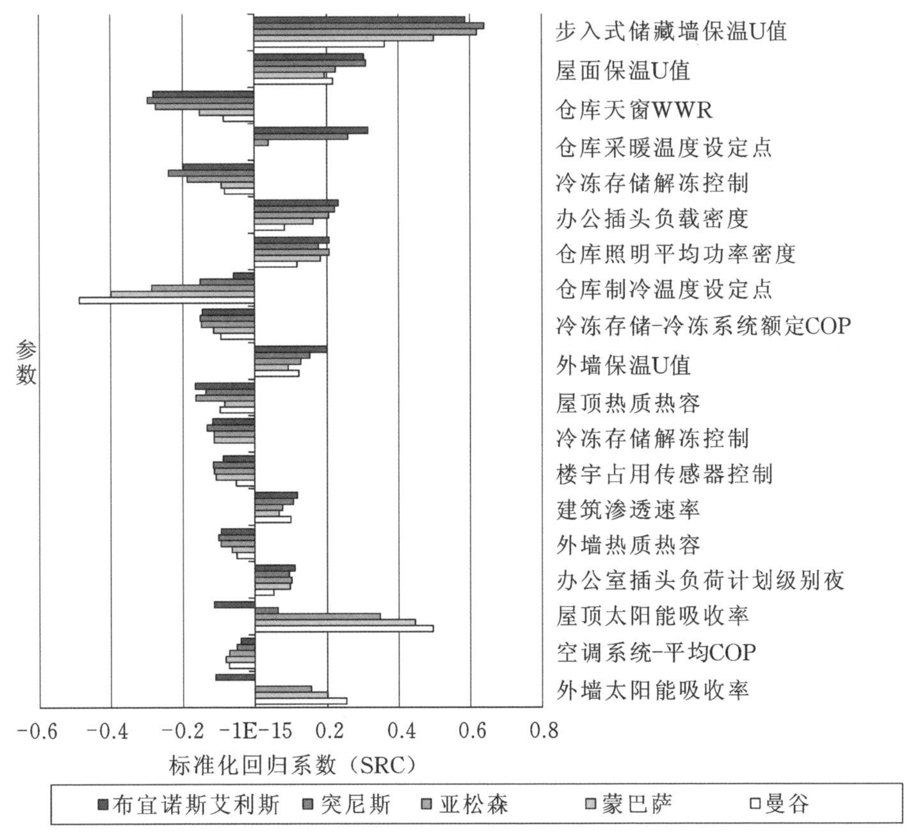

图 1-47　工业建筑设计策略敏感度分析

（图片来源：文献[100]）

2016 年，天津大学的杨鸿玮[101]对寒冷地区既有居住建筑改造，进行了基于单项策略的敏感度分析方法和多目标综合的敏感度分析，借助辅助设计和技术措施进行筛选（图 1-48）。

2017 年，Joshua Hester 等[102]基于蒙特卡罗模拟获取建筑能耗分布数据，使用敏感度分析筛选出对能耗影响最大的设计策略（图 1-49）。 研究表明，通过依次优化这些敏感性策略，建筑能耗可以降低约 90%。

2017 年，天津大学的刘立[38]基于单一敏感度分析方法，对寒冷地区办公建筑的空间节能设计策略、表皮节能设计策略及构造节能设计策略进行了敏感度分析（图 1-50）。

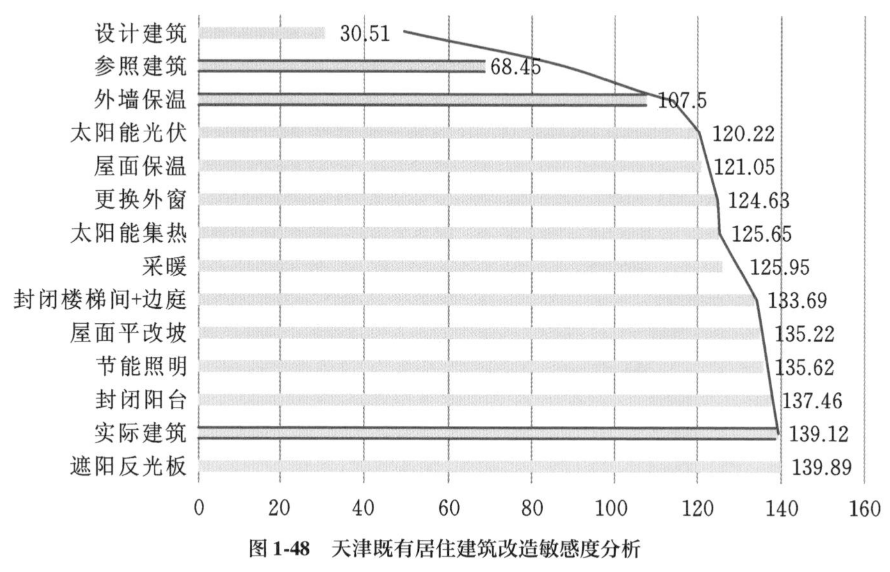

图 1-48　天津既有居住建筑改造敏感度分析

（图片来源：文献[101]）

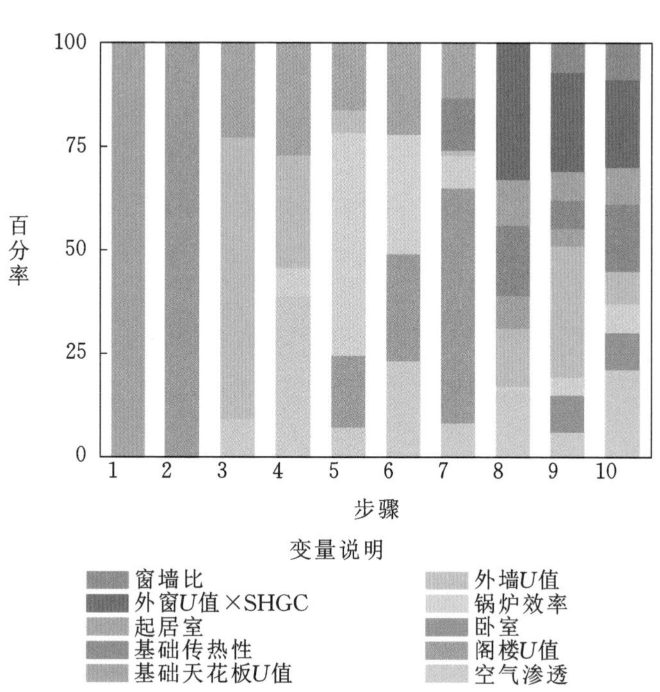

图 1-49　美国居住建筑敏感性设计策略

（图片来源：文献[102]）

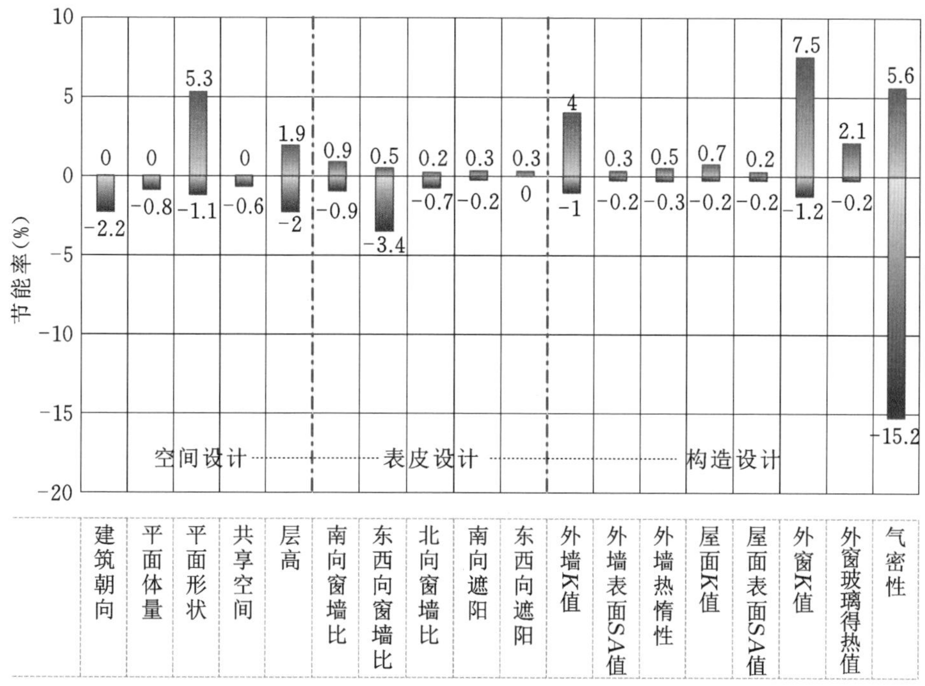

图 1-50 天津点式办公建筑设计策略节能率分析

（图片来源：文献[38]）

2. 软件和工具研发

还有一些学者通过研发便于建筑师使用的能耗模拟工具来解决建筑前期的能耗模拟和优化设计问题。

1997 年，Tabary[103]基于 TRNSYS 开发了一款 CA-SIS1 的工具，该工具的主要特点是包含一个界面友好、循序渐进的模拟过程。 该工具可以在几分钟内基于简单的面积和几何形状等条件，对不同 HVAC 系统进行简单的对比分析，辅助进行设计决策。

2001 年，M. W. Ellis 等[104]通过回归方程建立了适合建筑师在设计前期使用的简化计算界面和策略选择库（图 1-51）。

2012 年，Shady Attia[105]研究了一种辅助炎热地区零能耗建筑设计决策的能耗分析工具，包括基准、敏感度分析模型和模拟软件。 该工具促进建筑师在设计前期对热舒适和能耗进行快速评估（图 1-52）。

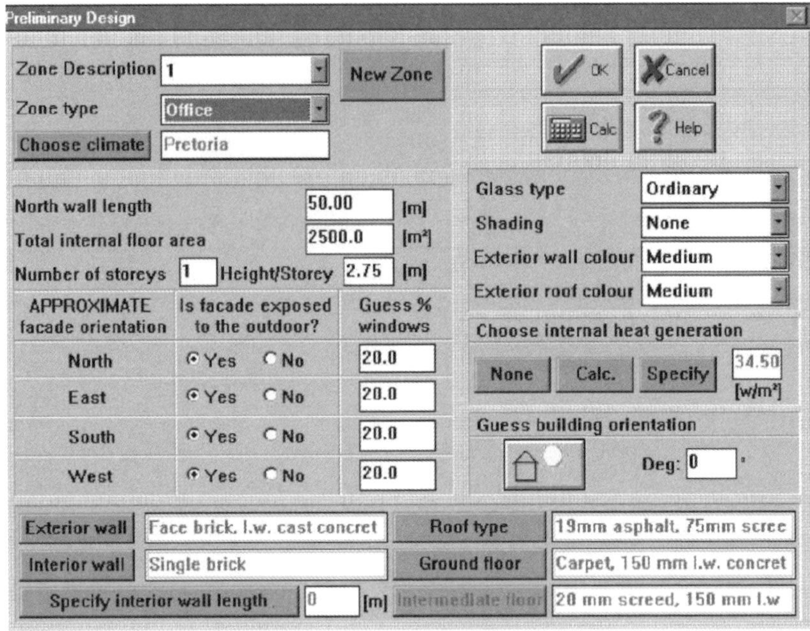

图 1-51　设计前期简化计算界面

（图片来源：文献[104]）

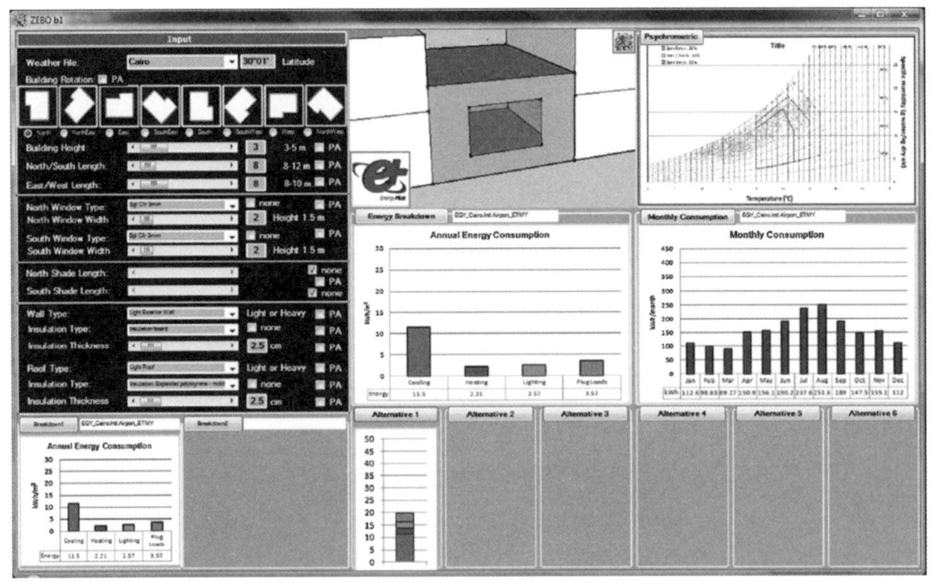

图 1-52　炎热地区建筑能耗分析工具

（图片来源：文献[105]）

2013 年，Palonen 等[106]研发了建筑能耗分析软件 MOBO，该软件主要由编程语言进行输入。它能够与许多其他模拟程序对接，并可以进行多目标优化分析。

2013 年，Roudsari 等[107]研发了一款基于 Grasshopper 的插件 Ladybug，该插件可以将气象数据文件进行可视化表达，并得到该气候条件下适宜的被动式设计策略。

2016 年，清华大学的林波荣等[18]以办公建筑为例，研究了适合办公建筑设计前期的优化方法，建立了融合能耗和天然采光的建筑能耗预测模型和寻优算法。研究对寻优算法在建筑空间平面模型适用类型、天然采光、热体形系数、日照阴影等方面进行了拓展。

2017 年，Hongzhong Chen 等[108]开发了一种基于图形和特征的建筑空间识别算法（B-rep），该算法可以快速识别建筑几何模型并将其转换为模拟软件所需的输入参数，以实现建筑方案设计阶段性能化设计（图 1-53）。

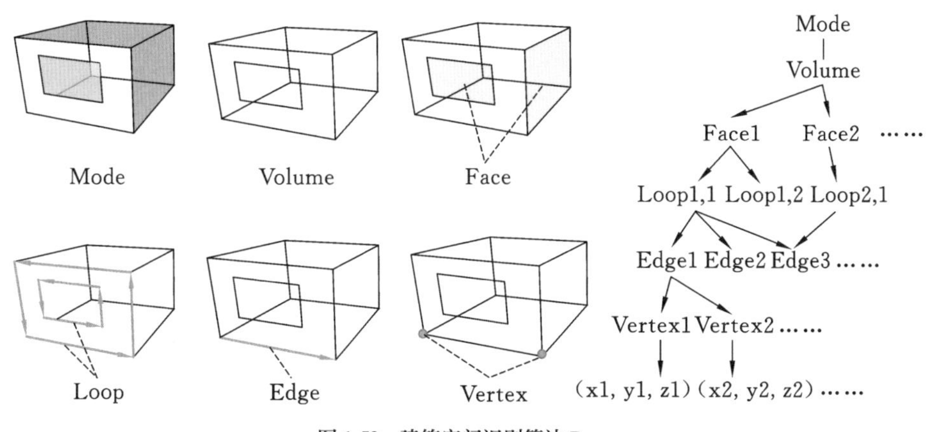

图 1-53　建筑空间识别算法 B-rep

（图片来源：文献[108]）

2017 年，天津大学的刘立[38]针对常规建筑节能设计方法存在方案设计与节能目标脱节的问题，提出了节能整合设计流程。该研究在大量调研的基础上建立寒冷地区办公建筑典型模型，借助能耗模拟软件和多变量试验设计方法，对关键设计要素进行筛选与配置，以建筑节能为导向，寻找多变量同时变化下能耗表现最佳的组合方案。研究开发了适合设计前期建筑师使用的整合设计工具（图 1-54）。

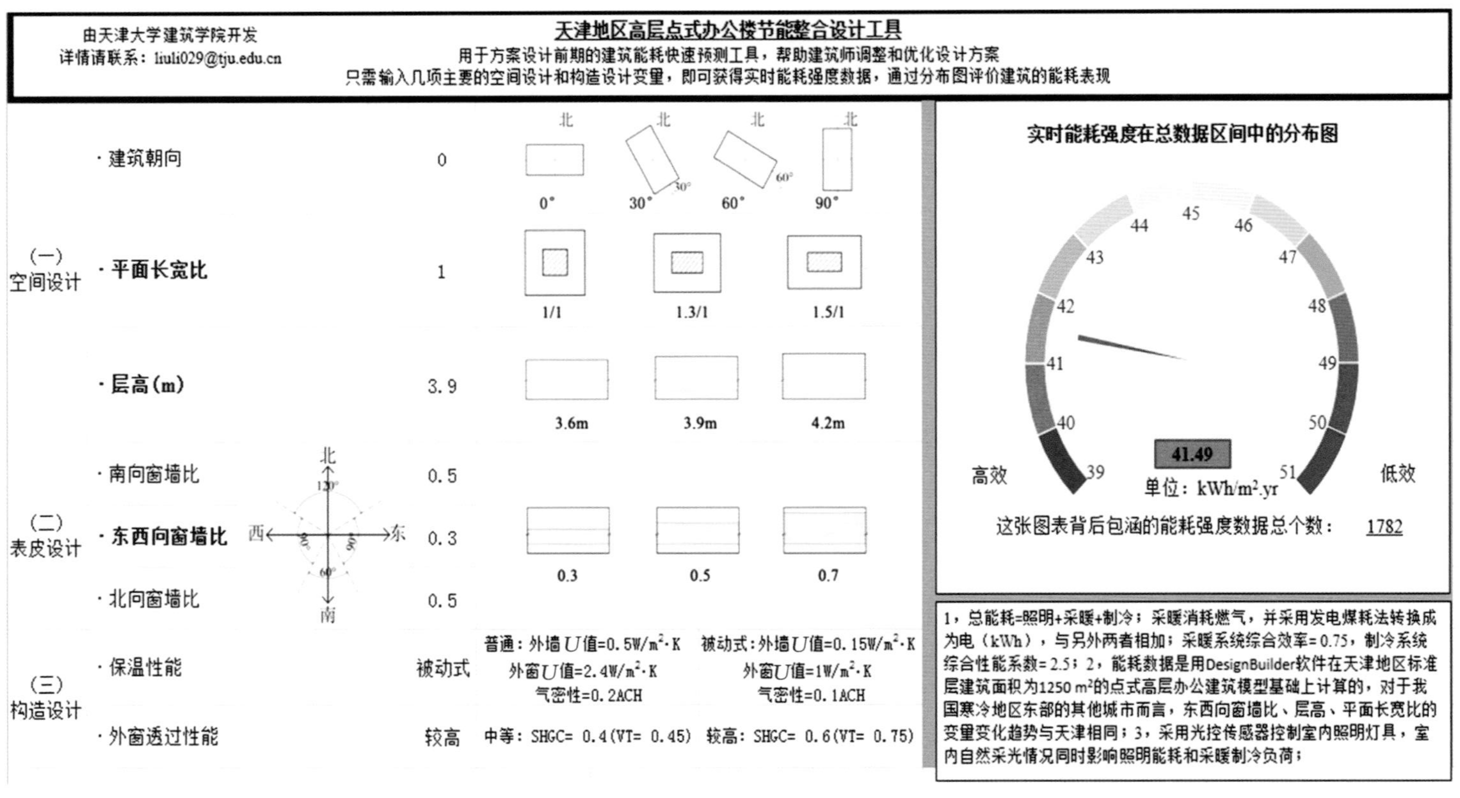

图1-54　天津地区高层点式办公楼节能整合设计工具

（图片来源：文献[38]）

1.3.4 研究现状分析

通过对选题相关研究现状的综述，发现既有研究具有如下特点。

(1) 关于被动式超低能耗建筑设计方法的研究已经广泛开展，取得了许多具有启发性的成果。被动式超低能耗建筑的设计重点从满足功能需求向满足性能转变，从被动式设计策略和能源、HVAC 系统分别对其优化设计，是达成能耗目标的重要手段。

(2) 设计决策整体呈现出包含设计、分析、反馈、决策及其之间的循环往复流程。建筑能耗模拟对建筑设计决策产生了深刻的影响，对整合了能耗模拟的设计与决策方法进行研究是新的趋势。

(3) 在“能耗模拟辅助设计”的过程中，由于参数不全、能耗模拟软件上手难度大等问题，能耗模拟难以融入设计前期。针对这个问题，许多学者展开了研究，研究分化出两条线索：一种是对设计前期的设计策略进行敏感度分析并排序，另一种是研发界面优化、使用方便的模拟工具。

既有研究的以下方面有待改进。

(1) 被动式超低能耗建筑缺乏针对建筑前期方案设计阶段的系统化设计方法研究。既有文献对于建筑方案设计阶段——尤其是形体节能设计研究多数是应时性的，即针对设计实践中遇到的问题进行技术措施分析（如自然采光、遮阳、朝向、体形系数等等），缺乏整合了能耗表现的系统化设计方法与流程（表 1-6）。

表 1-6 既有文献中提到的被动式超低能耗建筑设计策略

来源	形体节能设计策略	围护结构、HVAC 系统等设计策略
文献[109]	自然采光与遮阳设计	(1) 建筑围护结构体系。 (2) 气密性设计。 (3) 太阳能利用。 (4) 地埋管地源热泵系统。 (5) 排风热回收。 (6) 地道风设计
文献[110]	—	(1) 围护结构外墙外保温措施。 (2) 围护结构门窗保温隔热做法。 (3) 围护结构气密性。 (4) 防热桥措施。 (5) 冷热水风热回收空调系统

续表

来源	形体节能设计策略	围护结构、HVAC 系统等设计策略
文献[111]	—	（1）外墙外保温系统。 （2）外窗系统。 （3）围护结构气密性。 （4）天棚柔和式微辐射系统。 （5）全置换新风系统
文献[112]	（1）注意外墙保温厚度、门窗安装方式及外遮阳对建筑立面的影响、新风系统预留安装空间。 （2）根据太阳高度角的不同，南向窗采用固定遮阳技术，东西向窗采用活动遮阳技术	（1）外围护结构保温无热桥处理技术。 （2）外窗采用三层中空+Low-E 玻璃窗户。 （3）土壤预冷热技术和高效热回收新风技术。 （4）地下室照明选用光导照明技术。 （5）能耗智能监控技术。 （6）智能照明控制技术。 （7）光伏发电技术。 （8）地埋管地源热泵技术、中水回用技术、雨水回收利用技术等
文献[113]	北高南低台地景观，有利于日照、采光和通风	（1）墙体、屋面、地下室顶板、楼板节能技术。 （2）热桥处理技术。 （3）厨房送排风系统。 （4）架空隔热屋面。 （5）自动控制集成
文献[114]	—	（1）高性能外围护结构。 （2）无热桥的设计与施工。 （3）气密性。 （4）新风热回收系统。 （5）可再生能源利用
文献[115]	（1）屋顶绿化、半覆土植被绿化。 （2）充分利用自然通风，过渡季及夏季采用可开启外门窗自然进风，长廊排风口排风。 （3）朝向优化。主要房间避开了冬季主导风向（北向、东北向）和夏季最大日射朝向（西向）。 （4）体型系数优化	（1）高性能围护结构。 （2）气密性措施。 （3）设备技术方案。 （4）关键产品和材料。 （5）设备系统。 （6）气密性检测

（数据来源：作者整理）

（2）针对建筑设计决策与方案设计阶段能耗模拟与优化问题，既有研究提出了很多方法框架和解决方案，但是这类研究通常是针对广义的节能建筑进行的，并未结合被动式超低能耗建筑理念、标准特点做出针对性的探讨，有必要结合被动式超低能耗建筑理念、标准和工具展开针对性研究。

（3）大部分被动式超低能耗建筑设计方法研究采用了定性分析方法，基于定量分析的研究成果较少。 有必要在定性分析的基础上，采用定量分析方法对设计方法进行深化，提高实用性。

综上，既有被动式超低能耗建筑设计方法和相关研究取得了很多成果，对被动式超低能耗建筑的应用与实践具有一定的指导作用，但针对被动式超低能耗建筑方案设计阶段的系统化方法研究仍处于起步阶段，需要进一步深化研究。

2

从德国被动房标准到我国被动式超低能耗建筑标准

1991 年，世界上第一栋被动房在德国达姆施塔特落成，标志着被动房技术与标准体系的正式开端。德国通过系统的理论、标准和工程研发，形成了一套完整的被动房认证与评价体系，在世界范围内具有较高的认知度。此后，以德国被动房标准为标杆，各国陆续研发本土被动式超低能耗建筑标准，被动式超低能耗建筑标准逐步发展成为具有国际影响力并且特征鲜明的标准体系之一。

本章首先对德国被动房标准及其特点进行分析，然后对欧洲国家针对自身国情调整被动房标准的理论研究和实践进行总结，进而分析我国被动式超低能耗建筑以被动房标准为基础进行的调整。本章为后文设计辅助决策方法框架的建立和能耗目标与目标值分析提供依据，本章组织结构如图 2-1 所示。

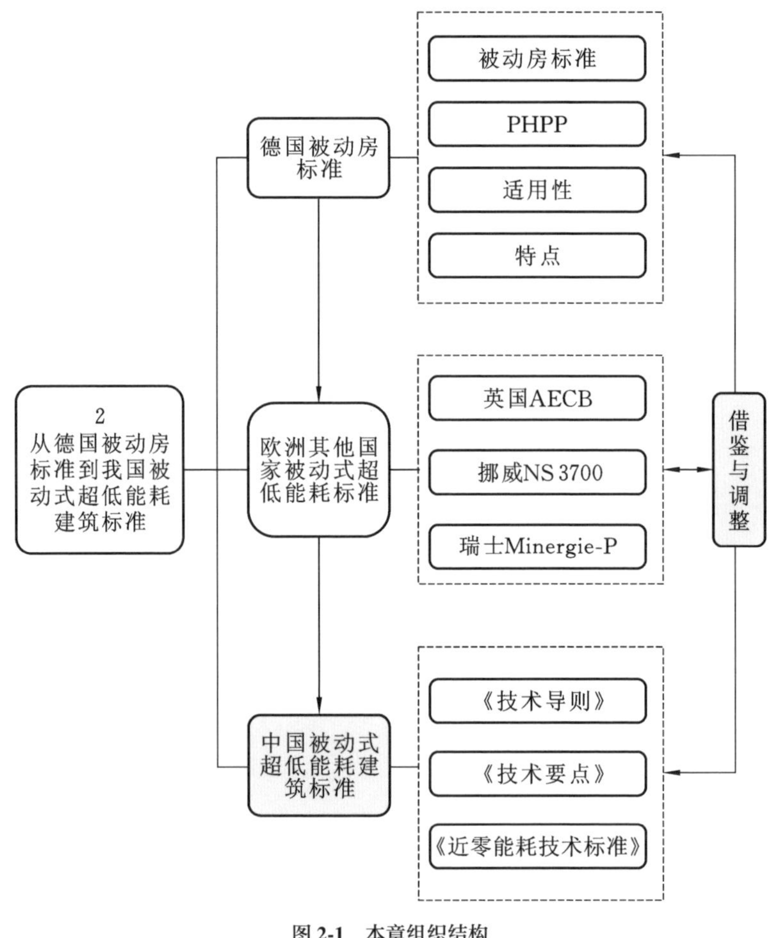

图 2-1　本章组织结构

（图片来源：作者自绘）

2.1 德国被动房标准分析

2.1.1 被动房标准

被动房标准是由被动房研究所制定、供全球被动房认证时使用的标准。2015 年 4 月，被动房研究所颁布了最新版被动房标准[116]，规定建筑需要满足：

• 采暖需求≤15 kW · h/（m^2 · a）或热负荷≤10 W/m^2；

• 制冷需求≤15 kW · h/（m^2 · a）+除湿需求或冷负荷≤10 W/m^2；

• 根据建筑可再生一次能源消耗量（PER）的高低①，被动房分为普通级（≤60 kW · h/（m^2 · a））、优级（≤45 kW · h/（m^2 · a））和特级（≤30 kW · h/（m^2 · a））三类（表 2-1）。

表 2-1 2015 年最新版被动房标准

<table>
<tr><th>被动房认证标签</th><th colspan="3">内容</th><th colspan="3">标准</th><th>替代标准</th></tr>
<tr><td rowspan="7">Certified Passive House Passive House Institute classic plus premium</td><td rowspan="2">采暖</td><td>采暖需求 /（kW · h/（m^2 · a））</td><td>≤</td><td colspan="3">15</td><td>—</td></tr>
<tr><td>热负荷 /（W/m^2）</td><td>≤</td><td colspan="3">—</td><td>10</td></tr>
<tr><td rowspan="2">制冷</td><td>制冷+除湿需求 /（kW · h/（m^2 · a））</td><td>≤</td><td colspan="3">15+除湿需求</td><td>可变极限值</td></tr>
<tr><td>冷负荷 /（W/m^2）</td><td>≤</td><td colspan="3">—</td><td>10</td></tr>
<tr><td colspan="3">可再生一次能源（PER）</td><td>普通级</td><td>优级</td><td>特级</td><td></td></tr>
<tr><td colspan="2">PER 需求 /（kW · h/（m^2 · a））</td><td>≤</td><td>60</td><td>45</td><td>30</td><td>相对标准值±15 kW · h/（m^2 · a）的偏差</td></tr>
<tr><td colspan="2">可再生能源产量 /（kW · h/（m^2 · a））</td><td>≥</td><td>—</td><td>60</td><td>120</td><td>通过调整产量来平衡上一栏中的偏差</td></tr>
</table>

（数据来源：根据文献[116]绘制）

① 考虑到未来能源供应结构的改变，新版被动房标准使用可再生一次能源（PER）需求替换原先针对非可再生能源的一次能源消耗量评价（SPED）方法，作为一次能源消耗量的判据。根据 PER 需求量和可再生能源产量的不同，细分为 Classic/Plus/Premium 三个等级。现阶段，SPED 与 PER 评价法可同时使用。

被动房标准的室内热舒适指标主要有温度、气密性、超温频率和超湿频率[117]。

1. 温度

室内热舒适范围由温度和湿度共同决定。 Jürgen Schniedersa 与 Wolfgang Feist 借鉴 ASHRAE 中机械通风建筑热舒适区间[62]（图 2-2），将被动房室内热舒适范围定为相对湿度 30% ～70%，运行温度 20～27 ℃（图 2-3）。 被动房标准要求居住建筑满足以下条件。

• 冬季室内运行温度>20 ℃；

• 在室内绝对空气湿度 12 g/kg 情况下，夏季室内运行温度<25 ℃[118]。

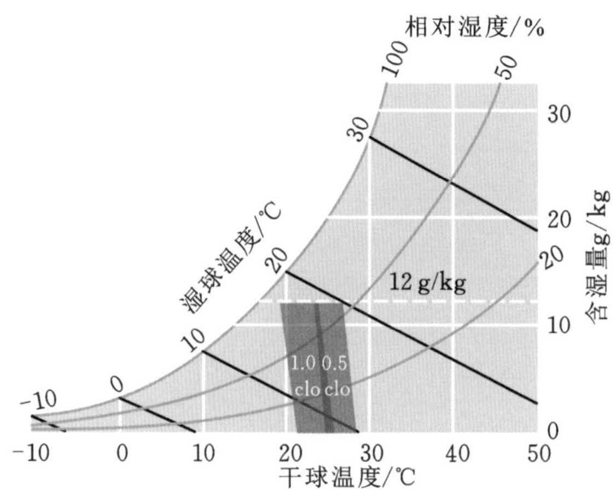

图 2-2　ASHRAE 机械通风建筑热舒适区间

（图片来源：文献[119]）

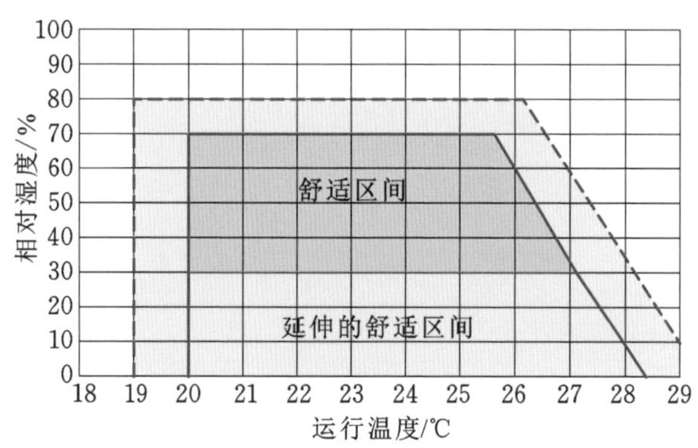

图 2-3　被动房热舒适区间

（图片来源：文献[62]）

2. 气密性

出于降低采暖需求和保障室内热环境舒适度的考虑，被动房要求建筑在 50 Pa 压差下的气密性 n_{50} <0.6 h^{-1}。

3. 超温频率

夏季过热是被动房最容易出现的不舒适问题[120][135]。被动房研究所将夏季室内超温频率定义为表 2-2 中的 5 个等级（表 2-2）。

表 2-2 被动房夏季超温频率的 5 个等级

温度大于 25 ℃的频率	等级
>15%	难以忍受
10% ～15%	差
5% ～10%	可以接受
2% ～5%	良好
0～2%	非常好

（数据来源：文献[121]）

被动房标准将 10% 定为夏季热舒适限值，要求满足以下条件：

• 无主动制冷时，室内运行温度大于 25℃的年小时百分比≤10%；

• 有主动制冷时，制冷系统容量必须足够。

4. 超湿频率

室内热舒适范围由温度和湿度共同决定的。因此被动房标准还有以下规定。

• 无主动制冷时，室内空气绝对湿度大于 12 g/kg 的年小时百分比≤20%；

• 有主动制冷时，室内空气绝对湿度大于 12 g/kg 的年小时百分比≤10%。

此外，从提高用户满意度的角度出发，被动房标准还要求：

• 有人逗留的房间必须有可以开启的窗户。

• 用户必须能够操作照明和临时遮阳设备。用户控制优先于可能存在的自动控制。

• 在主动采暖以及制冷时，必须保证每个单元户室内温度是用户可调的。

• 必须有足够的采暖或空调系统设计容量，保证在设计工况下能达到采暖或制冷额定温度。

• 新风系统可调节。建议实现三挡可调：标准风量及标准风量±30%。

• 所有房间完全通风。建筑所有采暖/制冷空间必须通过一台新风机组直接或间接实现足够风量的通风。

• 避免室内空气相对湿度过低。当 PHPP 计算空气相对湿度小于 30% 时，必须采取有效措施（如湿回收、加湿、自调式需求控制或分区控制，强化型定向通风等）。

• 新风系统在标准体积流量下不允许给有人长时间停留的房间带来噪声干扰。声级标准值：居住建筑送风区或非居住建筑的卧室和休息室≤25 dB，居住建筑的回风区以及非居住建筑除卧室和休息室外的房间≤30 dB。

• 避免引起不舒适的吹风感。

2.1.2 被动房设计工具包（passive house planning package，PHPP）

被动房标准的计算方法基于 ISO13790[122]（表 2-3），并在采暖需求、面积等参数的计算上有着自己的特色。譬如，在求解遮阳系数（$r_{shading}$）时，需要计算平遮阳系数（r_H）、悬挑遮阳系数（r_O）、垂直遮阳系数（r_V）和其他遮阳系数（r_{other}）等许多相关参数；又如，进行建筑面积测算时，仅计算采暖空间净面积（treated floor area，TFA），不同属性的空间按照不同的比例计算（表 2-4）；进行围护结构面积（A）的计算时，使用的是围护结构外部尺寸。再如，计算外窗传热时需要分别考虑窗框、玻璃以及窗框与墙体、窗框与玻璃之间的热桥等（图 2-4）。所有这些计算原则和方法全部内嵌在“被动房设计工具包（PHPP）”中。

表 2-3 被动房标准采暖需求主要计算式

采暖需求主要计算式	公式说明
$Q_H=Q_L-Q_G$	Q_H为采暖需求；Q_L为建筑失热；Q_G为建筑得热
$Q_L=Q_T+Q_V$	Q_T为围护结构传热失热；Q_V为通风系统失热；$Q_{building\ assembly}$为围护结构构件失热；$Q_{thermal\ bridge}$为热桥失热；A 为围护结构面积；U 为围护结构传热系数；f_t为温度衰减系数；G_t为热度时；l 为热桥长度；Ψ为热桥值；V_V为通风体积；n_V为有效通风率；c 为空气比热容
$Q_T=Q_{building\ assembly}+Q_{thermal\ bridge}$	
$Q_{building\ assembly}=A\cdot U\cdot f_t\cdot G_t$	
$Q_{thermal\ bridge}=l\cdot\Psi\cdot f_t\cdot G_t$	
$Q_V=V_V\cdot n_V\cdot c\cdot G_t$	
$Q_G=(Q_S+Q_I)\cdot\eta_G$	Q_S为太阳得热；Q_I为室内得热（根据建筑类型固定值，住宅为 2.1～4.1 W/m^2）；η_G为得热利用系数；r 为太阳得热衰减系数；A_W为外窗面积；G 为采暖期总太阳辐射量；$r_{shading}$为遮阳系数；r_{dirt}为灰尘产生的衰减系数；$r_{incidence\ angle}$为入射角产生的衰减系数；r_{frame}为窗框产生的衰减系数
$Q_S=r\cdot g\cdot A_W\cdot G$	
$r=r_{shading}\cdot r_{dirt}\cdot r_{incidence\ angle}\cdot r_{frame}$	

（数据来源：作者根据 PHPP 软件说明书中的公式分析、归纳得出）

表 2-4　被动房面积计算：TFA 图示及不同属性空间的计算比例

<table>
<tr><th colspan="2">TFA 计入比例</th><th>TFA 图示（绿色部分）</th></tr>
<tr><td rowspan="4">100%</td><td>居住空间（长时间使用的空间）</td><td rowspan="7">备注：1 m² 以下的空间不计入，1～2 m² 的空间计入 50%，2 m² 以上的空间全计入</td></tr>
<tr><td>厕所</td></tr>
<tr><td>辅助空间建筑内的储藏间等</td></tr>
<tr><td>交通空间（建筑内的）</td></tr>
<tr><td rowspan="2">60%</td><td>辅助空间（建筑外或位于地下室，独栋住宅居住空间占楼层面积小于 50% 时）</td></tr>
<tr><td>交通空间（建筑外或位于地下室）</td></tr>
<tr><td>0%</td><td>楼梯踏步、电梯井、烟囱井、上空空间、不足 0.13 m² 的凸窗、热边界外的空间</td></tr>
</table>

（数据来源：根据文献[121]绘制）

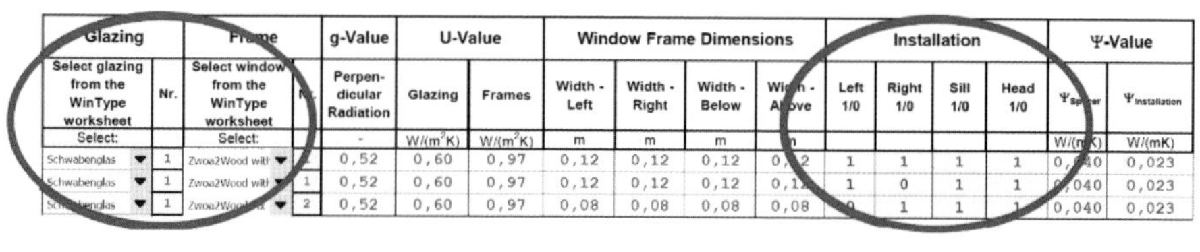

Glazing		Frame		g-Value	U-Value		Window Frame Dimensions				Installation				Ψ-Value	
Select glazing from the WinType worksheet	Nr.	Select window from the WinType worksheet	Nr.	Perpen-dicular Radiation	Glazing	Frames	Width - Left	Width - Right	Width - Below	Width - Above	Left 1/0	Right 1/0	Sill 1/0	Head 1/0	Ψ_{Spacer}	$\Psi_{Installation}$
Select:		Select:		-	W/(m²K)	W/(m²K)	m	m	m	m					W/(mK)	W/(mK)
Schwabenglas	1	Zwoa2Wood with	1	0,52	0,60	0,97	0,12	0,12	0,12	0,12	1	1	1	1	0,040	0,023
Schwabenglas	1	Zwoa2Wood with	1	0,52	0,60	0,97	0,12	0,12	0,12	0,12	1	0	1	1	0,040	0,023
Schwabenglas	1	Zwoa2Wood with	2	0,52	0,60	0,97	0,08	0,08	0,08	0,08	0	1	1	1	0,040	0,023

（a）

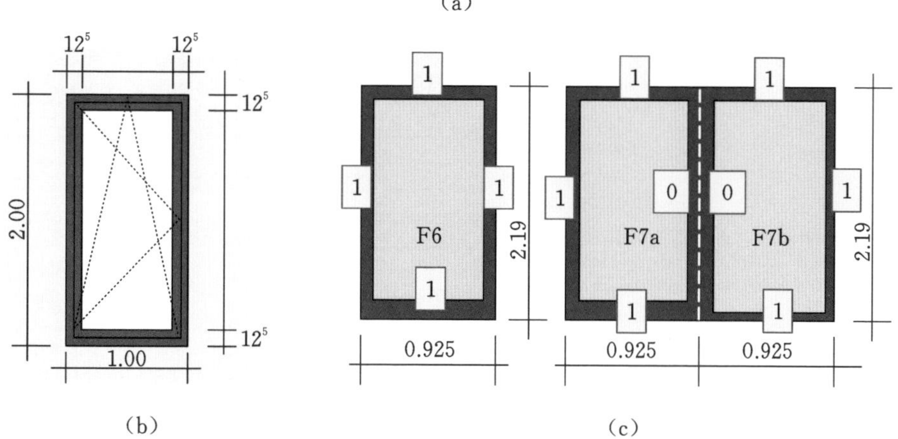

（b）　　　　（c）

图 2-4　被动房对外窗窗框、玻璃及安装热桥的参数输入有着详细的要求

（a）PHPP 中要求输入窗框、安装热桥；（b）窗框尺寸计算；（c）1 表示外窗有安装热桥；0 表示窗扇相邻，无安装热桥

（图片来源：作者参加的被动房设计师培训课件 PPT）

由于只有在保证计算方法一致前提下，才能使能耗模拟结果直接与被动房标准相比较，且使不同国家、不同项目之间的计算结果具有横向可比性。 因此，被动房研究所规定，进行被动房设计与认证须使用 PHPP[123]（图 2-5）。

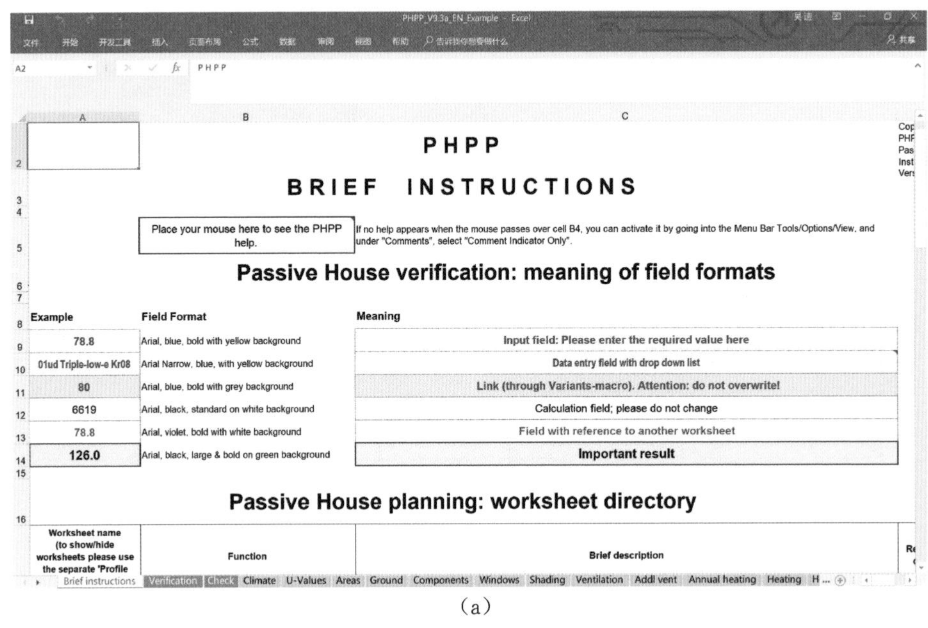

（a）

Specific building demands with reference to the treated floor area					
	Treated floor area	156,0	m²	Requirements	Fulfilled?*
Space heating	Heating demand	14	kWh/(m²a)	15 kWh/(m²a)	yes
	Heating load	10	W/m²	10 W/m²	yes
Space cooling	Overall specif. space cooling demand		kWh/(m²a)	-	-
	Cooling load		W/m²	-	-
	Frequency of overheating (> 25 ℃)	1,6	%	-	-
Primary energy	Heating, cooling, dehumidification, DHW, auxiliary electricity, lighting, electrical appliances	60	kWh/(m²a)	120 kWh/(m²a)	yes
	DHW, space heating and auxiliary electricity	33	kWh/(m²a)	-	-
	Specific primary energy reduction through solar electricity	25	kWh/(m²a)	-	-
Airtightness	Pressurization test result n_{50}	0,2	1/h	0,6 1/h	yes

* empty field: data missing; '-': no requirement

A section of the PHPP "Verification"-sheet with the results for a sample detached house built to the Passive House Standard.

（b）

图 2-5 PHPP 部分界面

（a）PHPP 开始界面；（b）计算结果与认证结果界面

（图片来源：作者从 PHPP 软件中导出）

2.1.3 被动房标准适用性

被动房标准的适用性直接影响到了被动房的可行性及推广价值。为此，国内外学者对被动房标准的适用性进行了大量研究工作。

1. 标准在不同气候条件地区的适用性

德国被动房研究所作为被动房的发源组织、技术和推广中心，对被动房在世界范围内的适用性进行了深入研究和论证。根据 Schnieders 等[62]的研究成果，被动房居住建筑可以在世界范围内各气候区实现，但是在湿度较大的地区（如上海和新加坡），需要对除湿需求额外关注。2016 年，被动房研究所在第 13 届被动房大会上发布了《*Passive House in Chinese Climate*》报告[24]，专门针对被动房在中国的适用性进行了研究。该研究基于一个十层住宅楼，对被动房在中国 9 个典型城市（北京、上海、成都、昆明、广州、琼海、哈尔滨、乌鲁木齐和拉萨）的性能表现进行了模拟计算与分析。根据该报告，被动房可以建造于中国的任何地方。与按照现行标准建造的常规新建建筑相比，被动房可以节省 80% ～90% 采暖需求和 50% 的制冷和除湿需求。对于某些城市，除湿需求超过采暖和制冷需求，必须加装除湿设备。

1999 年至 2001 年，欧盟委员会资助的 CEPHEUS 项目在五个欧洲国家建设了 221 栋达到被动房标准的建筑，为被动房研究提供了详细的现实资料。Schnieders 等[125]对 CEPHEUS 项目中 100 余个建筑的详细监测数据进行了分析。结果显示，住户对室内环境水平和带热回收的机械通风和采暖系统有着普遍较高的接受度。与常规新建建筑相比，被动房项目可以节约 80% 采暖能耗，总能源消耗节约 50%。结论认为，被动房建筑可以满足社会、生态和经济性方面的可持续发展，应该进行更为广泛的推广和传播。而对于某些极端气候条件下的地区来说，达到被动房一次能源不大于 120 kW · h/（m^2 · a）的要求是存在一些困难的。

隶属于 IEE（intelligent energy for Europe）项目的欧洲被动房促进组织 PEP（promotion of european passive houses），对被动房标准在世界范围内的应用展开了广泛的讨论[126]。研究结果指出，被动房在德国和奥地利等国家取得的成功说明了被动房在中欧气象条件下是可行的。然而，对于北欧国家，实现被动房 15 kW · h/（m^2 · a）的采暖需求是不现实的。因此，PEP 对被动房的定义进行了修正，使之更为灵活。修正后的定义包含“常规定义”和“科学定义”。

• 常规定义：被动房是指冬季和夏季均有着良好的舒适性，不使用传统采暖系统和主动制冷系统的居住建筑。被动房具有非常优质的保温水平，非常好的气密性，由带有高效热回收的机械通风系统提供新鲜空气。

• 科学定义：被动房是指冬季和夏季均有着良好的舒适性，不使用传统采暖系统和主动制冷系统的居住建筑。设计热负荷应当不超过所需最小新风量所能供给的能量。然而，采暖需求不必仅由通风系统来提供。

江亿院士在《中国建筑节能年度发展研究报告 2017》中，从技术路线、气候适宜性、新风系统能耗、建筑使用与实际能耗和建筑类型选择五个方面，对德国被动房技术在我国的适用性进行了专题讨论[127]。江亿院士指出，被动房通过加强围护结构保温与气密性来降低建筑采暖能耗的技术路线，对于我国以采暖能耗为主的北方严寒和寒冷地区是适用且卓有成效的。然而，对于以空调能耗为主的地区，被动房可能不是进一步降低建筑能耗的有效途径。

中国建筑科学研究院的徐伟[128]指出，我国在室内环境标准、建筑特点、气候条件、生活和用能习惯及能源核算方法方面均与德国有所不同，应立足于我国具体国情发展超低能耗建筑技术体系。

2. 标准对不同建筑类型的适用性

被动房发端的建筑类型是低层居住建筑，在世界范围内推广时，涉及的建筑类型不断扩大，包括多层居住建筑、高层居住建筑、办公建筑、学校建筑、工厂建筑等。一些学者对被动房标准在这些建筑类型中的适用性进行了研究。

荷兰代尔夫特工业大学的索斯藤·许策[129]分析了被动房原则在韩国和中国居住建筑中的适用性，认为当地居住建筑的特点应是开展被动房设计的出发点。韩国居住建筑的典型类型是公寓楼和点式楼（图 2-6、图 2-7），其结构均由混凝土现浇而成，气密性比较容易达到，关注混凝土结构交接位置和门窗洞口处即可。对于公寓楼，由于楼梯间是建筑内部空间的一部分，故需要在连接地下室和顶层的楼梯间敷设保温层。对于点式楼，则将需要保温的部分与公共楼梯间分开设计。上述分析结论也可以拓展到我国居住建筑中。此外，我国居住建筑通常会安装油烟机，使用时导致换气量增大，而被动房一般要求建筑的机械通风换气次数不超过每小时 0.7 次。为此，我国在进行被动房设计时可以将厨房空间独立出来，加装辅助供暖设备来避免短时间大量换气后造成的低温不适。

图 2-6　韩国公寓楼与点式楼

（图片来源：文献[129]）

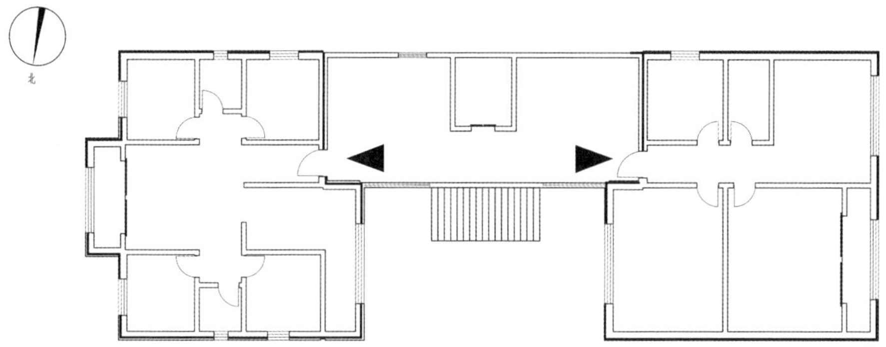

图 2-7　韩国点式楼平面布置

（图片来源：文献[129]）

住房和城乡建设部的马伊硕[130]分析了金隅西砂被动式低能耗公租房项目（16 层公寓）中的主要技术问题，从中可以看出被动房技术在应用于我国高层小户型公寓中的一些技术难点。首先，保温层厚度的设置需要综合考虑建筑能耗、防火性能、防风性能、安全性等因素。其次，新风系统设计需要在保证性能要求的前提下减少噪音影响、减小设备所占用的空间。最后指出，厨房一直是我国被动房设计

图 2-8 北京焦化厂高层装配式公租房
(图片来源：文献[131])

本土化的要点之一。对于独立厨房，我国一般采用补风装置与油烟机联动控制的方式来解决。而对于小户型住宅，厨房与起居空间相连，需要研究针对小户型厨房特点的解决方案。

中国建筑设计院的潘悦[131]以北京焦化厂公租房为例（图 2-8），对被动房技术在高层装配式公租房设计中的应用与技术难点进行了分析，包括：超低能耗建筑技术在 80 m 高层建筑的应用问题；超低能耗建筑与预制剪力墙体系结合的技术问题；公租房公寓面积小导致的采暖需求非常低（不到 1 kW · h/（m^2 · a）），而制冷需求则超出被动房标准的要求。在该案例中，受用地条件限制，建筑朝向为南偏西 32°，不利的朝向使夏季得热过多，需要重视遮阳设计。

中国建筑科学研究院的徐伟[128]指出，中高层、高层建筑是我国的主要建筑类型，体形系数要小于欧洲的低密度、中小型建筑，因此能耗也独具特点。

3. 标准与实测数据的对比

国内外一些学者通过对已建成被动房项目进行能耗实测，从实证角度论证了被动房标准的适用性。

2006 年，Maria Wall[132]对瑞典哥德堡 20 栋按照被动房标准建造的住宅的运行能耗进行监测。根据监测结果，这些住宅的平均采暖需求是 14.3 kW · h/（m^2 · a），满足被动房标准采暖需求的要求。采暖、热水、热泵、照明、家电等总用能需求（电能）是 68 kW · h/（m^2 · a），比常规住宅节约 40%。将实测数据与设计阶段的模拟预测值进行对比后发现，设备用电和采暖需求两项存在较大的差异（图 2-9）。

2010 年，瑞典隆德大学 Ulla Janson 在其博士论文[133]中，分析了位于Värnamo、Frillesås 和 Alingsås 的三栋被动房公寓和一栋位于 Lidköping 的独栋住宅的实测数据。结果显示，四个项目的采暖峰值负荷有时会超过被动房要求的 10 W/m^2。

2013 年，Ridley 等[134]分析了英国伦敦第一个获得被动房认证的新建居住建筑项目卡姆登被动房（Camden passive house）采暖季的监测数据。研究发现该项目年一次能源消耗量为 124 kW · h/（m^2 · a），略微超过了被动房要求的 120 kW · h/（m^2 · a）。室内得热为 3.65 W/m^2，比预估的 2.1 W/m^2值要大。夏季室内出现过热问题，室内

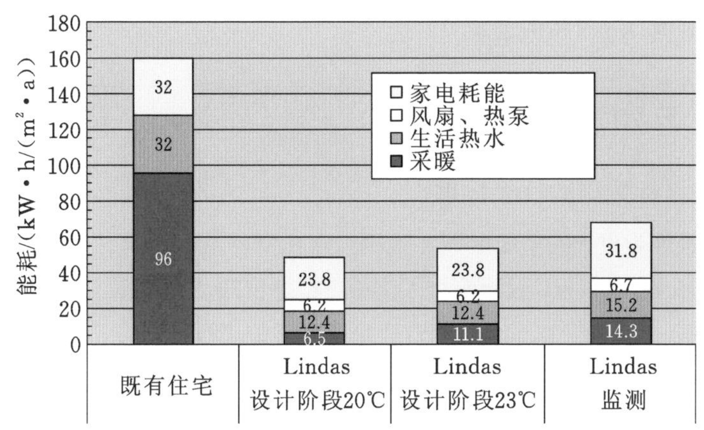

图 2-9 瑞典哥德堡 20 栋被动房的监测数据与模拟数据对比分析

(图片来源:文献[132])

舒适度不满足 CIBSE、PHPP 和 EN15251 中规定的舒适性标准。

2014 年,Ridley 等[135]又对两栋威尔士被动房住宅进行了监测。结果显示,住户的用电习惯和家用设备选择对建筑能耗有着显著影响。与卡姆登被动房类似,这两栋威尔士被动房出现了室内得热大于 PHPP 计算预设值的问题。

2015 年 10 月至 2016 年 8 月,研究人员对高碑店被动式专家楼的室内环境进行了监测[136]。监测目标为首层的样板间,样板间进行了精装修处理,在监测期内无人居住,每天参观的客流量在 10~50 人。监测结果显示,采暖季室内温度基本维持在 20 ℃以上,湿度保持 40% ~55%之间。极端天气(室外 PM2.5 含量平均为 169.06 μm/m³)期间,室内 PM2.5 含量平均为 31 μm/m³,处于优良水平。夏季室内温度 24~26 ℃,室内湿度为 45% ~57%,处于舒适状态。

2016 年,研究人员对青岛中德生态园“被动房技术体验中心”建筑被动区域进行了建筑气密性测试。结果显示,在内外压差为 50 Pa 的情景下,“被动房技术体验中心”气密性指标为 0.3 h^{-1},满足德国被动房设计标准 $n_{50}\leqslant 0.6\ h^{-1}$的要求[137]。

2018 年,郝翠彩等[138]在河北省建筑科技研发中心被动式低能耗办公建筑投入使用后,对其室内环境和能耗进行了监测。结果显示,监测数据在采暖需求、制冷需求和一次能源消耗量方面均比 Designbuilder 得出的计算值大。产生此结果的主要原因为建筑实际运行模式与能耗模拟预测时的理论值存在差异。研究认为,虽然存在偏差,但模拟预测能耗与实际运行能耗间存在必然的联系,通过模拟预测能耗,能够达到控制实际能耗的目的。

综上,许多实测数据证实,被动房标准在我国寒冷地区有着较好的适用性。但是，由于使用者行为的不同和室内得热的差别，被动房建成后的使用阶段中，能耗数据会与设计值存在一定的差异。

2.1.4 被动房标准特点

1. 量化目标导向的性能标准

节能标准作为设计的重要参照和准则，存在两种主要类型：一是使用规定性指标（priscriptive legislation）对建筑技术措施进行评价的“技措标准”；二是使用性能指标（performance based legislation）对建筑整体性能表现进行评价的“性能标准”。二者均致力于优化和降低建筑能耗，但在评价方法和使用方式上有所不同[101]。

“技措标准”对技术措施及其限值进行逐条规定，如果设计建筑的围护结构热工性能、窗墙面积比等技术措施符合规定性指标要求，且采暖空调设备效率达到要求，则认为该建筑节能可以达标。“技措标准”的优点是为建筑师提供了设计时必须遵守的技术措施，比较直观、快速、易掌握。缺点是存在不能穷举、重过程轻结果、可能阻碍创新和成本优化等问题[139]。

技措标准在我国沿用多年，常规节能建筑设计呈现出“以相关设计标准为原则，满足业主对建筑各项功能需求为核心，各专业分别实现自身职责”[52]的特点。设计人员在进行节能设计时，只要相关部位满足标准中的对应规定性指标，即可得到一个“合规”的设计方案。在这个过程中，由于能耗模拟的缺失，设计方案整体性能表现未知，容易导致节能技术不能得到综合最佳配置、实际能耗与设计预期偏差较大、HVAC 系统过大或闲置等众多问题。

“性能标准”则以性能为最终导向，而不强调达到标准的方法和手段。“性能标准”的优点是为设计提供了更多自由的替代方案，比较灵活，易于理解和传播。缺点是过程不易把控，依赖规范的计算方法和计算工具等。

根据被动房研究所对被动房的定义[140]，被动房是“仅靠再加热或再冷却维持室内空气质量所需新鲜空气就能达到 IS07730 规定热舒适度，不再需要额外的空调系统”的建筑。该定义的一个显著特点是不涉及任何技术措施、不包含任何数值，仅仅对建筑能耗和舒适性提出了纯粹的“性能”要求。也正是这个基本理念决定了后来的被动房标准及其所需的一系列技术。德国被动房标准将上述定义中的性能要求进行量化，要求建筑室内热负荷＜10 W/m^{2}或采暖需求＜15 kW · h/（m^2 · a）；制冷需求和除湿需求＜15 kW · h/（m^2 · a）；一次能源消耗量（SPED 法）＜120 kW · h/（m^2 · a），是典型的性能标准。

被动房的性能标准是对德国《建筑节能保温及节能设备技术规范（EnEV）》的

传承和进一步发展。1988 年，德国联邦政府提出的节能修改计划规定新建建筑的供暖需求不超过 60 kW·h/（m²·a）[141]。2002 年，《EnEV（2002）》从控制单项建筑围护结构（如外墙、外窗、屋顶）的最低传热系数限值，转变为对建筑的总用能需求的控制[142]。2007 年，《EnEV（2007）》开始以一次能源消耗量作为控制指标，在最新版的节能规范《EnEV（2016）》中，规定典型独栋住宅的一次能源消耗量不超过 51 kW·h/（m²·a）。在这个大背景下，被动房标准结合自身的基本理念，最终形成了以采暖需求、制冷需求一次能源消耗量为目标的性能标准。

2. 降低需求优化供给

（1）建筑能量边界。

建筑的能量边界（energy boundary）是指建筑与外界发生能量交换的界面，根据是否有设备系统的介入，可以分为“建筑用能需求边界”和“建筑能源消耗边界”[22]（图 2-10）。

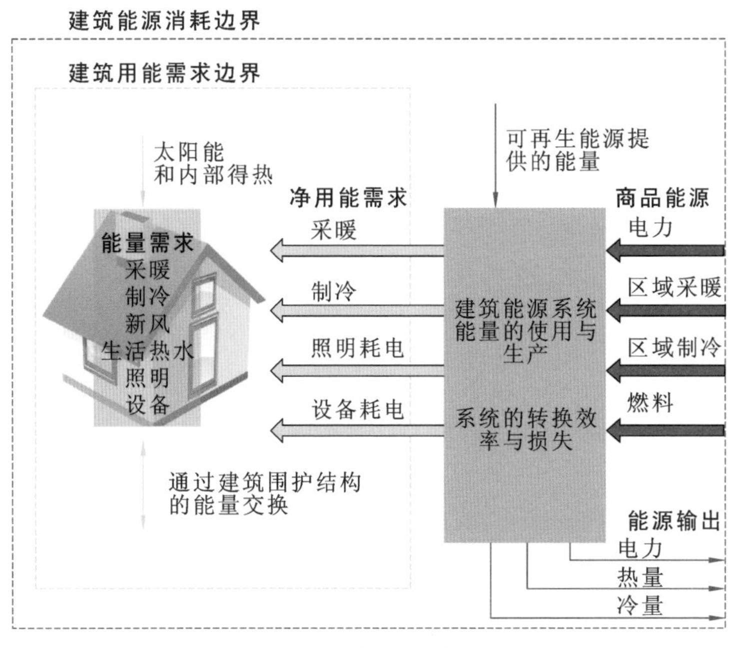

图 2-10　建筑能量边界的划分

（图片来源：在文献[22][143]的基础上绘制）

“建筑用能需求边界”是指建筑物与室外环境间的能量交换边界，即是维持建筑室内环境热舒适所的能量。用能需求在数值上等于建筑得热（太阳能得热、室内得热等）与失热（围护结构失热、渗透通风失热等）的差值。计算用能需求与设备系统无关，仅与建筑本体的设计状况有关。

“建筑能源消耗边界”是指为了满足建筑用能需求所耗费的能源总量。计算能源消耗量与能源类型、设备系统效率与损失等均有关系。这个边界上发生的能量交换，既包括商品能源供给，也包括可再生能源补偿及能源系统转化过程和运输过程中的损失，若满足建筑能量需求后还有余能，则可向外输出。

划分能量边界对于低能耗和超低能耗建筑的发展和研究来讲非常重要。它明确区分了建筑内各部分的能量流动并做出相应限制，根据在不同能量边界上采取技术措施的差异，产生了不同的节能理念。

(2) 被动房：降低需求优化供给。

被动房标准强调优先采用被动式设计策略降低建筑“能量需求边界”上的需求，进而通过高效创新的设备，降低“能源消耗边界”上的需求，即降低需求、优化供给。

降低需求：被动房标准在建筑“用能需求边界”进行约束，降低采暖需求和制冷需求。鼓励建筑师采取各种被动式设计措施，尽量减少建筑对 HVAC 系统的依赖。强调了建筑本体节能，避免某些通过大量使用可再生能源达到零能耗，而实际节能效果却不佳的“刷绿”建筑的产生。

优化供给：被动房标准对建筑“能源消耗边界”进行约束，优化一次能源供给。这意味着，除了建筑本体节能，被动房还要求使用高效的生活热水、HVAC 系统、家电等设备，并对能源和管网效率的设计和选型也提出了较高的要求，从而在整体上控制了建筑对能源和环境影响的程度。

2.2 欧洲其他国家被动式超低能耗建筑标准分析

在德国被动房的影响下，欧洲大陆各国开始逐步建立本国超低能耗建筑标准，本节选择其中最具影响力和代表性的 3 个建筑标准，即英国 AECB 标准，挪威 NS 3700 标准，瑞士 Minergie-P 标准，进行重点研究，从产生背景、标准内容进行分析，对欧洲国家针对自身国情调整被动房标准的理论研究和实践进行总结。

2.2.1 英国 AECB 标准

1. 产生背景

作为一个工业革命最早的国家，英国是最早凸显环境问题的国家之一，也是在环境政策方面立法最早的国家之一。经过多年的研究和实践，英国形成了系统节能建筑政策法规体系，涵盖国家计算方法、建筑法案、建筑能耗认证等。从 2006 年开始，《建筑法案 Part L》把关注点从节能转向了 CO_2 减排，以应对全球变暖的环境问题[144]。随着法案的修订，美国对新建住宅的减排要求日益提高（图 2-11）。

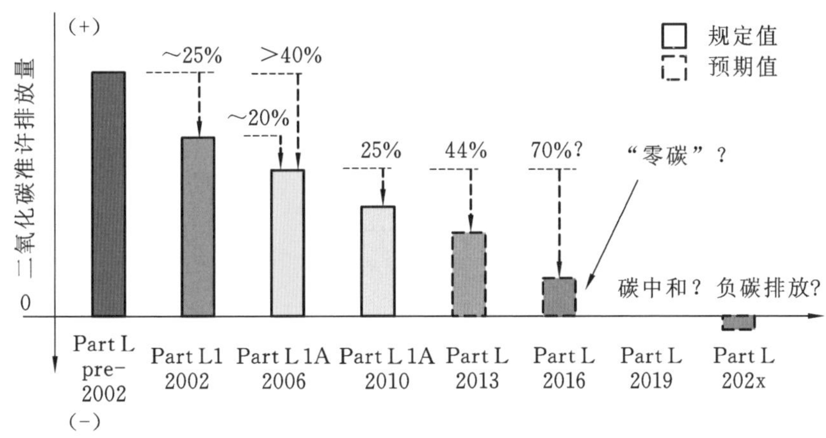

图 2-11　英国《建筑法案 L1A》减排目标的发展

（图片来源：根据文献[144]绘制）

除了强制执行的《建筑法案》，各种低能耗/超低能耗建筑标准与认证体系作为一种强制性法规的选择性补充替代手段，成为英国环境政策的必要组成部分，如 BREEAM、欧盟 EPBD 能效标识、被动房、零能耗建筑认证等。在这些低能耗/超低能耗建筑标准与认证体系中，德国被动房标准常作为行业先进实践水平的代表被引用。例如，在英国政府及 BRE 联合发布的《可持续住宅法案》（CSH）中，住宅围护结构性能指标划分为六个等级，对应了从低到高逐级递进的节能要求，最高级接近被动房标准（表 2-5）。

表 2-5　CSH 住宅围护结构性能指标

围护结构节能要求 /（kW·h/（m^2·a））		分值	备注
公寓、联排住宅中户	联排住宅边户、双拼住宅、独栋住宅		
≤48	≤60	3	—
≤45	≤55	4	—
≤43	≤52	5	成为 2013 BR PartL1A 最低标准

续表

围护结构节能要求 /（kW·h/（m²·a））		分值	备注
公寓、联排住宅中户	联排住宅边户、双拼住宅、独栋住宅		
≤41	≤49	6	—
≤39	≤46	7	CSH5&6 级必须满足
≤35	≤42	8	—
≤32	≤38	9	近被动房标准

（数据来源：根据文献[145]绘制）

资料[146]显示，英国满足 2016 年《建筑法案》要求的新建住宅采暖需求约为 50 kW · h/（m^2 · a），为被动房标准的 3 倍左右。与被动房标准相比，英国现行节能建筑标准仍存在较大差距（图 2-12）。为此，由英国环境意识建筑协会（association for environment conscious building，AECB）提出的 AECB 系列标准提供了一种“宽松版”被动房标准，它的计算方法和工具均遵循了德国被动房的基本原则，但是对能耗和热舒适标准进行了适当放宽，目的是在英国建立一种接近被动房的高质量超低能耗住宅，同时降低进行完整被动房认证的费用[147]。

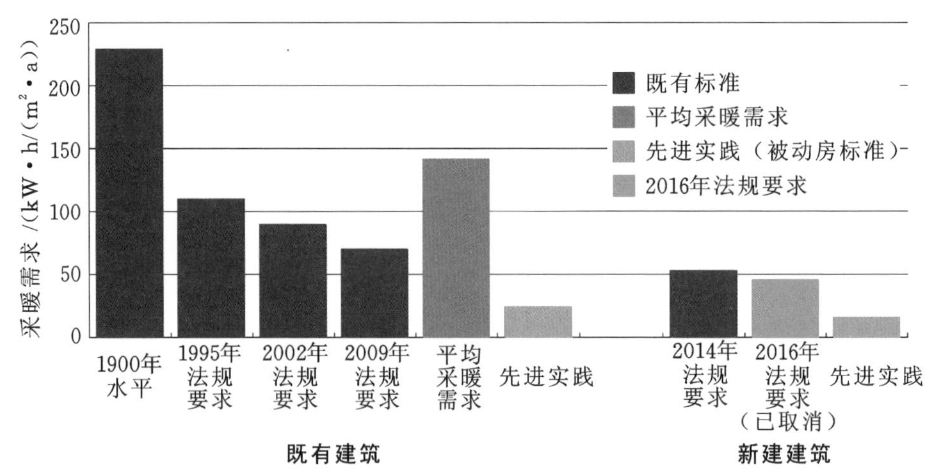

图 2-12　英国现行节能建筑标准与被动房标准的差距

（图片来源：根据文献[146]绘制）

2. 标准分析

AECB 标准包括铜级（bronze）、银级（silver）、金级（gold）及铂金级

(platinum）四种，主要针对新建住宅和既有住宅改造认证。 其中，金级标准达到被动房标准水平；银级和铜级可以被当作是为了逐步实现金级标准而设置的两个阶段性目标；铂金级则更关注可再生能源使用，达到零碳水平。 其中，银级标准最能代表英国对被动房标准的调整，本书以银级标准为例进行分析。 银级标准在被动房标准的基础上，进行了如下调整（表 2-6）。

表 2-6　AECB 标准

标准内容		认证标签
采暖制冷需求之和	≤40 kW · h/（m^2 · a）	
一次能源消耗量	≤135 kW · h/（m^2 · a）	
气密性 n_{50}	≤1.5 h^{-1}使用 MVHR ≤3h^{-1}使用 MEV	
热桥	Psi,external＜0.01 W/（m · K）	
夏季过热频率	＜10%，建议＜5%	

（数据来源：根据文献[148]绘制，表中图片来源于网络）

（1）采暖需求、制冷需求。

综合考虑了建筑采暖、制冷需求，对其总和进行控制，而非单独给出采暖、制冷需求限值，且数值较被动房标准有所放宽，为 40 kW · h/（m^2 · a）。 气密性标准略微降低。 从被动房要求的 n_{50}≤0.6 h^{-1}放宽到 1.5～3 h^{-1}。

（2）一次能源消耗量。

不再以 120 kW · h/（m^2 · a）为单一的考量目标，而是将不同的一次能源转换系数考虑在内。 根据 PHPP 9.6 版本的计算结果，英国的一次能源消耗量目标是≤135 kW · h/（m^2 · a）。

（3）标准计算方法。

英国 AECB 标准明确要求使用被动房标准的配套设计与认证工具 PHPP 进行计算和认证，在计算方法上与被动房标准保持了高度一致。

2.2.2　挪威 NS 3700 标准

1. 产生背景

挪威政府在节能建筑标准方面走在世界前列。 2010 年，挪威开始全面实施欧盟建筑能效指令，所有新建建筑必须通过欧盟 EPBD 能效标识认证后方能出售或出租。NS 3031 标准将建筑能效表现分为 A～G 级，其中 C 级相当于挪威现行法规的最低要求，A 级接近德国被动房水平（表 2-7）。2014 年，奥斯陆当局决定首都全部新建公共建筑应当按照被动房标准设计与建设[149]。2016 年，挪威禁止在新建建筑中安装使用化石能源采暖设备。

表 2-7　挪威新建居住建筑能效分级

分级	最大商品能耗/（kW·h/（m^2·a））	
	独栋住宅	公寓
A	85+800/ BRA①	75+600/ BRA
B	115+1600/ BRA	95+1000/ BRA
C	145+2500/ BRA	110+1500/ BRA
D	175+4100/ BRA	135+2200/ BRA
E	205+5800/ BRA	160+3000/ BRA
F	250+8000/ BRA	200+4000/ BRA
G	>F	>F

（数据来源：根据文献[150]绘制）

注①挪威建筑标准中所有计算使用的面积均为 BRA，即外墙内部采暖空间总面积，BRA 具体计算方法在挪威标准 NS 3940 中有详细陈述。

《国家建筑节能标准》（TEK）是挪威现行建筑节能的主要强制性标准。TEK17 对 13 种类型的建筑净总用能需求（采暖、制冷、通风、生活热水、照明及家电[153][154]）限值提出要求（表 2-8）。

表 2-8　TEK17 中建筑净总能源需求

建筑类别	净总能源需求/（kW·h/（m^2·a））
独栋住宅	100+1600/BRA
公寓	95
幼儿园	135
办公建筑	115
中小学校	110
大学/学院	125
医院	225（265）

续表

建筑类别	净总能源需求/（kW·h/（m^2·a））
养老院	195（230）
酒店	170
体育建筑	145
商业建筑	180
文化设施	130
轻工/维修店	140（160）

（数据来源：根据文献[151][152]绘制）

此外，TEK17 还要求所有新建建筑必须满足表 2-9 中技术措施要求。可以看出，TEK 17 对于围护结构热工性能、气密性等技术措施的要求已经比较接近被动房标准。

表 2-9　TEK17 中建筑具体技术措施要求

技术措施	独栋住宅	公寓
外墙 U 值/（W/m^2·K）	≤0.18	≤0.18（0.11）①
屋面 U 值/（W/m^2·K）	≤0.13	≤0.13（0.085）
楼板 U 值/（W/m^2·K）	≤0.10	≤0.10（0.08）
门窗 U 值/（W/m^2·K）	≤0.8	≤0.8
采暖空间门窗比例	≤25%	≤25%
机械通风热回收效率（年平均）	≥80%	≥80%
气密性 n_{50}/（h^{-1}）	≤0.6	≤0.6
采暖空间热桥	≤0.05	≤0.07
机械通风系统风扇功率 SFP/（kW/（m^3·s））	≤1.5	≤1.5

（数据来源：根据文献[151]绘制）

注①括号中的值是德国被动房典型传热系数取值。

上述标准中虽然许多要求已经接近被动房水平，但仍缺乏专门性标准。于是，挪威标准委员会基于被动房标准，起草了 NS 3700 标准（居住建筑）与 NS 3701 标准（公共建筑），对被动式超低能耗建筑进行专项规定。NS 3700 标准包含三个层级的要求：低能耗 1 级（class1 low energy）、低能耗 2 级（class2 low energy）和被动式超低能耗。本小节中的NS 3700标准，特指NS 3700标准中的被动式超低能耗建筑标准。

2. 标准分析

NS 3700标准在借鉴德国被动房标准的基础上，还强调与瑞典和欧洲标准的一致性[155]。考虑到挪威的气候条件、建筑技术方案与建筑传统与德国的差异，NS 3700标准对被动房标准进行了一些调整[156]（表2-10）。

表2-10　NS 3700标准

能耗目标	年室外平均温度ϑ_{ym}	面积	
		BRA≥250 m²	BRA<250 m²
采暖需求/（kW·h/（m²·a））	≥6.3 ℃	≤15	$\leqslant 15+5.4\,\frac{(250-BRA)}{100}$
	<6.3 ℃	$\leqslant 15+2.1\cdot(6.3-\vartheta_{ym})$	$\leqslant 15+5.4\cdot\frac{(250-BRA)}{100}+\left(2.1+0.59\cdot\frac{(250-BRA)}{100}\right)\cdot(6.3-\vartheta_{ym})$
制冷需求/（kW·h/（m²·a））	不允许建筑使用机械制冷		
一次能源消耗量/（kW·h/（m²·a））	电力或化石能源需求≤总用能需求−50% DHW		

（数据来源：根据文献[157]绘制）

（1）采暖需求。

NS 3700标准采暖需求与年室外平均温度（ϑ_{ym}）和面积（BRA）挂钩。当$\vartheta_{ym}\geqslant 6.3$ ℃时，采暖需求目标值为15 kW·h/（m²·a）；当$\vartheta_{ym}<6.3$ ℃时，采暖需求目标值要求相对放宽，为$15+2.1\cdot(6.3-\vartheta_{ym})$ kW·h/（m²·a）。面积越大，采暖需求要求越严格。

（2）制冷需求。

根据挪威当地气候条件，不允许建筑使用机械制冷。

（3）一次能源消耗量。

NS 3700标准对一次能源消耗量并未给出具体数值，而是对建筑所使用的电力及化石能源需求在能源需求中的比例进行了限定。通过控制电力与化石能源的使用比例，使居住建筑必须使用除电力和化石能源以外的热源，如热泵、区域采暖或太阳能[158]，从而达到鼓励可再生能源的使用的效果。

（4）标准计算方法。

NS 3700 标准中的面积（BRA）参照本国标准 NS 3940 中的计算方法进行计算的，指建筑采暖空间的总面积（包括室内隔墙底面积）。而德国被动房标准中的采暖空间净面积（TFA）则是不包括室内隔墙底面积的。从算法上来看，相同的平面采用德国被动房标准计算时，需要扣除的面积部分更多，面积值更小，这将直接导致单位平方米能量需求计算结果的不同。

NS 3700 在计算围护结构热损失时，使用的是围护结构墙体内侧表面积，而德国被动房标准则使用的是围护结构墙体外侧表面积，这又会导致围护结构传热计算结果的不同。总的来说，NS 3700 标准在计算方法的细节上与德国被动房标准不同，没有德国被动房标准的计算方法严苛。

2.2.3 瑞士 Minergie-P 标准

1. 产生背景

瑞士能源约 80% 依赖于外国进口[159]，能源形势严峻。瑞士国土面积不大，在可持续发展领域一直处于世界领先水平，非常注重提高建筑节能水平和可再生能源使用份额，以减轻对进口能源的依赖。

瑞士建筑节能方面的法案主要有于 1990 年颁布的《联邦宪法》，于 1999 年颁布的《能源法案》（*Energiegesetz-EnG*）及于 2000 年颁布的《二氧化碳法案》（CO_2-*Gesetz*）。瑞士关于建筑节能水平的规定实际上因州而异[160]，采用率较高的是由“瑞士建筑师和工程师协会（SIA）”和“州能源执行会（EnDK）”颁布的系列标准。

Minergie（迷你能源）的概念最早由 Heinz Uebersax 和 Ruedi Kriesi 于 1994 年提出，在瑞士联邦政府及工商业界的共同支持下，Minergie 作为一种自愿性低/超低能耗建筑标签在全国范围内进行推广[161]，填补了瑞士既有标准在低能耗/超低能耗建筑领域的空白。

随着时间的推移和节能目标的逐步提升，Minergie 协会陆续推出了 Minergie-P、Minergie-ECO 及 Minergie-A 标准。2017 年，Minergie 还新增了针对建筑实现阶段的 MQS-Bau 标准和使用阶段的 MQS-Betrieb[162] 标准（图 2-13）。

Minergie-P 中的字母 P 表达“Passive，被动”之意，是借鉴德国被动房标准而产生的。Minergie-A 则更加关注建筑产能，属于净零能耗建筑范畴[164]。Minergie-ECO 还增加了环境保护、健康及生态性方面的标准，对自然采光、噪音、空气质量、建筑材料等因素进行了规定[155]。

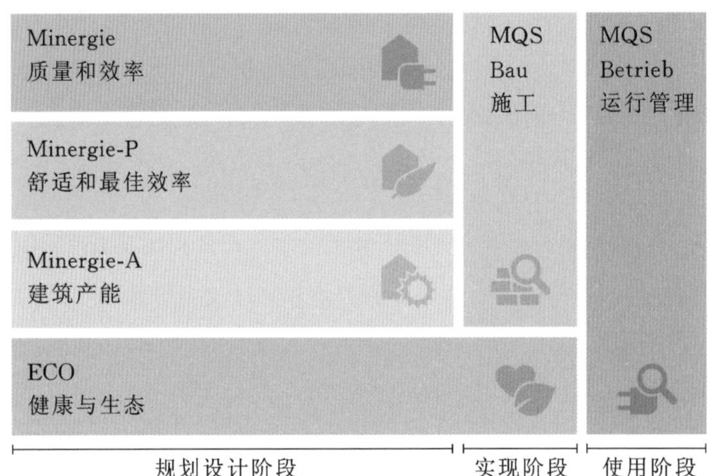

图 2-13　Minergie 系列标准

（图片来源：根据文献[163]绘制）

2. 标准分析

Minergie-P 标准在借鉴了德国被动房标准的理念和基本原则的同时，根据本国具体情况对标准进行了一些调整，见表 2-11。

表 2-11　Minergie-P 标准

内容①	要求
采暖需求	≤70% MuKEn 2014 要求
Minergie 指数（MKZ）	50 kW · h/（m^2 · a）
无可再生能源时建筑总用能需求	35 kW · h/（m^2 · a）
夏季热舒适	依据 SIA 382/1 或 SIA 180:2014
气密性	n_{50} ≤0.8 m^3/hm^2

（数据来源：根据文献[165]绘制）

注①仅列出与本书研究相关性大的标准内容。

（1）采暖需求。

Minergie-P 标准中采暖需求是根据“州统一用能规定”MuKEn 2014 的 70% 确定的。计算可知，Minergie-P 标准中的采暖需求在德国被动房标准要求的 15 kW · h/（m^2 · a）以内浮动（表 2-12）。

表 2-12 Minergie-P 标准中的采暖需求（单位：kW · h/（m² · a））

建筑类型	MuKEn 2014	Minergie-P 标准
公寓	16	11
独栋	16	11
管理	21	15
学校	18	13
零售	16	11
餐厅	19	13
会议	19	13
医院	20	14

（数据来源：根据文献[166]绘制）

（2）制冷需求。

根据瑞士当地气候条件，未作制冷需求的要求。

（3）室内热舒适。

夏季热舒适依据瑞士当地采用率较高的“瑞士建筑师和工程师协会（SIA）”标准 SIA 382/1 或 SIA 180:2014 确定；气密性采用瑞士当地的测量方式。

（4）一次能源消耗量。

Minergie-P 标准使用 MKZ 来约束一次能源消耗量，它是指建筑各项用能的加权总和，不同建筑类型的 MKZ 限值要求见表 2-13。

表 2-13 Minergie-P 标准中的 MKZ（单位：kW · h/（m² · a））

建筑类型	MKZ
公寓	50
独栋	50
管理	100
学校	40
零售	110
餐厅	90
会议	45
医院	100

（数据来源：根据文献[167]绘制）

MKZ 通过权重系数（weighted factor）将次级能源（secondary energy）换算成总用能需求，包括采暖、制冷、通风、生活热水、照明和家电设备用能，并考虑了可再生能源产能的抵消作用，以鼓励可再生能源的使用。

为了避免建筑通过大量使用可再生能源抵消一次能源消耗量情况的发生，Minergie-P 标准对无可再生能源情况下建筑采暖、生活热水、通风和制冷总用能需求也进行了限制。

（5）标准计算方法。

Minergie-P 标准在进行能耗目标值的确定时，使用的计算方法与瑞士当地法规（如 MuKEn、SIA 等）保持一致，与德国被动房标准的计算方法有一定差异。

Minergie-P 标准计算的是建筑采暖空间总面积（energy reference area，ERA），包括隔墙、结构体面积；而被动房标准计算的是建筑采暖空间净面积（TFA），不包括隔墙、结构体等面积。相同的平面采用德国被动房的面积计算方法时，需要扣除的面积部分更多，面积值更小，即 TFA＜ERA。

2.3　中国被动式超低能耗建筑标准分析

从上述分析中可以看到，各国在借鉴德国被动房标准的同时，都根据本国的具体情况，对被动房标准进行了调整和深化，使能耗标准及计算方法更加适用。

中国被动式超低能耗建筑标准借鉴了德国被动房标准的经验，以及欧洲国家被动式超低能耗建筑标准的变化过程，结合我国具体国情进行了本土化研发。下文对我国被动式超低能耗建筑标准的产生背景及标准内容进行分析。

2.3.1　产生背景

中国建筑节能工作自 20 世纪 80 年代开始发展，逐步建立了包括法律、行政法规和规范性文件三个层次的节能法规体系（图 2-14）。我国建筑节能标准已覆盖工程层次到产品层次[168]，但目标层次的标准仍然比较缺乏，既有节能设计标准仍以技术措施是否达标为判断依据（表 2-14）。

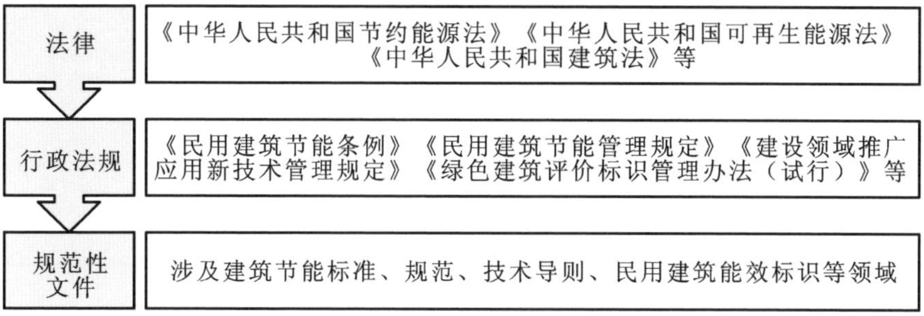

法律

《中华人民共和国节约能源法》《中华人民共和国可再生能源法》《中华人民共和国建筑法》等

行政法规

《民用建筑节能条例》《民用建筑节能管理规定》《建设领域推广应用新技术管理规定》《绿色建筑评价标识管理办法（试行）》等

规范性文件

涉及建筑节能标准、规范、技术导则、民用建筑能效标识等领域

图 2-14　中国建筑节能法规体系

（图片来源：根据文献[169]自绘）

表 2-14　寒冷地区城市居住建筑节能设计标准中的部分技术措施要求

<table>
<tr><th colspan="2">内容</th><th colspan="2">北京</th><th>天津</th><th colspan="2">郑州</th><th>济南</th></tr>
<tr><td colspan="2">层高（不宜高于）</td><td colspan="2">2.8 m</td><td>3.0 m</td><td colspan="2">—</td><td>—</td></tr>
<tr><td colspan="2">体形系数 S
（≥14 层时）</td><td colspan="2">0.26</td><td>0.26</td><td colspan="2">0.26</td><td>0.26</td></tr>
<tr><td rowspan="3">窗墙比
（限值/最大值）</td><td>N</td><td colspan="2">0.30/0.40</td><td>0.30/0.40</td><td colspan="2">0.30</td><td>0.30/0.40</td></tr>
<tr><td>E/W</td><td colspan="2">0.35/0.45</td><td>0.35/0.45</td><td colspan="2">0.35</td><td>0.35/0.45</td></tr>
<tr><td>S</td><td colspan="2">0.50/0.60</td><td>0.3≤WWR
≤0.7</td><td colspan="2">0.50</td><td>0.50/0.60</td></tr>
<tr><td rowspan="6">外窗传热系数 K
/（W/（m²·K））
（≥9 层建筑）</td><td rowspan="2">N</td><td>窗墙比≤0.2</td><td>2.0</td><td rowspan="2">1.8</td><td>窗墙比≤0.20</td><td>3.1</td><td>2.5</td></tr>
<tr><td>窗墙比>0.20</td><td>1.8</td><td>0.2<窗墙比
≤0.3</td><td>2.8</td><td>2.3</td></tr>
<tr><td rowspan="2">E/W</td><td>窗墙比≤0.25</td><td>2.0</td><td rowspan="2">1.8</td><td rowspan="2">0.3<窗墙比
≤0.4</td><td rowspan="2">2.5</td><td rowspan="2">2.0</td></tr>
<tr><td>窗墙比>0.25</td><td>1.8</td></tr>
<tr><td rowspan="2">S</td><td>窗墙比≤0.40</td><td>2.0</td><td rowspan="2">2.3</td><td rowspan="2">0.4<窗墙比
≤0.5</td><td rowspan="2">2.3</td><td rowspan="2">1.8</td></tr>
<tr><td>窗墙比>0.40</td><td>1.8</td></tr>
</table>

续表

内容	北京	天津	郑州	济南
屋顶传热系数 K /（W/（$m^2 \cdot K$））	0.40	0.25	0.45	0.40
外墙传热系数 K /（W/（$m^2 \cdot K$））	0.45	0.45	0.70	0.45

（图表来源：根据文献[170][171][172][173]绘制）

德国被动房标准引入后，其简单明确的性能标准与我国既有节能标准形成了鲜明对比，对于促进我国节能设计标准由“技术措施”导向转变为“性能目标”导向、由“过程控制”转向“结果控制”起到了推动作用。

2015 年，我国以河北省《被动式低能耗居住建筑节能设计标准（DB13（J）-T177—2015）》为先导，山东、北京、河南、黑龙江等省市逐步开始建立自己的被动式超低能耗建筑导则、标准或技术要点，逐步形成了两个被动式超低能耗建筑本土认证体系：①由住房和城乡建设部科技发展促进中心和德国能源署共同开发的“中德高能效建筑设计标识”（图 2-15），②由中国建筑科学研究院推动的“被动式超低能耗绿色建筑评价标识”[175]。

在引入被动房理念的早期，我国处于直接应用德国被动房标准的阶段。发展至今，学界已认识到被动房标准应随着国家气候条件、政策和国情的不同而做出相应调整[42]。中德生活习惯差异、中德室内得热差异、我国南北部采暖制冷需求的异质性等是我国应用被动式超低能耗建筑的特殊国情，有必要根据国情建立中国被动式超低能耗建筑指标体系[22]。

本节选取我国被动式超低能耗建筑标准中比较有代表性的三个，分别是《被动式超低能耗绿色建筑技术导则（试行）（居住建筑）》《北京超低能耗建筑示范项目技术要点》《近零能耗建筑技术标准（征求意见稿）》进行分析。

2.3.2 《被动式超低能耗绿色建筑技术导则（试行）（居住建筑）》

2015 年，受住房和城乡建设部委托，由中国建筑科学研究院等单位研发的《被动式超低能耗绿色建筑技术导则（试行）（居住建筑）》（后文简称《技术导则》）是我国被动房标准本土化的重要研究成果。

《技术导则》在借鉴德国被动房和其他国家被动式超低能耗建筑经验的基础上，结合我国的气候条件和工程实践经验，制定了能耗标准（表 2-15）。

建筑信息 Gebaude	
主要使用功能 Hauptnutzung	居住建筑
地址 Adresse	秦皇岛市海港区大汤河畔
建设单位 Developer	秦皇岛五兴房地产有限公司
建造年份 Baujahr des Gebaude	2013年
建筑面积 Nettogebaudeflache	6718m²
供暖面积 Temperierte Flache	6378m²
体型系数 A/V Verhaltnis	0.3

综合评价：能效等级 Gesamtbewertung:Energieeffizienzklassen	
能效等级 Energieeffizienzklasse	A
终端能源需求量 Endenergirbedarf	38kWh/(m²a)(电能)
一次能源需求总量 Primarenergiebedarf	110kWh/(m²a)
二氧化碳排放量 CO_2 Emissionen	37kg/(m²a)

A 中德高能效建筑设计标准 Sino German Energy Efficiency Standard

B 居住建筑节能75%设计标准 75% Standard

C 居住建筑节能65%设计标准 65% Standard

D 居住建筑节能50%设计标准 50% Standard

E 低于居住建筑节能50%设计标准 Schlechter als 50% Standard

图 2-15　中德高能效建筑设计标识

（图片来源：文献[174]）

表 2-15　《技术导则》中的能耗标准

内容①	严寒地区	寒冷地区	夏热冬冷地区	夏热冬暖地区	温和地区
年采暖需求/（kW · h/（m² · a））	≤18	≤15	≤5		
年制冷需求/（kW · h/（m² · a））	≤3.5+2.0×WDH_{20}②+2.2×DDH_{28}③				
年采暖、制冷照明一次能耗	≤60 kW · h/（m² · a）或 7.4 kgce/（m² · a）				
换气次数 n_{50}/（h^{-1}）	≤0.6				
温度/℃	冬季≥20；夏季≤26				

续表

内容[1]	严寒地区	寒冷地区	夏热冬冷地区	夏热冬暖地区	温和地区
相对湿度/（%）	冬季≥30；夏季≤60				
温度不保证率/（%）	冬季≤10；夏季≤10				

（数据来源：根据《技术导则》中相关内容归纳、绘制）

注①《技术导则》中的能耗标准还涉及新风量、噪声等，新风量是保证健康必须满足的，噪声与方案设计阶段的能耗表现关系不大，故本表不再列举，后文其他标准同理。

②WDH_{20}（wet-bulb degree hours 20）是指一年中室外湿球温度高于 20 ℃时刻的湿球温度与 20 ℃差值的累计值（单位：kKh）。

③DDH_{28}（dry-bulb degree hours 28）是指一年中室外干球温度高于 28 ℃时刻的干球温度与 28 ℃差值的累计值（单位：kKh）。

1. 采暖需求

《技术导则》结合五大气候区的气候特点，将采暖需求进行细化，严寒地区≤18 kW · h/（m^2 · a）、寒冷地区≤15 kW · h/（m^2 · a）、夏热冬冷、夏热冬暖和温和地区≤5 kW · h/（m^2 · a）。

2. 制冷需求

《技术导则》根据对大量算例的模拟结果，建立了制冷需求回归方程，并未给出具体数值。 使用时需要根据具体气象数据，计算出 WDH_{20}和 DDH_{28}，代入方程求得制冷需求限值。

3. 一次能源消耗量

《技术导则》中一次能源消耗量计算范围仅包括采暖、制冷和照明能耗，不包括生活热水、通风和家用电器用能，限值为 60 kW · h/（m^2 · a）或 7.4 kgce/（m^2 · a）。 未将生活热水、通风和家用电器用能纳入计算范围的原因在于：①这部分能耗主要与人员使用习惯相关，不适合纳入建筑设计能耗标准中；②通风能耗与人数相关，与建筑面积关联不大，转化为单位面积指标并不合适。

计算一次能源时，需将采暖、制冷和照明一次能源消耗量统一换算到标准煤后进行求和计算。 不同能源的一次能源换算系数应优先使用当地主管单位提供的数据，如当地没有相关数据，按表 2-16 的规定计算。

表 2-16　一次能源换算系数

<table>
<tr><th>能源类型</th><th>平均低位发热量</th><th>一次能源换算系数</th></tr>
<tr><td>原煤</td><td>20908 kJ/kg</td><td rowspan="14">0.125 kgce/（kW · h）$_{热量}$</td></tr>
<tr><td>焦炭</td><td>28435 kJ/kg</td></tr>
<tr><td>原油</td><td>41816 kJ/kg</td></tr>
<tr><td>燃料油</td><td>41816 kJ/kg</td></tr>
<tr><td>汽油</td><td>43070 kJ/kg</td></tr>
<tr><td>煤油</td><td>43070 kJ/kg</td></tr>
<tr><td>柴油</td><td>42652 kJ/kg</td></tr>
<tr><td>液化石油气</td><td>50179 kJ/kg</td></tr>
<tr><td>炼厂干气</td><td>46055 kJ/kg</td></tr>
<tr><td>油田天然气</td><td>38931 kJ/m^3</td></tr>
<tr><td>气田天然气</td><td>35544 kJ/m^3</td></tr>
<tr><td>煤矿瓦斯气</td><td>14636～16726 kJ/m^3</td></tr>
<tr><td>焦炉煤气</td><td>16726～17981 kJ/m^3</td></tr>
<tr><td>高炉煤气</td><td>3763 kJ/m^3</td></tr>
<tr><td>热力</td><td>—</td><td>0.15 kgce/（kW · h）$_{热量}$</td></tr>
<tr><td>电力</td><td>—</td><td>按当年火电发电煤耗或
0.36 kgce/（kW · h）$_{电量}$</td></tr>
<tr><td>生物质能</td><td>—</td><td>0.025 kgce/（kW · h）$_{热量}$</td></tr>
<tr><td>电力（光伏、风力等可
再生能源发电自用）</td><td>—</td><td>0</td></tr>
</table>

（数据来源：文献[23]）

4. 室内热舒适

《技术导则》中，冬季室内温度借鉴被动房标准，从我国既有节能标准中要求的18 ℃提高到 20 ℃；夏季室内温度设定为26 ℃，比被动房标准要求的 25 ℃提高 1 ℃，同时还规定了温度不保证率，与被动房标准中的超温频率对应。《技术导则》要求冬季相对湿度≥30%，夏季相对湿度≤60%。

5. 标准计算方法

《技术导则》中的面积定义为套内使用面积，包括卧室、起居室（厅）、餐厅、厨房、卫生间、过厅、过道、储藏室、壁柜等使用面积的总和，具体计算方法参照我国《住宅设计规范》。套内使用面积不包括隔墙面积，与被动房建筑采暖空间净面积（TFA）的计算原则比较类似。

《技术导则》指出采暖和制冷需求应通过专用软件计算确定，但并未明确指定模拟软件及具体操作规程。根据《技术导则》中提到的“年采暖和制冷需求应通过专用软件计算确定……使用月平均值法进行计算”可以推断，《技术导则》中的采暖需求和制冷需求是由稳态计算软件得出的。我国常使用的被动式超低能耗建筑稳态计算软件除了 PHPP，还有国产自主研发的必得（BEED）[176]和爱必宜（IBE）[177]等。

2.3.3 《北京市超低能耗建筑示范项目技术要点》

2017 年，北京出台了《北京市推动超低能耗建筑发展行动计划（2016—2018 年）》及《北京市超低能耗建筑示范工程项目及奖励资金暂行管理办法》（简称《管理办法》），以推动本市超低能耗建筑的发展和建设。

《北京市超低能耗建筑示范项目技术要点》（简称《技术要点》）[178]是《管理办法》的附件。《技术要点》分别制定了针对超低能耗商品住房和超低能耗公共租赁住房的能耗标准（表 2-17、表 2-18）。

表 2-17 《技术要点》中的超低能耗商品住房能耗标准

内容	建筑层数			
年采暖需求/（kW · h/（m² · a））	≤3 层	4～8 层	9～13 层	≥14 层
	≤15	≤12	≤12	≤10
年制冷需求/（kW · h/（m² · a））	≤18			
采暖、空调及照明一次能源消耗量	≤40 kW · h/（m² · a）（或 4.9 kgce/（m² · a））			
换气次数 n_{50}（h^{-1}）	≤0.6			
温度/℃	冬季≥20；夏季≤26			
相对湿度/（%）	冬季≥30；夏季≤60			

（数据来源：根据文献[178]绘制）

表 2-18 《技术要点》中的超低能耗公共租赁住房能耗标准

内容	户均建筑面积		
年采暖需求/（kW · h/（m² · a））	≤40 m²	40～50 m²	≥50 m²
	≤8	≤10	≤10
年制冷需求（kW · h/（m² · a））	≤35	≤30	≤30
采暖、空调及照明一次能源消耗量	≤55 kW · h/（m² · a）（或 6.8 kgce/（m² · a））		

续表

内容	户均建筑面积
换气次数 n_{50}/（h^{-1}）	≤0.6
温度/℃	冬季≥20；夏季≤26
相对湿度/（%）	冬季≥30；夏季≤60

（数据来源：根据文献[178]绘制）

1. 采暖需求

《技术要点》中，超低能耗商品住房的采暖需求根据建筑层数进行细分，3 层以下居住建筑采用被动房标准中 15 kW · h/（m^2 · a），随着层数的增高，采暖需求数值逐渐减小。

《技术要点》中，超低能耗公共租赁住房的采暖需求根据建筑面积进行细分，面积越小，采暖需求数值越小，体现出对小户型住宅采暖需求特点的针对性调整。

2. 制冷需求

《技术要点》中，对于超低能耗商品住房，制冷需求为≤18 kW · h/（m^2 · a）。

《技术要点》中，对于超低能耗公共租赁住房，制冷需求根据面积进行细分，面积越小，制冷需求数值越大，体现出对小户型住宅制冷需求特点的针对性调整。

3. 一次能源消耗量

一次能源消耗量计算范围仅包括采暖、制冷和照明能耗，不包括生活热水、通风和家用电器用能，商品住房和公共租赁住房的一次能源消耗量限值分别为 40 kW · h/（m^2 · a）和 55 kW · h/（m^2 · a）。与 2015 年颁布的《技术导则》相比，延续了其一次能源消耗量计算范围，但指标取值更低。

4. 室内热舒适

《技术要点》对室内热舒适的要求与 2015 年颁布的《技术导则》中的要求基本一致。冬季室内温度为 20 ℃，夏季室内温度为 26 ℃；冬季相对湿度≥30%，夏季相对湿度≤60%。不同的是《技术要点》取消了对温度不保证率的要求。

2.3.4 《近零能耗建筑技术标准（征求意见稿）》

2018 年，住房和城乡建设部发布了《近零能耗建筑技术标准》征求意见稿[179]，该标准借鉴德国被动房标准并吸收发达国家经验，结合我国气候条件、建筑类型、用能特点等，为我国室内环境舒适性和节能水平的提升提供了依据。

根据《近零能耗建筑技术标准（征求意见稿）》[180]（后文简称《近零能耗技术标准》），近零能耗居住建筑需要满足表 2-19 标准。

表 2-19 《近零能耗技术标准》中居住建筑能耗标准

内容		严寒地区	寒冷地区	夏热冬冷地区	夏热冬暖地区	温和地区
年采暖需求/（kW · h/（m² · a））		≤18	≤15	≤5		
年制冷需求/（kW · h/（m² · a））		≤3.5+2.0×WDH_{20}+2.2DDH_{28}				
年采暖、制冷照明一次能耗		≤50 kW · h/（m² · a）				
可再生能源利用率		≥10%				
换气次数 n_{50}/（h^{-1}）		≤0.6		≤1.0		
温度/℃	冬季	≥20				
	夏季	≤26				
相对湿度/（%）	冬季	≥30				
	夏季	≤60				

（数据来源：文献[180]）

可以看出，《技术导则》中的能耗标准在《近零能耗技术标准》中得到了延续和发展。

1. 采暖需求

《近零能耗技术标准》结合五大气候区的气候特点，将采暖需求进行细化，严寒地区≤18 kW · h/（m² · a）、寒冷地区≤15 kW · h/（m² · a）、夏热冬冷、夏热冬暖和温和地区≤5 kW · h/（m² · a）。

2. 制冷需求

《近零能耗技术标准》以回归方程“≤3.5+2.0×WDH_{20}+2.2DDH_{28}”来约束制冷需求。 使用时需要根据具体气象数据，计算出 WDH_{20}和 DDH_{28}，代入方程求得制冷需求限值。

3. 一次能源消耗量

《近零能耗技术标准》中的一次能源消耗量指标，包括采暖、制冷和照明能耗，不包括与实际使用方式关系密切的生活热水、炊事、家电设备等能耗。《近零能耗技术标准》明确提出计入可再生能源节能量（包括光热、光电、热泵、风力发电和生物质能等），一次能源消耗量限值为 50 kW · h/（m² · a）。

4. 室内热舒适

《近零能耗技术标准》要求冬季室内温度为 20 ℃，夏季室内温度为26 ℃；冬季相对湿度≥30%，夏季相对湿度≤60%。

5. 标准计算方法

《近零能耗技术标准》面积为套内使用面积，包括卧室、起居室（厅）、餐厅、厨房、卫生间、过厅、过道、储藏室、壁柜等使用面积的总和，具体计算方法参照《住宅设计规范（GB 50096）》中的相关规定执行。套内使用面积不包括隔墙面积，与被动房建筑采暖空间净面积（TFA）的计算原则比较类似。

《近零能耗技术标准》明确提出按照欧洲标准《*Energy Performance of Buildings —— Calculation of Energy Use for Space Heating and Cooling*》ISO13790 中的月平均动态计算方法进行计算。由此推断，近零能耗建筑采暖需求和制冷需求的计算方法与被动房标准比较类似，可以使用的计算软件有 PHPP、我国自主研发的必得（BEED）和爱必宜（IBE）等。

2.4 我国被动式超低能耗建筑标准的借鉴与调整

2.4.1 对被动房标准的借鉴

1. 量化目标导向的性能标准

被动房标准仅对建筑的采暖需求、制冷需求和一次能源消耗量进行约束，具有性能标准的特点。

我国被动式超低能耗的相关标准均延续了被动房量化目标导向的性能标准，并在量化目标明晰的前提下，适当给出技术措施建议，为建筑师进行设计策略的遴选提供选择空间，起到辅助设计的作用。譬如，《技术导则》明确指出“以达到能耗指标为主，以技术措施达标为辅”。《近零能耗技术标准》除了对建筑性能指标进行了约束，还在大量的典型居住建筑模拟和示范工程应用调研的基础上，给出了技术措施的推荐参考值范围（表 2-20），并特别指出“不同于节能设计规定限值，对于不同的建筑节能设计条件，该推荐值可以被突破”。

表 2-20　近零能耗居住建筑非透光围护结构平均传热系数

围护结构部位	传热系数/（W/（m^2·K））				
	严寒地区	寒冷地区	夏热冬冷地区	夏热冬暖地区	温和地区
屋面	0.1～0.2	0.15～0.25	0.2～0.35	0.25～0.4	0.3～0.4
外墙	0.1～0.15	0.15～0.2	0.15～0.4	0.3～0.8	0.2～0.8
地板及外挑楼板	0.15～0.3	0.2～0.4	—	—	—

（数据来源：文献[180]）

2. 降低需求优化供给

被动房标准对“建筑用能需求边界”上的采暖需求和制冷需求进行约束，降低建筑用能需求；并对“建筑能源消耗边界”上的一次能源消耗量进行约束，优化能源供给。我国《技术导则》《技术要点》和《近零能耗技术标准》均在“建筑用能需求边界”上对采暖需求和制冷需求进行控制，在“建筑能源消耗边界”上对一次能源消耗量进行控制。

2.4.2　对被动房标准的调整

1. 采暖需求的细分

德国被动房标准要求建筑采暖需求不大于 15 kW · h/（m^2· a）。

我国《技术导则》和《近零能耗技术标准》，根据热工设计分区对采暖需求进行细分：寒冷地区采暖需求限值仍为 15 kW · h/（m^2· a），严寒地区采暖需求提高至 18 kW · h/（m^2 · a），夏热冬冷、夏热冬暖和温和地区采暖需求则降低至 5 kW · h/（m^2· a）。

北京市《技术要点》针对超低能耗商品住房和公租房分别设定能耗标准。对于超低能耗商品住房，采暖需求按照层数进行了细分：三层以下采暖需求限值为 15 kW · h/（m^2· a），多层和高层住宅采暖需求略有降低（12 kW · h/（m^2· a）和 10 kW · h/（m^2· a））。对于超低能耗公租房，采暖需求则按照面积进行了细分，面积越小采暖需求越低。

2. 制冷需求根据气候条件进行调整

与采暖需求不同，制冷需求要考虑显热和潜热，与具体的气象条件关系密切。因而我国被动式超低能耗建筑标准在制冷需求方面与被动房标准差异较大

（表 2-21），呈现出根据本国气候条件进行具体调整的特征。

表 2-21　被动房标准及我国被动式超低能耗建筑相关标准制冷需求归纳

国家	名称	制冷需求/（kW・h/（m²・a））
德国	被动房标准	≤15+除湿需求
中国	《技术导则》	$\leqslant 3.5+2.0\times WDH_{20}+2.2\times DDH_{28}$
	《技术要点》	18
	《近零能耗技术标准》	$\leqslant 3.5+2.0\times WDH_{20}+2.2\times DDH_{28}$

（数据来源：作者整理）

3. 一次能源消耗量根据具体国情进行调整

我国被动式超低能耗建筑相关标准在一次能源消耗量的计算范围上，与被动房标准呈现出较大差异。被动房标准一次能源消耗量的计算范围包括采暖、制冷、生活热水、照明、通风和家电设备能耗。而我国《技术导则》《技术要点》和《近零能耗技术标准》中，一次能源消耗量的计算范围则仅包括采暖、制冷和照明能耗，不再涵盖生活热水、通风和家电设备能耗（表 2-22）。

表 2-22　被动房标准及我国被动式超低能耗建筑相关标准一次能源消耗量计算范围

国家	名称	一次能源消耗量限值/（kW・h/（m²・a））	计算范围					
			采暖	制冷	生活热水	照明	通风	家电设备
德国	被动房标准	≤120	●	●	●	●	●	●
中国	《技术导则》	$E_p^h+E_p^c+E_p^L\leqslant 60$	●	●		●		
	《技术要点》	$E_p^h+E_p^c+E_p^L\leqslant 40$（商品房）	●	●		●		
		$E_p^h+E_p^c+E_p^L\leqslant 55$（公租房）	●	●		●		
	《近零能耗技术要点》	$E_p^h+E_p^c+E_p^L\leqslant 50$	●	●		●		

（数据来源：作者整理）

4. 室内热舒适指标兼顾居民生活习惯和节能

温度、相对湿度等热舒适参数直接影响着建筑能耗。我国被动式超低能耗建筑标准在确定室内热舒适指标时，借鉴被动房标准中相关指标，同时兼顾我国居民生活习惯和节能，适当放宽了夏季设计温度要求，冬季和夏季室内温度分别是 20 ℃和 26 ℃。

3

被动式超低能耗建筑设计辅助决策方法构建

根据前文的分析，方案设计阶段是对建筑整体性能表现影响重大的阶段[17][18]，在很大程度上决定着最终设计成果导向和实际环境影响。从有利于超低能耗总体目标实现的角度，有必要加强对被动式超低能耗建筑方案设计阶段的研究。

本章在第 2 章标准研究的基础之上，着重从方法构建的层面，回答如何将目标导向的性能化设计落实到被动式超低能耗建筑方案设计阶段的问题。旨在通过方法框架的构建，为建筑前期的设计、优化与决策提供量化依据与方法支持，提升建筑前期的节能贡献率，保证超低能耗目标在整个设计进程中的稳步实现。本章结构组织如图 3-1 所示。

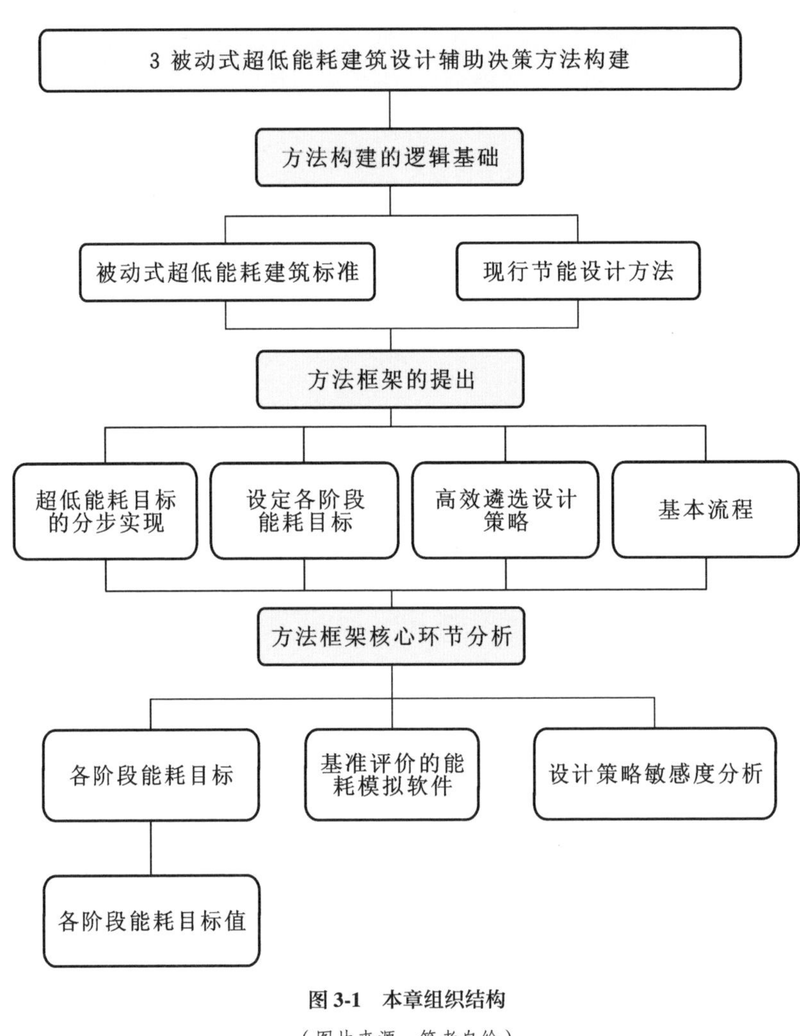

图 3-1　本章组织结构

（图片来源：笔者自绘）

3.1 方法构建的逻辑基础

3.1.1 被动式超低能耗建筑标准

展开被动式超低能耗建筑设计辅助决策方法研究，必须要与被动式超低能耗理念和标准紧密结合。根据第 2 章的研究成果，本书在构建设计辅助决策方法框架时着重从以下三方面体现与被动式超低能耗建筑标准的结合。

1. 量化目标导向的性能化设计

被动式超低能耗建筑量化目标导向的性能标准，不规定具体设计策略和技术措施，而是鼓励建筑师以达到能耗目标为宗旨进行方案设计与优化，并整合适用节能技术，有利于激发建筑师主观能动性。在被动式超低能耗建筑的整个设计过程中，能耗核算是辅助设计优化与决策的重要手段，设计过程呈现出量化目标导向的性能化设计特点。

2. 对标被动式超低能耗建筑标准

在量化目标导向的性能化设计中，能耗目标是不可或缺的一环。本书在被动式超低能耗建筑范畴内进行研究，所建立的能耗目标最终就需要对标既有被动式超低能耗建筑标准。然而，“对标”并非是直接全盘接受，如何将能耗目标落实到建筑前期方案设计阶段是需要进一步研究的内容，也是方法框架构建的重点。

3. 被动优先、主动为辅的设计原则

被动式超低能耗建筑标准强调首先降低“建筑用能需求边界”上的需求，减少建筑对主动技术的依赖，然后再辅以高效设备，降低“建筑能源消耗边界”上的能耗，最终达到超低能耗目标。因此，在构建被动式超低能耗建筑设计辅助决策方法框架时，应体现“被动优先、主动为辅”的设计原则，着力通过被动式设计和建筑本体节能，充分挖掘设计前期节能潜力。

3.1.2 现行节能设计方法横向分析

“他山之石，可以攻玉”。从现行节能设计方法入手分析，对于借鉴既有研究成果、把握节能建筑的设计方法规律及构建被动式超低能耗建筑设计辅助决策方法框架，是非常有益的。本节对构建设计辅助决策方法框架具有启发性的三种节能建筑设计方法——常规节能设计方法、集成化设计方法及性能化设计方法进行横向分析，提炼其共同点，为方法框架的构建提供基础。

1. 常规节能设计方法

尽管有许多不同的论述方式，可以认为常规节能设计方法主要由以下两个阶段组成：

（1）建设设计团队根据业主的要求对建筑功能、形式和空间进行设计；

（2）结构和设备工程师按要求进行深化设计，并配置合适的 HVAC 系统。

这种方法的操作流程通常具有如下特征：建筑师对一个平面轮廓和形体已经基本确定的方案，对照相关节能设计标准中的要求，对围护结构、构造节点等方面进行节能设计。完成后，若设计方案未通过节能计算，则一般不会返回设计前期进行修改，而是对保温性能、选部品部件和 HVAC 系统等方面进行调整。本质上，常规节能设计是依靠对照各类相关规范或标准中的“技术措施”要求进行节能设计和决策的，是目前我国在设计实践中应用较为广泛的方法。

常规节能设计方法可以抽象为导向最终设计方案的线性流程，它的特点是由一系列前后相接的阶段组成，方案设计由建筑师主导完成，节能设计任务则转交给 HVAC 系统等专业工程师（图 3-2）。这种设计方法的优点在于接受度高，易于实施。弊端在于各专业间配合与交流的欠缺，在建筑前期方案设计阶段缺乏对设计方案能耗表现的预测和控制。

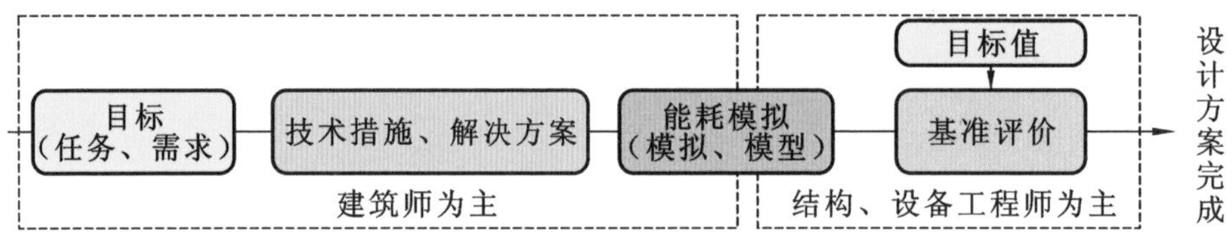

图 3-2　常规节能设计方法图解

（图片来源：作者自绘）

2. 集成化设计方法（integrated design process，IDP）

针对常规节能设计方法存在的弊端，集成化设计方法应运而生。集成化设计强调跨学科的合作，试图在项目最开始即做出理性的决策。

集成化设计在建筑设计的线性逻辑下[181]，将建筑设计流程划分为预设计（pre-design）、概念设计（concept design）和设计深化（design development）三大阶段，设计问题从宏观逐步转向微观（图 3-3）。集成化设计的每个阶段有着独立的设计循环（iteration loop），专家团队（尤其是能源和 HVAC 专家）在各个阶段介入，贡献想法、经验和知识，使每个阶段均形成阶段成果，通过评估的中间成果才能进入下一设计阶段。在这个过程中，设计策略和目标逐步显现和完善（图 3-4）。

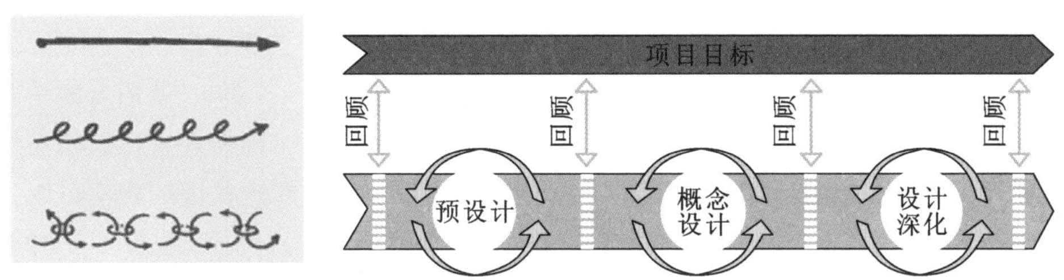

图 3-3 集成化设计流程

（图片来源：根据文献[181]绘制）

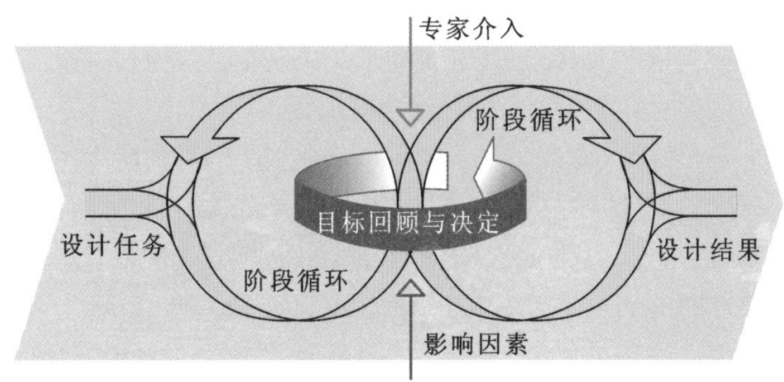

图 3-4 集成化设计各阶段的设计循环

（根据文献[181]绘制）

集成化设计方法可以抽象为一个包含多个中间成果的、有专家介入的、循环往复的线性过程（图 3-5）。与常规节能设计方法相比，集成化设计方法解决了最终方

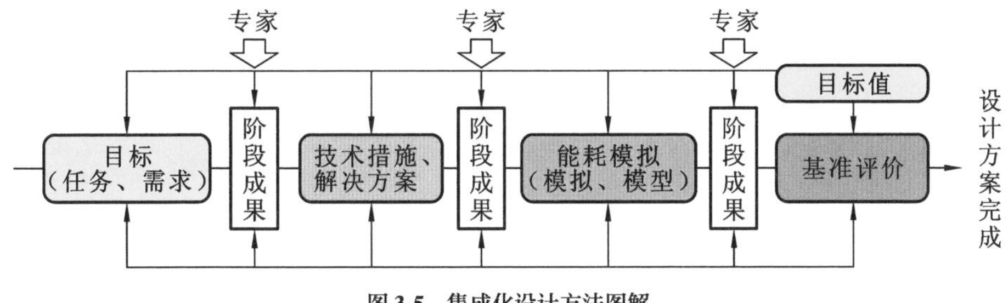

图 3-5 集成化设计方法图解

（图片来源：作者自绘）

案仅存在于设计流程末端的问题，其创新之处在于促进了各专业之间的交流和配合。但是，集成化设计方法也存在一些问题，例如，由于强调各专业专家的介入，导致建筑师在各阶段的作用和任务并不明确，从而导致设计决策的困难，且额外人员的介入也容易导致沟通困难，会在一定程度上降低设计效率。

3. 性能化设计方法（performance-based building design，PBD）

1982 年，CIB W60 首次对建筑性能的概念进行了明确定义，即："最重要的是思考与工作的过程而非手段，性能是指建筑必须要达到的目标，而非规定它是如何建造的"[182]。与技措标准控制下的常规节能设计方法相比，性能化设计方法可以为建筑设计过程指明方向[183]，促进设计的定性和定量评价，并为设计团队提供一种促进设计团队间的开放对话的结构体系，有益于提升建筑对环境可持续性的贡献[184]。

开展性能化设计需要明确设计中的"需求端（demand side）""供给端（supply side）"。需求端以"是什么（what）"或"为什么（why）"的形式提出目标，供给端以"怎么做（how）"的形式提出技术措施或解决方案，供给端必须遵循需求端的要求。通过将需求端的目标转化为"性能要求（performance requirement）"[185][186]，可以为供给端提供明确的引导，起到沟通与桥梁的作用。

Hatti 和 Becker[187]基于系统方法（system approach），将性能化设计中的三个关键概念进一步提炼为：目标（objective）、目标值（criteria）和评价（evaluation）。目标是对用户需求性能的定性描述，目标值是目标的确切量化，评价是使用特定方法来判断建筑或部件是否满足目标值要求的过程（图 3-6）。

综合上述分析，可以将性能化设计方法抽象为[188]一个由目标、目标值、技术措施或解决方案、能耗模拟与基准评价构成的设计循环（图 3-7）。

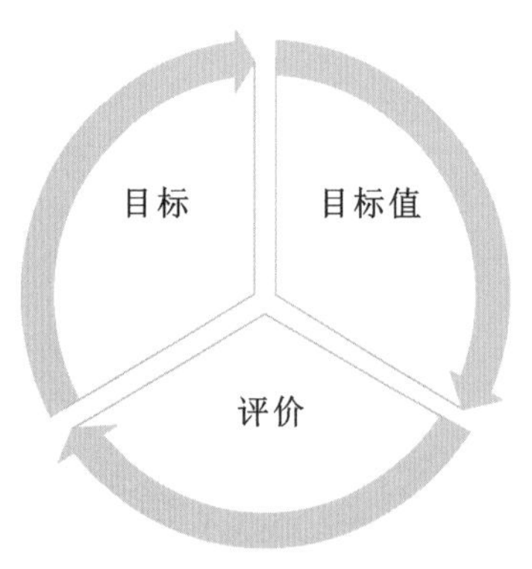

图 3-6　性能化设计的三个关键概念

（图片来源：根据文献[187]绘制）

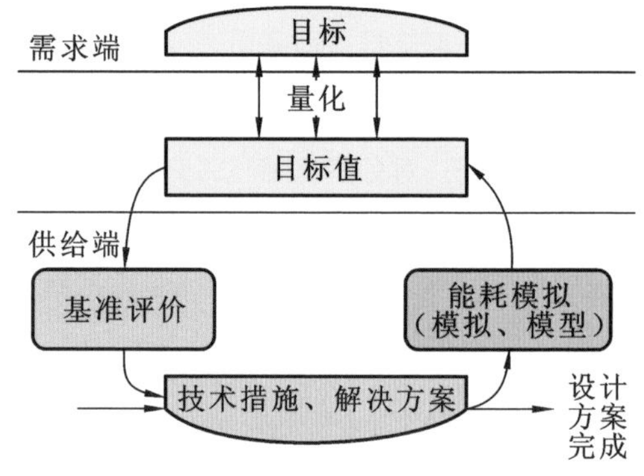

图 3-7　性能化设计方法图解

（图片来源：在文献[185][188]的基础上绘制）

4. 横向分析

将上述三种建筑节能设计方法进行横向对比分析可以发现，虽然不同方法各具特点，但可以清晰地提取出五大基本组成部分（图 3-8）。

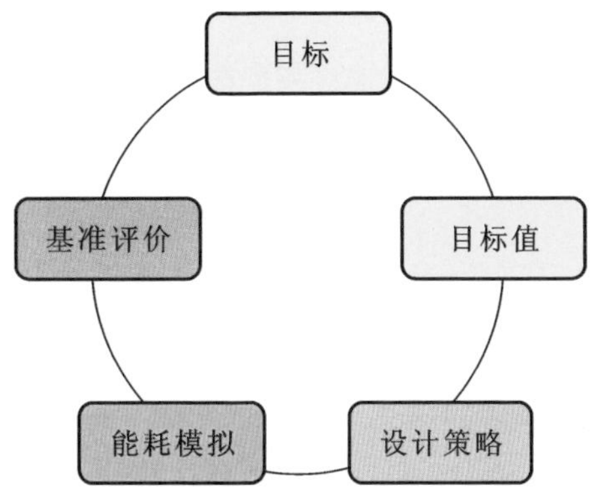

图 3-8　节能设计方法五大基本组成部分

（图片来源：作者自绘）

（1）目标。

根据设计任务、需求确定目标。

（2）目标值。

根据目标，通过合理的方法将其量化为确切的数值。

（3）设计策略。

根据设计构思寻找可能的技术措施或解决方案，形成备选方案。

（4）能耗模拟。

借助能耗模拟软件，对备选方案的能耗表现进行预判。

（5）基准评价。

根据目标值，对备选方案的能耗表现进行基准评价（benchmarking）。

不同节能设计方法之间的区别，可以看作是对目标、目标值、设计策略、能耗模拟和基准评价这五部分之间相互作用关系处理方式的不同。于是，“被动式超低能耗建筑设计辅助决策方法”也可以通过组织这五部分的关系来进行构建。

综上所述，紧密结合被动式超低能耗建筑标准，合理组织能耗目标、目标值、设计策略、能耗模拟和基准评价之间的关系，是本书进行被动式超低能耗建筑设计辅助决策方法框架构建的逻辑基础。

3.2 被动式超低能耗建筑设计辅助决策方法框架

基于上文分析的逻辑基础，本节通过超低能耗目标的分步实现、设定各阶段能耗目标及高效遴选设计策略等内容，将目标导向的性能化设计落实到被动式超低能耗建筑方案设计阶段，构建被动式超低能耗建筑设计辅助决策方法框架。

3.2.1 超低能耗目标的分步实现

1. 建筑设计的程序性特征

建筑设计是一种创造性思维活动，呈现出一定黑箱特征的同时，也具有非常强的程序性[189]。一方面表现为建筑设计有着时间和设计周期的要求，在每个阶段都有明确的任务和所要达到的目标。另一方面，建筑设计表现在为了达到任务或目标，需要明确设计问题的先后顺序，合理安排思维进度和各阶段需要解决的具体问题，进而制定出一系列过程、步骤和相应的设计策略。

通过把握建筑设计的程序性特征对设计阶段进行划分，可以更好地把控设计成果。例如，集成化设计方法将设计进程分为三个阶段，分别在各阶段引入专家对设计方案进行指导和评估，形成阶段性成果。在这个过程中，设计策略和目标随着设计阶段的深入逐步显现和完善。

根据建筑设计的程序性特征，对被动式超低能耗建筑设计进行阶段划分、将能耗目标分步实现是非常有益的：可以针对各阶段的信息量设定与之相匹配的能耗目标，明确各阶段工作重点，形成阶段性成果，保证超低能耗目标稳步实现（图 3-9）。

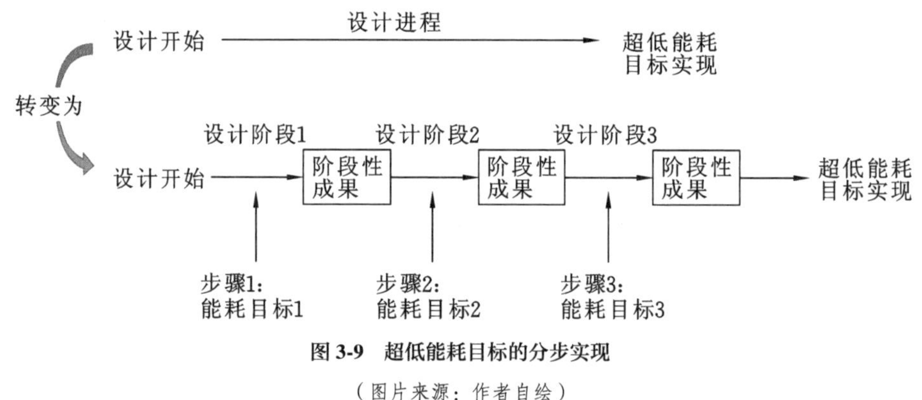

图 3-9 超低能耗目标的分步实现

（图片来源：作者自绘）

2. 被动式超低能耗建筑设计阶段界定

根据我国《全国建筑设计周期定额（2016 版）》，建筑设计分为方案设计、初步设计和施工图设计三个阶段[190]。

在常规节能设计流程中，方案设计阶段先消化任务书、形成基本概念意向，然后将概念意向逐步完善并物态化[189]，对建筑布局、建筑造型、功能分区等进行考虑。 在此基础上，初步设计阶段和施工图设计阶段进一步对方案的技术性问题提出解决方案，进行建筑环境控制系统的设计，完成细部设计和材料选择等工作。

本书构建的设计辅助决策方法框架正是架构于这种逐步递进的线性流程之上。不同的是，从有利于被动式超低能耗目标实现的角度考虑，本书认为被动式超低能耗建筑在方案设计阶段不仅需要统筹考虑建筑布局、造型、空间布局，还需要对一些影响能耗的关键因素（如围护结构热工性能参数、HVAC 系统等）进行初步设计，对形体方案进行综合完善。 因此，结合建筑设计程序性特征与线性流程，本书将被动式超低能耗建筑划分为形体生成、综合完善、协同深化、施工图设计四个阶段（图 3-10）。

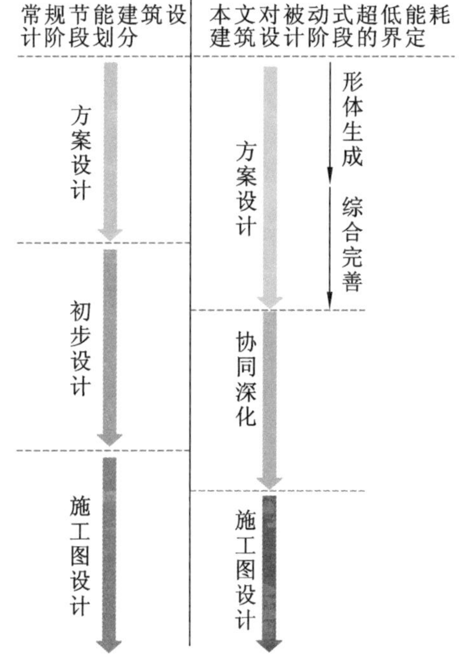

图 3-10　被动式超低能耗建筑设计阶段界定

（图片来源：作者自绘）

（1）形体生成。

进行建筑概念意向构思、建筑布局、建筑形体外观揣摩和推敲。

（2）综合完善。

根据建筑初步构思和形态，完善功能布局和交通组织、防火分区、无障碍设计等设计工作，并对方案技术性问题如围护结构热工性能、细部、HVAC 系统等内容进行初步构思，对形体生成阶段的设计成果进行综合完善。

（3）协同深化。

根据综合完善阶段形成的方案，建筑师协同其他专业的工程师对设计方案进行统筹考虑、深化和修改，对建筑技术问题、环境控制系统、建筑细部及材料选择等进行详细设计。

（4）施工图设计。

根据协同深化阶段形成的方案进行施工图设计。

在上述四个阶段中，形体生成和综合完善阶段可以看作是被动式超低能耗建筑的方案设计阶段，为本书研究的重点。对于协同深化阶段，由于许多工作需要由建筑学专业以外的工程师来完成，本书仅在能耗目标研究时涉及该阶段，不作重点分析。施工图设计阶段建筑方案已基本确定，由于本书关注建筑前期的节能设计研究，故不涉及施工图设计阶段。

3.2.2　设定各阶段的能耗目标

被动式超低能耗建筑标准为设计提供了清晰的能耗目标，为整个设计团队提供了行动方向与指南，建筑设计与能耗评价是被动式超低能耗建筑设计进程中的两条重要线索。

建筑设计是一个互动和综合的过程，是一个不断发现问题、分析问题和解决问题的过程。在这个过程中，建筑设计方案从无到有、由浅及深、从感性到理性。最初的设计概念经过不断推敲、演进、决策，逐步发展为细节上的实施。设计初期，概念、形体、功能是关注的重点。随着设计的深入，需要处理和解决的设计问题逐渐增多、细化和复杂。

能耗评价是根据提供的详细信息和系统技术细节，对一个较为完善的设计方案进行计算和验证的过程。评价过程通常在一开始就需要输入大量参数信息。而在评价过程的后期，最后往往只需要得到几个关键的评价指标来判断设计方案是否达标。

建筑设计过程与能耗评价过程所处理的信息量在时间进程上，呈现出相反的趋势（图 3-11）。这种不匹配，使得被动式超低能耗标准中的能耗目标更适合对已经基本完成的设计方案进行“设计后评价（post design evaluation）”[203]，难以落实到建筑前期的方案设计阶段。

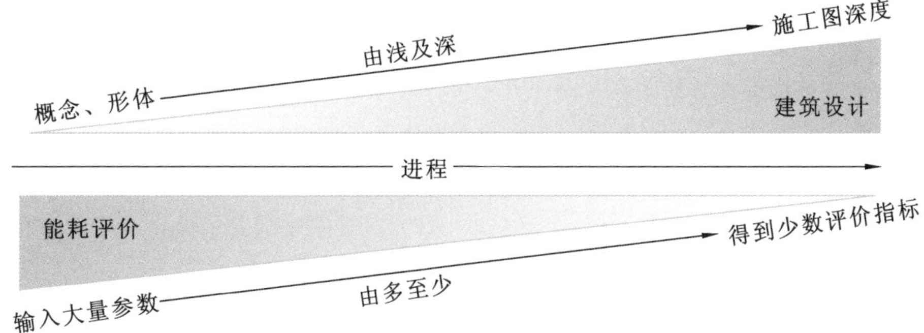

图 3-11　设计过程与评价过程所处理的信息量整体呈现相反的趋势

（图片来源：作者自绘）

建筑前期的方案设计阶段是影响建筑能耗的关键阶段，又是设计策略具有较大选择空间和不确定性的阶段。方案设计阶段能耗目标与能耗评价的缺失将会导致如下问题。

• 在设计实践中，建筑师容易在还没有弄清楚要达到什么能耗目标的时候，就着手开始研究技术措施和解决方案，使一些富有创意的或经济性佳的设计方案在一开始就被排除在外。

• 设计前期的许多设计决策仍然是基于直觉和假设，缺乏专业经验和详细的分析[191]。建筑师调用脑海中储存的、根据经验积累的或以往实践结果得到的“经验策略”进行设计，会使设计与决策过程缺乏理论依据，造成优化周期长、效率低等许多问题。

因此，为了将目标导向的性能化设计方法落实到方案设计阶段，有必要结合方案设计阶段设计深度和信息量，设定适合方案设计阶段的能耗目标（图 3-12）。

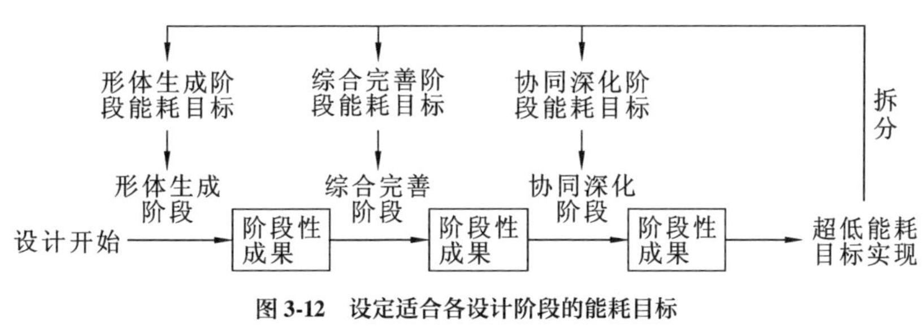

图 3-12　设定适合各设计阶段的能耗目标

（图片来源：作者自绘）

3.2.3 高效遴选设计策略

在常规节能设计方法中，各类相关规范或标准中的技术措施要求是进行节能设计与决策的主要依据，易于操作。对于采取性能化设计方法的被动式超低能耗建筑来说，需要依据能耗核算结果对设计方案进行选择与优化。这种方法在给建筑师提供了较大的自由发挥空间的同时，存在设计过程不易把控的问题。若在被动式超低能耗建筑设计过程中给建筑师提供设计策略的遴选建议，则可以辅助其进行设计策略选择，提高设计与优化效率。于是，本书在方法框架中引入了设计策略敏感度分析，为高效遴选设计策略提供支持（图 3-13）。

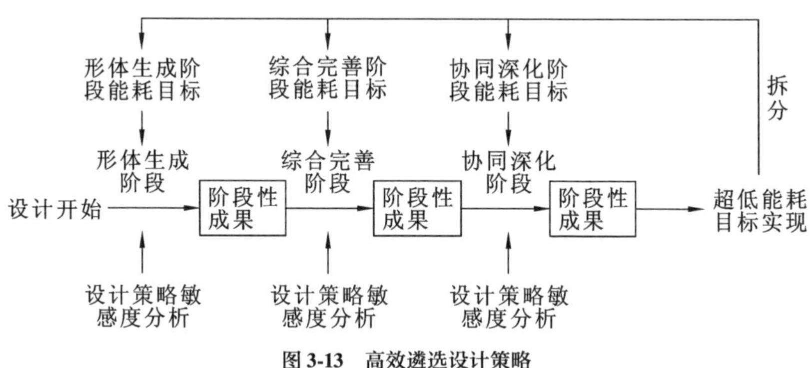

图 3-13 高效遴选设计策略

（图片来源：作者自绘）

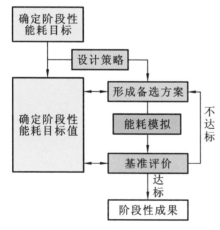

3.2.4 基本流程

基于上述分析，形成包括能耗目标、能耗目标值、设计策略、能耗模拟和基准评价的被动式超低能耗建筑性能化设计循环（图 3-14），包括如下步骤。

（1）确定各阶段能耗目标：结合被动式超低能耗建筑标准，及各阶段设计深度与信息量，确定适合各阶段的能耗目标。

（2）确定各阶段能耗目标值：通过科学、合理的方法，为各阶段的能耗目标赋予量化数值，为技术措施的选择和基准评价提供依据。

确定阶段性能耗目标
设计策略
确定阶段性能耗目标值
形成备选方案
能耗模拟
基准评价
不达标
达标
阶段性成果

图 3-14 被动式超低能耗建筑性能化设计循环

（图片来源：作者自绘）

（3）形成备选方案：提出设计策略，形成备选方案。

（4）基准评价：使用合适、可靠的能耗模拟软件，评价备选方案是否满足既定目标值的要求。

（5）将步骤（3）和步骤（4）循环往复，直至满足条件，形成阶段性成果。

将上述性能化设计循环贯穿本书界定的设计阶段，便形成被动式超低能耗建筑设计辅助决策方法框架的基本流程，如图 3-15 所示。

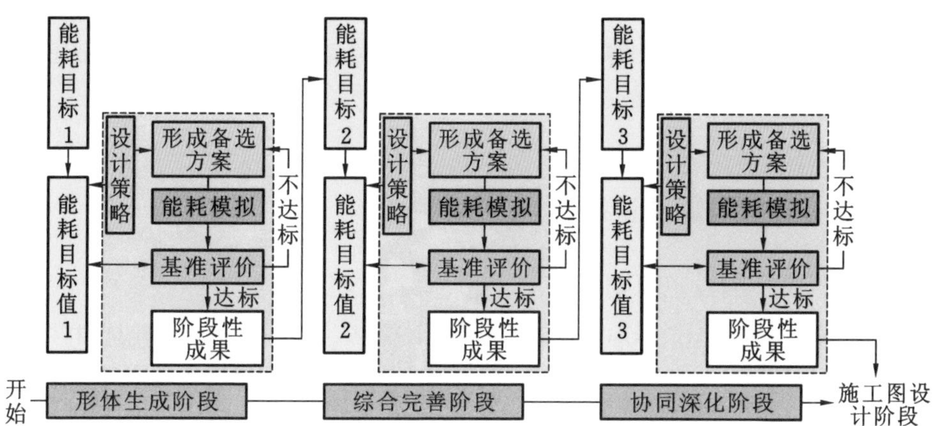

图 3-15　被动式超低能耗建筑设计辅助决策方法框架的基本流程

（图片来源：作者自绘）

整个设计流程架构在常规节能设计方法的线性递进流程之上，包括由浅及深的三个阶段。每个阶段均引入与该阶段设计深度与信息量相匹配的能耗目标和能耗目标值，借助建筑能耗模拟对设计方案进行基准评价：若达标则形成阶段性成果进入下一阶段；若不达标，则可以根据敏感度分析高效遴选设计策略，形成备选方案，重新进行基准评价直至达标后，进入下一阶段。在这个流程中，目标导向的性能化设计循环深入贯彻到了每个设计阶段，有助于充分挖掘各设计阶段，尤其是形体生成阶段的节能设计潜力，促进超低能耗目标从无到有、由浅至深地逐步实现。

3.3　方法框架核心环节分析

在上文构建的被动式超低能耗建筑设计辅助决策方法框架中，确定能耗目标、确定能耗目标值、基准评价的能耗模拟及设计策略敏感度分析是四个核心环节，四者是贯穿设计始终的内在动力（图 3-16）。本节对其进行一一分析。

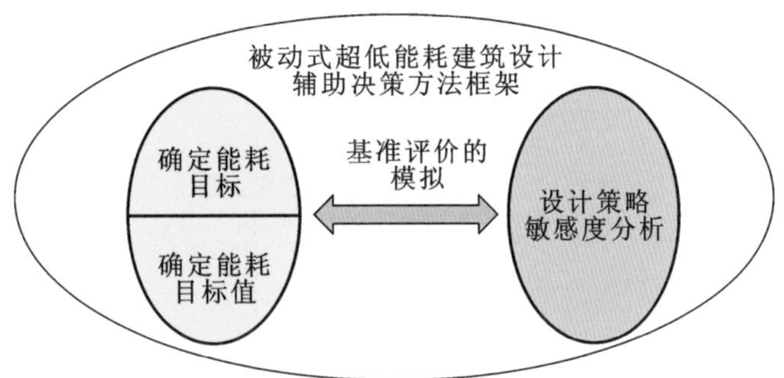

图 3-16　被动式超低能耗建筑设计辅助决策方法框架的核心环节

（图片来源：作者自绘）

3.3.1　各阶段能耗目标

1. 能耗目标的设定原则

被动式超低能耗建筑标准中，采暖需求、制冷需求、一次能源消耗量和室内热舒适是四个主要的能耗目标。在设定各阶段能耗目标时，需要结合具体气候特征、各阶段设计深度、信息量和建筑设计过程的操作逻辑，对被动式超低能耗建筑标准中的能耗目标进行拆分。

（1）气候特征。

气候是影响建筑能耗的重要环境因素，它不仅关系到建筑日照、采光等方面，更与建筑平面布局、整体造型、立面设计、围护结构性能等都有直接关系，是设定能耗目标时需要考虑的首要因素。

（2）匹配各阶段设计深度和信息量。

根据前文的分析，能耗目标的设定应匹配各设计阶段的设计深度和信息量，避免设计所能提供的参数与进行能耗模拟所需参数间的不对等，从而增强能耗目标可行性。

在设置各阶段的目标的时候，还应该控制合理的数量。过度简化的设计问题和目标可能导致设计方案与实际脱节。反之，目标数量也不宜过多，否则会导致设计决策的迟缓和低效。根据 Miller 的理论，主次要设计问题应该不超过 7 个，这是进行有效决策的最大数量[192]。对于可能出现的复杂设计问题和目标，可以根据系统原则将其分解为主要问题与主要目标、次要问题和次要目标等。在确定主次要设计问题和目标后，应该在合理的情况下进行精简，并将设计问题和目标分散到各个设计阶段，导向最终目标的实现（图 3-17）。

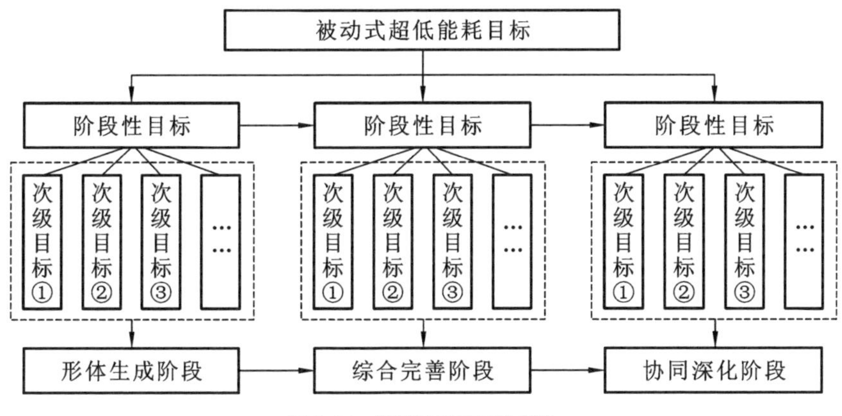

图 3-17 能耗目标的层级划分

（图片来源：作者自绘）

(3）贴合建筑设计过程的操作逻辑。

建筑设计过程的操作逻辑主要表现在不同设计阶段所处理设计问题的先后顺序上。在方案设计阶段，概念表达、形体构思等是关注的重点，在建筑形体确定后，开始关注平面功能是否安全实用，流线是否顺畅、空间组织是否有特色及建筑技术问题等。在设定能耗目标时，需要考虑建筑设计这种循序渐进、由浅入深的操作逻辑。

不同设计阶段存在不同的潜在主体（图 3-18），不同主体的专业背景、工作方式均有所区别。本书关注方案设计阶段的节能设计，在设定各阶段能耗目标时，主要从便于建筑师进行设计与决策的角度考虑问题。

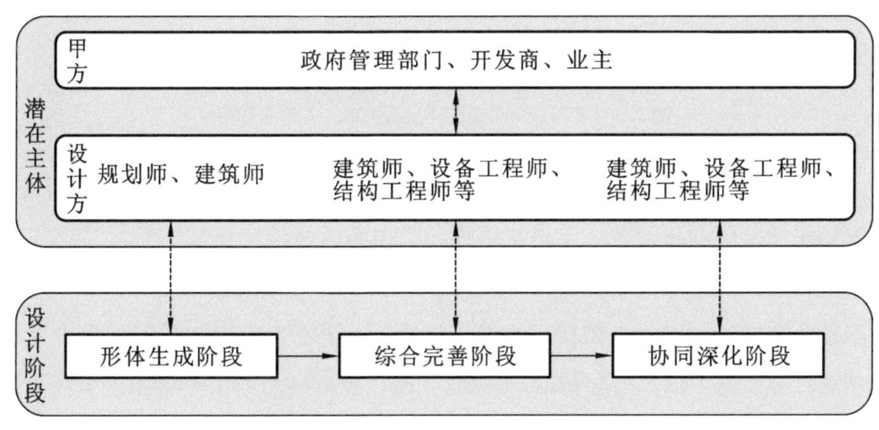

图 3-18 不同设计阶段存在不同的潜在主体

（图片来源：作者自绘）

2. 各阶段能耗目标设定

根据上述分析，下面以寒冷地区被动式超低能耗居住建筑为例，结合寒冷地区的气候条件、各阶段设计深度与信息量及建筑设计过程的操作逻辑，对形体生成、综合完善和协同深化阶段的能耗目标进行设定。

（1）形体生成阶段能耗目标：满足采暖需求。

在我国寒冷地区，采暖能耗占总能耗的很大比例。从用能强度来看，我国北方采暖能耗强度仅次于公共建筑能耗，是我国建筑第二大用能分项[193]（图 3-19）。寒冷地区居住建筑的主要能耗是采暖能耗[171]，多年来我国寒冷地区居住建筑节能设计标准始终将降低采暖能耗作为节能设计的重点，兼顾夏季防热。

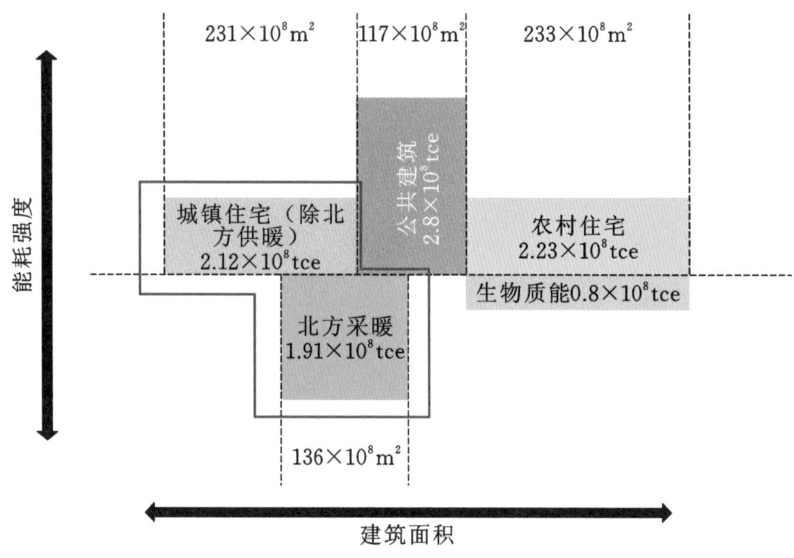

图 3-19　寒冷地区采暖能耗是我国第二大用能分项

（图片来源：在文献[193]的基础上绘制）

形体生成阶段的决策者主要是建筑师，工作重点是建筑形体与空间形态，一般不涉及建筑的热工性能、能源系统参数。从计算所需的信息量来看，将围护结构热工参数按照典型情况设置（如按现行法规进行），便可实现形体推敲过程中采暖需求的快速计算，免去烦琐的参数输入环节。而计算制冷需求和一次能源消耗量则需要对暖通空调系统、能源系统、家电设备、系统效率等众多参数进行设置，这些参数往往是形体生成阶段的工作内容和设计深度难以提供的。

综合考虑寒冷地区气候条件、设计深度信息量与操作逻辑，以采暖需求对形体生成阶段进行约束，可以解决寒冷地区被动式超低能耗建筑节能设计的主要矛盾，对于超低能耗目标的实现意义重大；并且，通过将围护结构热工性能参数按照典型情况设置，便可实现采暖需求在形体生成阶段的输出。因此，本书将采暖需求作为寒冷地区被动式超低能耗建筑形体生成阶段的能耗目标。

(2) 综合完善阶段能耗目标：满足采暖需求、制冷需求、室内热舒适要求。

形体生成阶段以降低采暖需求为能耗目标进行设计，虽然缓解了寒冷地区居住建筑节能设计的主要矛盾，但同时也增加了夏季过热的风险。因此，在综合完善阶段，为了实现更为均衡和合理的设计，必须综合考虑各种设计策略对采暖需求、制冷需求得以满足，室内热舒适的影响。需要在上一阶段设计方案的基础上，通过对围护结构热工性能参数、遮阳等设计策略的综合调整和优化，使采暖需求、制冷需求得以满足，室内热舒适达到要求。

在综合完善阶段，建筑形体已基本确定，工作重点是对建筑功能布局、交通组织等进行深化和完善，并在工程师或相关专业人员的帮助下，对围护结构热工性能、细部、HVAC 系统等内容进行初步构思。从计算所需信息量来看，综合完善阶段的设计深度已经可以满足制冷需求和室内热舒适要求，但是由于综合完善阶段属于建筑方案设计阶段，仍达不到计算一次能源消耗量的深度要求。

综上，本书将满足采暖需求、制冷需求及室内热舒适要求作为寒冷地区被动式超低能耗居住建筑的能耗目标。

(3) 协同深化阶段能耗目标：满足计算一次能源消耗量的需求。

上述两个阶段的能耗目标涉及采暖需求、制冷需求和室内热舒适，均是针对“建筑用能需求边界”提出的。在协同深化阶段，各专业工程师对 HVAC 系统、设备系统选型与效率、管线铺设等技术问题进行深化设计。从计算所需信息量来看，协同深化阶段的设计深度可以满足计算一次能源消耗量的需求。

因此，本书将满足计算一次能源消耗量的需求作为协同深化阶段的能耗目标。目的在于鼓励选用高效节能设备、促进管线铺设、布局等细节问题的优化设计，减弱建筑对环境的影响。

上述对于形体生成、综合完善和协同深化阶段的能耗目标设定，不仅符合各阶段设计深度与信息量，也达成了能量边界的完整性。与既有被动式超低能耗建筑标准将所有能耗目标“一揽子”引入的方式不同，本书将能耗目标分解到设计的不同阶段（图 3-20），使能耗目标与各设计阶段的设计深度、特点与信息相匹配，从而起到辅助建筑师进行设计决策的作用。

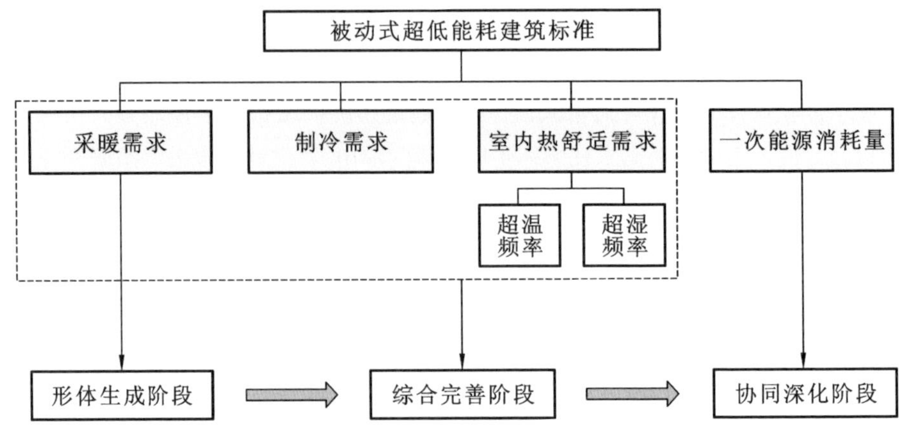

图 3-20　寒冷地区被动式超低能耗居住建筑各阶段的能耗目标

（图片来源：作者自绘）

3.3.2　各阶段能耗目标值

能耗目标值是能耗目标的定量转化。能耗目标值以明确与可度量的数值，为各阶段对设计方案的能耗表现进行基准评价提供依据。

与既有面向公众、大众传媒及政策制定者的被动式超低能耗建筑标准不同，本书研究的能耗目标值面向设计团队，能耗目标值存在的意义是衡量和判断设计方案的能耗表现，为设计团队搭建交流的平台并据此进行设计优化，而不是为了对设计项目进行认证并对通过认证的项目贴标签或发标牌。根据上文对能耗目标的分析，寒冷地区被动式超低能耗居住建筑各设计阶段能耗目标值可以归纳为以下几点。

- 形体生成阶段：采暖需求目标值。
- 综合完善阶段：采暖需求、制冷需求、室内热舒适目标值。
- 协同深化阶段：一次能源消耗量目标值。

有效的节能政策应当具有明确（specific）、可度量（measurable）、合适（appropriate）、现实（realistic）和时效（timed）（简称为 SMART 属性[194]）。本书在进行被动式超低能耗建筑能耗目标值研究的时候，也特别注意从 SMART 属性进行综合考虑。

1. 明确（S）与可度量（M）

规则清晰、明确且可度量的目标值，才具有更强的实用性，才能引导主体向目标努力，也更容易进行规范管理。鉴于此，在推导各阶段能耗目标值时应具备清晰的规则，并以明确的数值呈现。

2. 合适（A）

能耗目标值必须要与现行被动式超低能耗建筑标准、我国节能宏观政策、节能法规、标准等内容相协同，不能互相冲突。

3. 现实（R）

“现实”是指能耗目标值需考虑经济性与相对差距两方面因素的影响，否则将难以实现。根据一般规律，市场上存在 5 种主体类型：革新者（innovator），早期采用者（early adopter），早期主体（early majority），晚期主体（late majority）和落后者（laggard）[195]。对于不同的主体类型分别采用不同的能耗目标值进行引导，有利于增强能耗目标值的现实性。

因此，为了增强能耗目标值的“现实性（realistic）”[196]，本书对能耗目标值进行梯度划分。按照严格程度的由低至高，将能耗目标值划分为限值、基准值和引导值三个梯度（表 3-1）。革新者、早期采用者和早期主体，可以按基准值或引导值执行；晚期主体和落后者可以按限值执行。

表 3-1　现实性原则下的能耗目标值梯度划分

梯度划分	特征	适用主体
限值	低要求，允许的最低限值	晚期主体、落后者
基准值	基本要求，向引导值迈进的过渡指标	革新者、早期采用者、早期主体
引导值	高要求，与行业先进实践水平接轨	革新者、早期采用者、早期主体

（数据来源：根据文献[195]绘制）

4. 时效（T）

随着科学技术的不断进步，建筑节能设计理念、设计策略、产品性能等均会发生改变，因此，能耗目标值必然只有在一定的时间范围内才是有效的，即所谓的“时效（timed）”[196]。

在国际上，节能领域的一个常见时间节点是 2020 年。根据 2002 年通过的《能源效率指令》，欧盟提出了“20-20-20”目标，即要求“在 2020 年之前，温室气体排放量比 1990 年减少 20%，可再生能源的比例提高 20%，能源的最终消费量比 2005 年减少 20%”。在“20-20-20”目标的督促下，欧盟各国陆续开展了低能耗、超低能耗和近零能耗建筑研究，并制定了节能路线图。

我国在从“标准合规”建筑迈向超低能耗、近零能耗的发展路线中，仿照欧盟“20-20-20”目标制定了“30-30-30”目标，即在 2030 年之前，使 30% 新建建筑达到超低能耗标准、可再生能源能够满足新建建筑 30% 的能耗要求、既有建筑改造 30% 达到超低能耗。

《近零能耗建筑技术标准》(GB/T 51350—2019)中规定，超低能耗建筑采暖、空调与照明能耗比 2016 年节能设计标准降低 50% 以上。按照这个节能率计算，超低能耗建筑与 1980 年的基准建筑相比，节能率达 82.5%。于是，本书根据我国迈向“30-30-30”目标路线图中设定的时间节点，将能耗目标值的时效性确定为 2019—2025 年（图 3-21）。

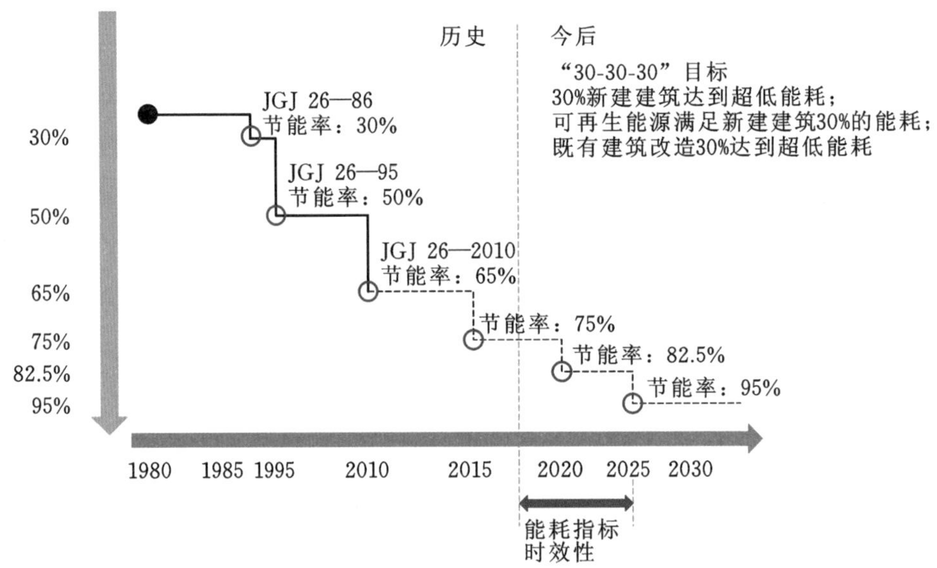

图 3-21　能耗目标值时效性确定为 2019—2025 年

（图片来源：在文献[197]的基础上绘制）

3.3.3　基准评价的能耗模拟软件

在进行被动式超低能耗建筑设计决策时，对照能耗目标值进行基准评价，是一个非常重要的过程。在这个过程中，能耗模拟软件既是进行建筑能耗计算的媒介，也是建筑师在进行基准评价时的工具载体。

根据设计过程由浅及深的特点，在不同设计阶段进行基准评价时，选用的能耗模拟软件以及进行能耗模拟时建立的模型深度应该有所不同（图 3-22）。本书根据形体生成阶段和综合完善阶段的设计深度和信息量的不同，选用了不同的能耗模拟软件。

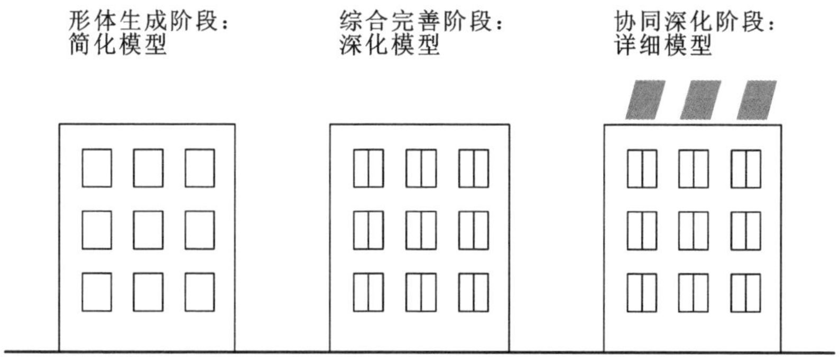

图 3-22　各阶段使用的能耗模拟软件及建立的模型深度不同

（图片来源：文献[198]）

1. 形体生成阶段（DesignPH）

（1）软件选择。

在形体生成阶段适宜通过简化的模型来检视建筑形体、层高、窗墙比等因素对能耗的影响，对不同建筑形体方案能量平衡进行大致的预判和快速评价。

DesignPH 是由被动房研究所研发的一款基于 Sketchup 的插件。它可以通过 Sketchup 中的模型自动计算周围建筑的遮挡、建筑自遮挡、外窗面积、窗框面积等许多参数，省去了手动计算的烦琐过程（图 3-23）。在导入气象数据并进行简单的参数预设定后，DesignPH 可以基于能量平衡原理对模型的采暖需求表现进行初步估算，在屏幕左上角快速输出采暖需求、TFA 以及围护结构失热系数（图 3-24、图 3-25）。DesignPH 在推敲建筑形体的同时，对方案的能耗表现进行实时诊断，是适用于形体生成阶段设计深度与能耗评价需求的模拟软件。

（a）

（b）

图 3-23　使用 DesignPH 进行遮阳系数计算

（a）相邻建筑遮阳计算辅助线；（b）建筑自遮挡计算辅助线

（图片来源：作者使用 DesignPH 建模后导出）

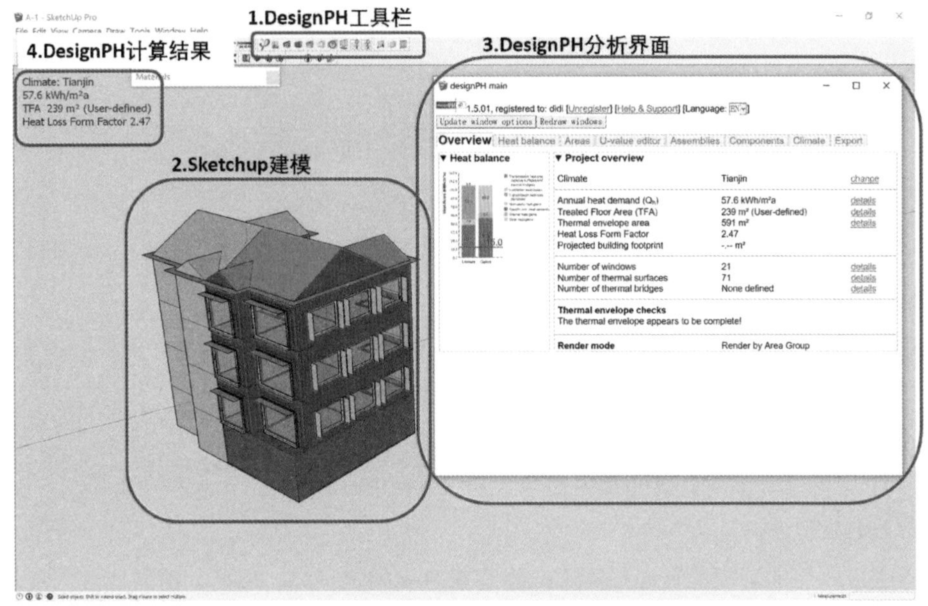

图 3-24　DesignPH 的基本界面

（图片来源：作者使用 DesignPH 软件输出并绘制）

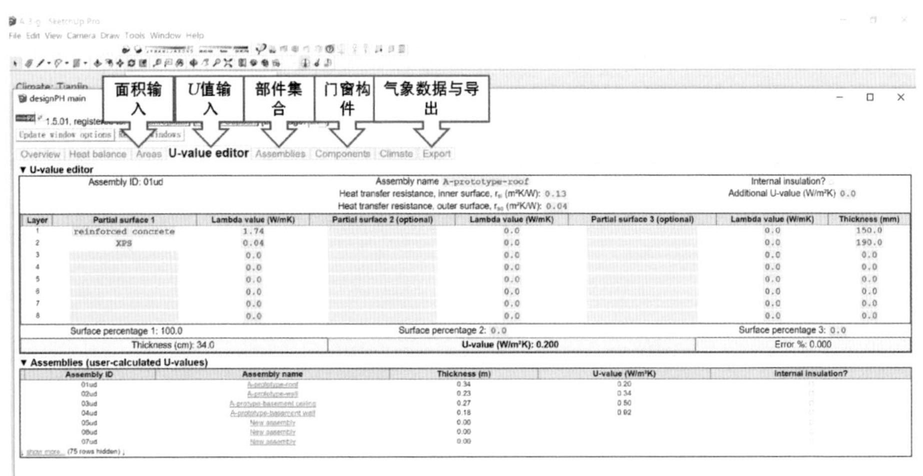

图 3-25　DesignPH 参数设定界面

（图片来源：作者使用 DesignPH 软件输出并绘制）

(2) 软件可靠性分析。

建筑能耗模拟是一种预测设计方案能耗表现的虚拟试验。能耗模拟建立在一系列假设条件上，模拟结果与实际能耗可能存在偏差。在模拟的复杂程度、精确度与决策所需信息间取得平衡具有重要意义[199]。

DesignPH 内嵌的能量平衡算法以 ISO13790 为基础进行简化，虽然其计算精度不高，但可以预测能耗变化趋势，且输出速度快。在形体生成阶段，对能耗表现的快速反馈和大致预判比精确计算更为重要。因此，选取 DesignPH 作为形体生成阶段基准评价的能耗模拟软件是合适的。

DesignPH 的计算结果可以通过 PPP 文件的格式直接导入 PHPP，便于后续进行精确的能耗模拟计算。

2. 综合完善阶段（PHPP）

在综合完善阶段，需要对围护结构热工性能参数（如传热系数、热桥、玻璃 SHGC、通风等）进行综合设计和分析，这时 DesignPH 已经不能满足需求，需要采用基于复杂运算的能耗模拟软件来进行计算。

（1）软件选择。

根据计算原理的不同，满足综合完善阶段计算需求的能耗模拟软件可以分为“稳态”和“动态”两类。稳态分析软件基于稳定传热理论[200]，优点是计算速度快、易于手算，缺点是计算过程简化、结果粗略，适用于研究能耗趋势、进行系统比较和替代[201]。动态分析软件基于不稳定传热理论，主要采用反应系数法、传递函数法、谐波反应法、有限差分法或有限元法等数值方法。本书归纳了常见动态能耗模拟软件（表 3-2），并从如下 4 个方面对其进行了对比分析。

• 使用者：软件主要面向的使用者是建筑师（A）和工程师（E）。

• 适用的设计阶段：软件主要适用于方案设计、初步设计、施工图设计或是运行管理阶段。

• 软件复杂程度：软件参数、约束条件等的设置复杂程度。

• 计算结果：输出的主要计算结果，譬如能耗、自然采光、空气质量、LCC、LCA 等。

分析可知，动态模拟软件的优点是可以模拟建筑负荷的动态变化、结果精确、输出的结果比较丰富，包含能耗、自然采光、空气质量、LCA/LCC 等。动态模拟软件的不足是使用者是工程师，而非建筑师；且多数工具专注于对决策制定之后的设计方案进行评估，而非之前的设计方案[203]；参数设置通常较为复杂，对计算机配置要求较高，若要进行详细计算则通常花费时间非常长。上述原因导致动态能耗模拟软件并不能对设计前期起到很好的指导作用[204]。

表 3-2 常用动态模拟软件对比分析

软件名称	使用者	阶段				复杂程度	计算结果				
		方案设计	初步设计	施工图设计	运行管理		能耗	自然采光	空气质量	LCC	LCA
Be10	(A)E		■			低	√				
Bsim	E		■	■		高	√	√	√		
DOE2	E			■		中	√				
EnergyPlus	E			■		高	√		√		
EPC	(A)E	■	■			中					
ESP-r	E			■		高	√		√		
IDA-ICE	E		■	■		高	√		√		
iDbuild	E	■	■	■		中	√	√	√		
IESVE	E		■	■		高	√	√	√	√	√
Designbuilder	E		■	■		EnergyPlus,Radiance	√	√	√	√	
eQuest	E		■	■		DOE2	√				
N++	E	■	■	■		EnergyPlus,jEPlus,GenOpt	√		√		
OpenStudio	E		■	■	■	EnergyPlus,Radiance	√	√	√	√	
Riuska	E		■	■		DOE2	√		√		
Sefaira	A	■	■			EnergyPlus,Radiance	√	√			

（数据来源：根据文献[202]绘制）

PHPP 作为被动式超低能耗建筑的专用软件，采用基于月度平衡的稳态分析方法（monthly balance based static method），在计算逻辑、参数输入和结果输出等多个方面均与被动房标准完全匹配。使用 PHPP 作为综合完善阶段基准评价的能耗模拟软件，可降低计算过程中的不确定性因素，使计算结果与标准规定的能耗目标值之间具备可比性。与动态模拟软件相比，PHPP 还具有计算速度快的优势。

(2) 软件可靠性分析。

PHPP 作为一款稳态模拟软件，其计算结果精度不及使用全年逐时方法的动态模拟软件，在遮阳计算方面有时会产生不准确的结果[205]。但是，经过系统的开发，研究表明 PHPP 的计算结果经过使用调整，利用函数（utilisation function）可以与动态模拟结果相匹配[206]。

PHPP 计算结果的准确性还经过了实际项目的验证，有研究[207]将数百个已建成被动房项目测试数据与 PHPP 计算值进行对比，发现 PHPP 计算值与实测数据的平均值基本吻合，对于能耗趋势的预测和比较具有较好的支撑作用（图 3-26）。

PHPP 的替代软件有必得（BEED）[176]和爱必宜（IBE）[177]，二者均是我国基于被动房的设计理念和计算方法自主研发的超低能耗建筑计算软件。结合上述分析，本书在综合完善阶段选用 PHPP（V9.3）作为进行基准评价时的能耗模拟软件。

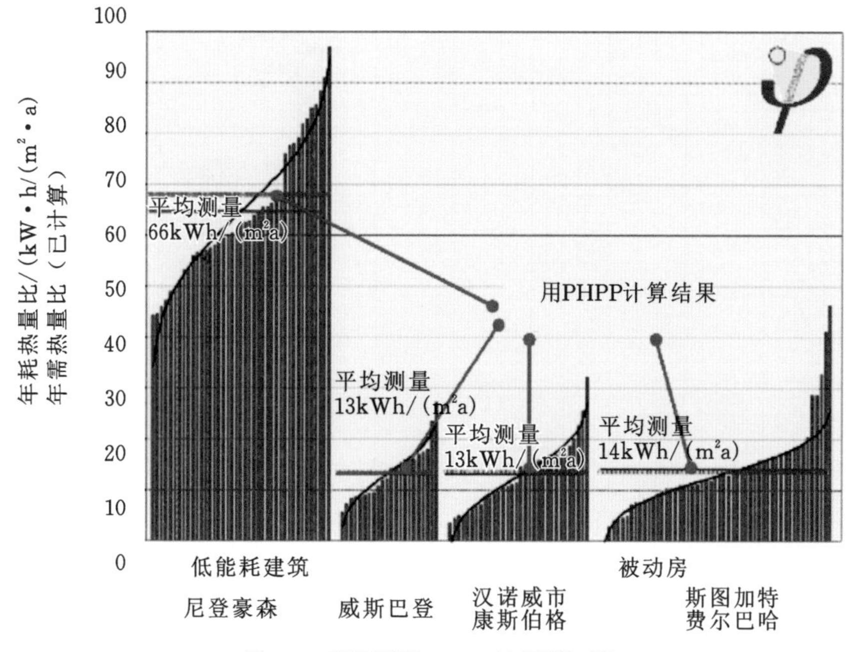

图 3-26　实测数据与 PHPP 计算值的对比

（图片来源：文献[207]）

3.3.4 设计策略敏感度分析

在设计被动式超低能耗建筑时，除了关注功能、空间等方面，还要围绕着能耗目标进行设计，灵活运用各种设计策略来达到这个目标。依据能耗目标值进行基准评价后，若发现方案不满足要求，建筑师关注的便是如何修改方案。在这个过程中，有些设计策略引起建筑能耗变化比其他更明显，即对能耗的敏感性更高；有些设计策略则对建筑能耗变化影响微弱，即敏感性低。此时，若能按照敏感度对设计策略进行排序，为建筑师提供设计策略的选择空间与建议，则可辅助建筑师进行设计策略的遴选，提高优化设计效率。

相较于根据经验积累或以往实践结果得到“经验策略”进行设计，从敏感性策略入手进行设计优化与决策的优势更加明显。为了使建筑师能够针对能耗目标采用更加有效的设计与优化措施，本书在设计辅助决策方法框架中引入了设计策略敏感度排序。敏感度排序是敏感度分析的结果，一般以柱形图的方式呈现（图 3-27）。

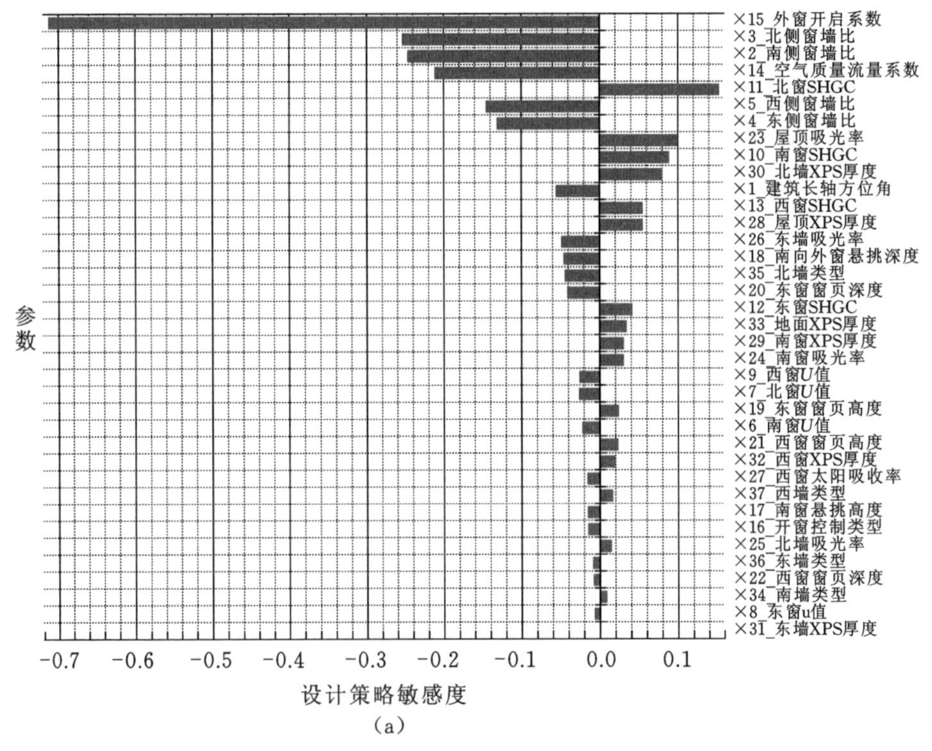

(a)

图 3-27 设计策略敏感度排序常以柱形图的形式表达

（图片来源：文献[96][99][101][208]）

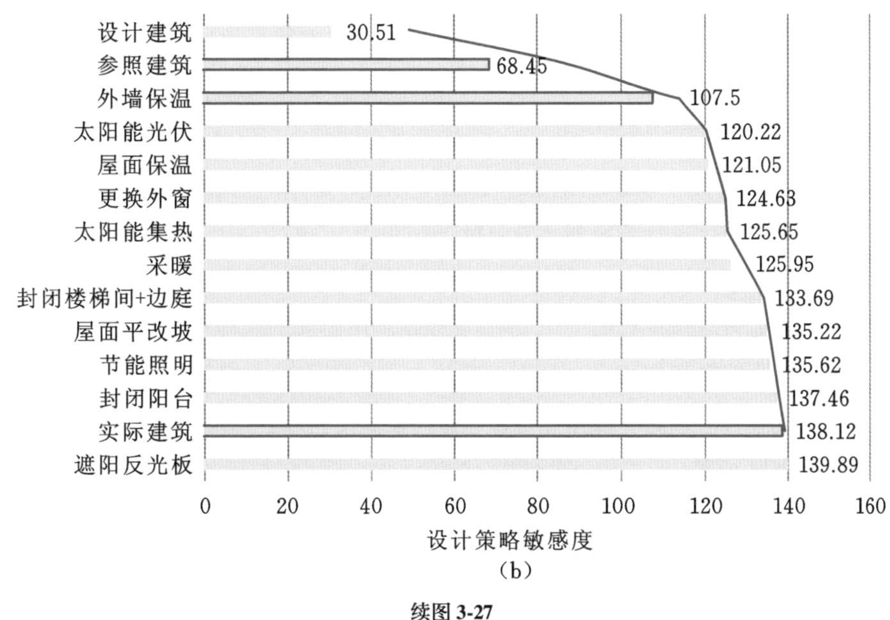

续图 3-27

3.3.5 能耗目标值与敏感度分析的研究步骤

在本书构建的被动式超低能耗建筑设计辅助决策方法框架中，能耗目标与目标值可以看作需求端，设计策略敏感度分析则可以看作供给端，二者以基准评价相联系，相互作用形成性能化设计循环。可以说，设计策略敏感度分析是使得性能化设计循环闭合的重要组成部分。

1. 能耗目标值的研究步骤

以被动式超低能耗建筑设计辅助决策方法框架和能耗目标值的推导原则为依据，本书将通过第 4 章和第 5 章的研究，进行各阶段能耗目标值研究。

在第 4 章，基于分类和大量案例调研，建立寒冷地区被动式超低能耗居住建筑典型模型，以回归正交设计组织能耗模拟试验，为量化分析奠定基础。

在第 5 章，结合各阶段的特点，分别对形体生成阶段、综合完善阶段和协同深化阶段的能耗目标值进行推导。在形体生成阶段，由于设计深度较浅，无法直接使用既有标准中的采暖需求目标值，故采用典型模型、能耗模拟和统计学等分析方法对采暖需求目标值进行推导。在综合完善阶段，则基于对我国既有被动式超低能耗建筑标准的综合分析，得出采暖需求、制冷需求和室内热舒适目标值，使该阶段的能耗目标值与既有标准对标。 协同深化阶段能耗目标值推导方法与综合完善阶段类似，基于对我国既有被动式超低能耗建筑标准的综合分析，得出一次能源消耗量目标值。

2. 敏感度分析的研究步骤

以本章构建的被动式超低能耗建筑设计辅助决策方法框架为依据，本书将通过第 4 章和第 6 章进行设计策略敏感度分析。

由于设计的不同阶段工作重点不同，可供选择的设计策略也有所不同，故设计策略的遴选需要分阶段进行研究。 本书第 4 章利用建立的寒冷地区被动式超低能耗建筑典型模型及能耗模拟结果，分别对形体生成阶段和综合完善阶段的设计策略进行全局敏感度分析，以此为依据进行设计策略敏感度排序。 设计策略敏感度分析的研究详见本书第 6 章。

4

寒冷地区被动式超低能耗居住建筑典型模型建立

第 3 章构建了被动式超低能耗建筑设计辅助决策方法框架。在所构建方法框架的核心环节中，形体生成阶段能耗目标值及设计策略敏感度分析需要基于典型模型，借助能耗模拟、统计分析等定量分析方法进行研究。

本章旨在建立寒冷地区被动式超低能耗居住建筑典型模型，为推导形体生成阶段能耗目标值和进行敏感度分析所需的定量分析奠定基础。如何针对我国寒冷地区居住建筑的特点提取典型模型几何特征、设置变量并对其变化区间进行合理赋值，使典型模型具有代表性，是本章要解决的主要问题。本章组织结构如图 4-1 所示。

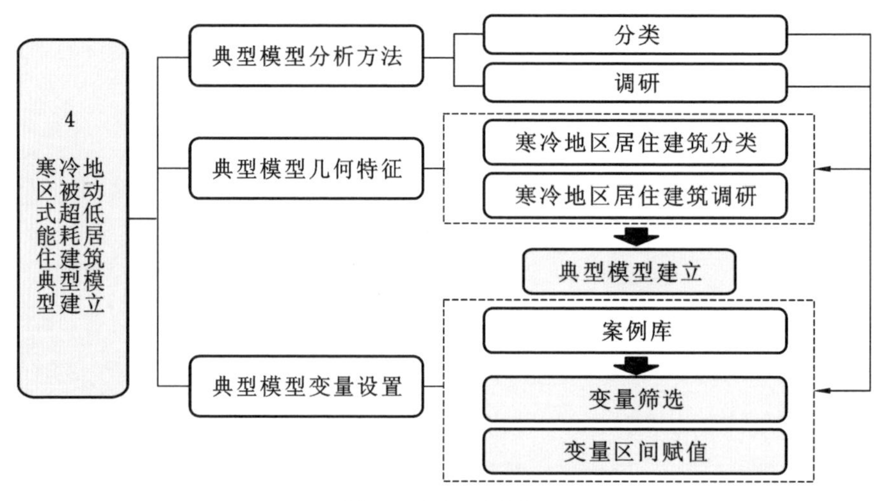

图 4-1　本章组织结构

（图片来源：笔者自绘）

4.1　寒冷地区居住建筑分类与案例调研

典型模型一般具备如下特点。

(1) 几何特征的代表性：典型模型的几何特征应能代表研究对象的一般特征。

(2) 变量的代表性：典型模型变量应能覆盖影响研究对象能耗特征的主要设计因素和变化区间。

下面对基于典型模型的节能建筑研究进行归纳，分析建立典型模型的方法。

2009 年开始，13 个欧盟国家根据建筑分类框架建立了本国居住建筑典型模型，提供节能措施、能耗水平、节能潜力、数据及能源系统等信息。以德国为例，其居住建筑典型模型是根据住宅类型（独栋住宅（EFH）、联排住宅（RH）、多户住宅

（MFH）、公寓（GMH）和塔楼（HH））及建设年代划分的，并包括预制独栋住宅和预制集合住宅（plattenbau）等特殊案例[209]（图 4-2）。

同一范围内				EFH	RH	MFH	GMH	HH
A		1918年	木结构房屋	EFH_A		MFH_A		
B		1918年		EFH_B	RH_B	MFH_B	GMH_B	
C		1919—1948年		EFH_C	RH_C	MFH_C	GMH_C	
D		1949—1957年		EFH_D	RH_D	MFH_D	GMH_D	
E		1958—1968年		EFH_E	RH_E	MFH_E	GMH_E	HH_E
F		1969—1978年		EFH_F	RH_F	MFH_F	GMH_F	HH_F
G		1979—1983年		EFH_G	RH_G	MFH_G		
H		1984—1994年		EFH_H	RH_H	MFH_H		
I		1995—2001年		EFH_I	RH_I	MFH_I		
J		2002年	预制装配式房屋	EFH_J	RH_J	MFH_J		
特殊情形	F/F	1968—1978年		EFH Son der				
	NBL_D	1946—1960年	实业家住房			NBL_MFH_D		
	NBL_E	1961—1969年				NBL_MFH_E		
	NBL_F	1970—1980年					NBL_GMH_F	NBL_HH_F
	NBL_G	1981—1985年					NBL_GMH_DG	NBL_HH_G
	NBL_H	1986—1990年					NBL_GMH_H	

图 4-2　德国居住建筑典型模型

（图片来源：文献[209]）

Shady Attia 等[210]根据调研结果将埃及居住建筑按照面积区间分为四类，选择占总样本数最多（47%）的 B 类（110～130 m^2）进行进一步筛选，最终选取两栋有代表性的楼栋作为典型模型（表 4-1、表 4-2）。

表 4-1 埃及公寓建筑典型模型

分类	面积	百分比	典型模型 1	典型模型 2
A	≥130 m^2	7%		
B	110～130 m^2	47%		
C	90～110 m^2	23%		
D	60～90 m^2	11%		
E	< 60 m^2	12%		

（数据来源：文献[210]）

表 4-2 埃及公寓建筑典型模型参数设置

内容	典型模型 1	典型模型 2
平面形状	矩形（25 m×11 m）	矩形（30 m×20 m）
层数/层高	6/2.8 m	12/2.7 m
长宽比	2.3 ∶ 1	1.5 ∶ 1
体积	336 m^3	337.5 m^3
外墙面积	110 m^2	68 m^2
屋面面积	122 m^2	125 m^2
楼板面积	122 m^2	125 m^2
外窗面积	60 m^2	13 m^2
外墙传热系数	2.5 W/（m^2·K）	2.5 W/（m^2·K）
屋面传热系数	1.39 W/（m^2·K）	1.39 W/（m^2·K）
楼板传热系数	1.58 W/（m^2·K）	1.58 W/（m^2·K）

（数据来源：文献[210]）

Tianren Yang 和 Xiaoling Zhang[211] 根据崇明岛规划形态特征将居住建筑划分为高层、板式、线形、农宅、核心村落、联排六类，每一类选择 300 m×300 m 的方形框区域提炼出六类典型规划形态布局，提取出四种典型建筑（图 4-3）。

美国能源部（DOE）与三个国家级实验室合作，共同建立了美国商业建筑能耗模拟基准模型数据库[212][213]。其中，新建大型办公建筑基准模型是一个矩形平面的几何体，地上 12 层，建筑面积为 46320 m^2，立面开横向长窗（各朝向的窗墙比均为 0.38）（图 4-4）。

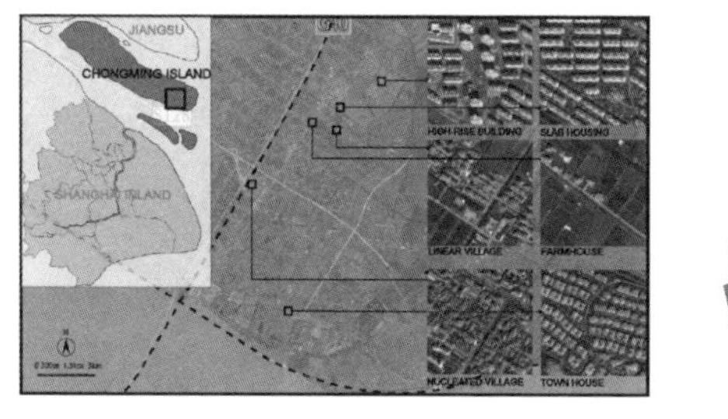

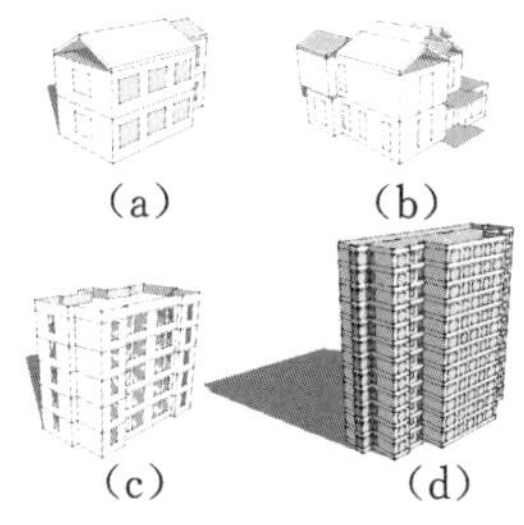

图 4-3　崇明岛典型规划布局及典型模型

（图片来源：文献[211]）

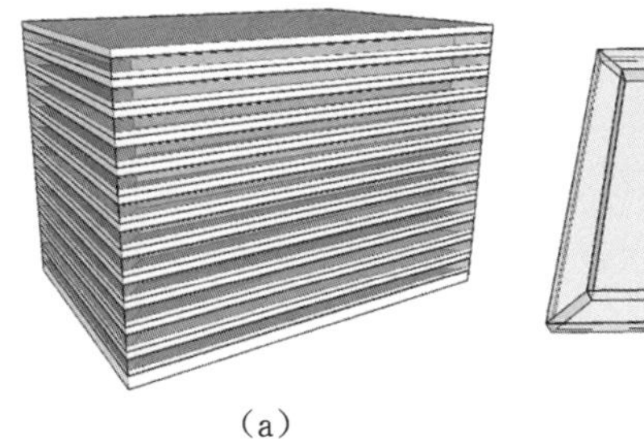

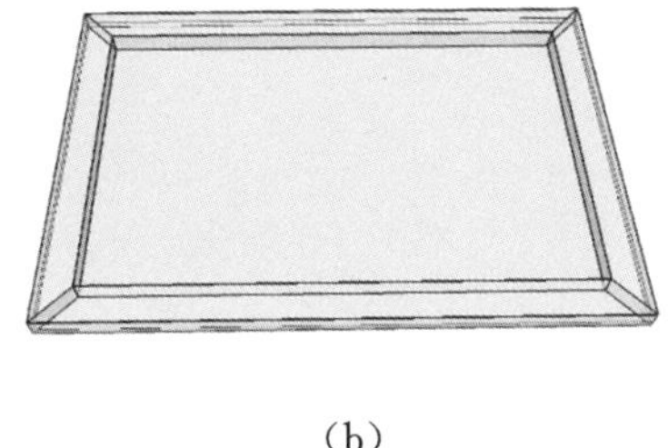

图 4-4　DOE 美国商业建筑能耗基准模型

（a）外观；（b）平面图

（图片来源：文献[38]）

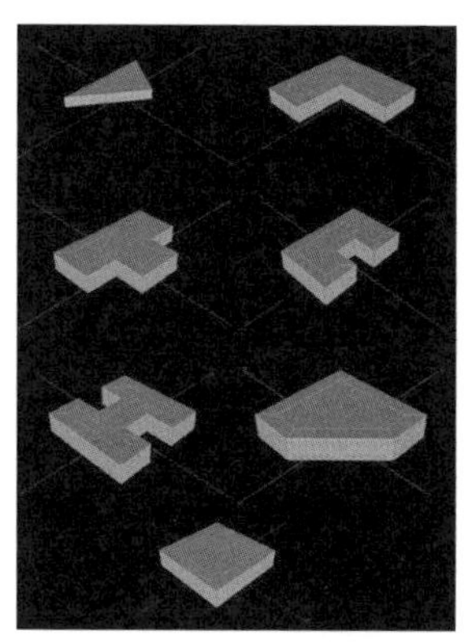

图 4-5　商业建筑典型模型

（图片来源：文献[99]）

Somayeh Asadi 等[99]在研究商业建筑能耗预测模型时，归纳了 7 种商业建筑的典型形态并据此建立了典型模型（图 4-5）。

Liu Li 等[214]为了研究几何因素对办公建筑能耗的影响机理，在大量调研的基础上通过合理简化和抽象分析，建立了天津高层办公建筑的典型模型。典型模型分为条式高层和点式高层两类（图 4-6）。

基于上述研究可知，对研究对象进行合理的分类和调研是把握研究对象特征、建立典型模型的重要依据。本书通过对寒冷地区居住建筑进行分类、案例调研及数据处理，建立寒冷地区被动式超低能耗居住建筑典型模型。

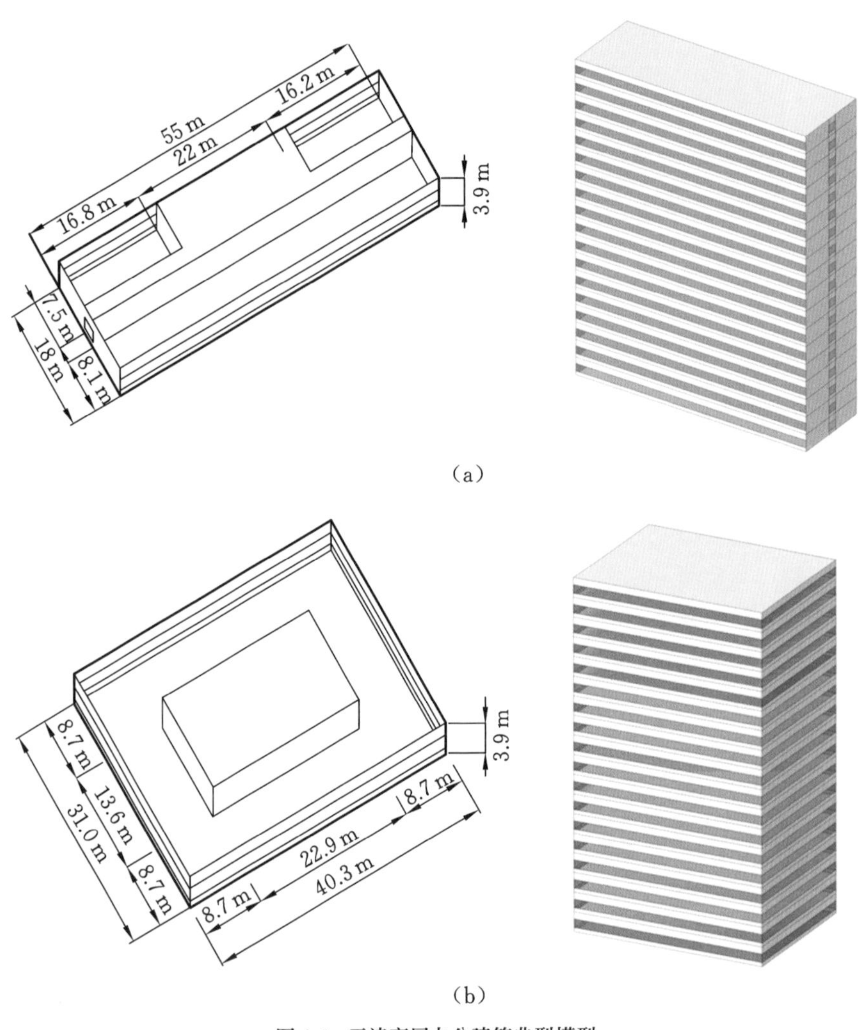

图 4-6　天津高层办公建筑典型模型

(a) 条式;(b) 点式

(图片来源：文献[214])

4.1.1　寒冷地区居住建筑分类

根据我国既有文献、相关法规、标准要求，居住建筑常见的分类方式主要有政策倾向、面积、高度形态[215]和节能标准实施时间四种（表 4-3）。基于“政策倾向”的分类方式主要用于区分居住建筑建设、管理主体和优惠政策。基于“面积”和“高度形态”的分类方式，与新建建筑设计的关系更为密切。基于“节能标准实施时间”的分类方式更多地用于既有建筑研究，区分不同年代的节能标准在设计目标、技术措施等方面的差别，对于新建建筑来说这个分类方式并不适用。本书以“面积”和“高度形态”对寒冷地区居住建筑进行分类。

表 4-3　居住建筑常见分类方式举例

分类方式	分类方式举例	描述	参考文献
政策倾向	廉租住房	收取一定租金，政府负责建设管理，产权公有	文献[216]
	平租/平价住房	以政府和有条件的单位为主进行建设和管理，社会资金适当参与	
	普通商品住房	以市场为主建设和管理，政府指导供应，不予优惠政策	
	中档商品住房	市场化建设和管理，政府规范维护秩序，科学规划用地、合理调节供求	
	高档商品住房	完全市场化运作，政府把握总体规模，提高资源利用率	
面积	90 m^2以下	中小套型	国办发〔2005〕26 号文；国家统计局网站资料
	90～144 m^2	普通住房	
	144 m^2以上	高档住房	
高度形态	1～3 层	低层住宅	《民用建筑设计通则第 3.1.2 条
	4～6 层	多层住宅	
	7～9 层	中高层住宅	
	10 层及以上	高层住宅	
节能标准实施时间	1966—1986 年	1986 年我国首次推行居住建筑节能改造	文献[101]
	1986—1995 年	30% 节能目标实施期间	
	1996—2005 年	50% 节能目标实施期间	

（数据来源：在文献[101][216]、国办发〔2005〕26 号文和《民用建筑设计通则》的基础上整理绘制）

1. 面积区间划分

面积是居住建筑最重要的特征[217]，政策制定与居住建筑面积息息相关。这些政策对居住建筑市场产生巨大影响，居住建筑的套型面积与这些政策要求呈现出明显的相关性。

2006 年，建设部等九部委联合下发的《关于调整住房供应结构稳定住房价格的意见》明确规定，自 2006 年 6 月 1 日起，凡新审批、新开工的商品住房建设，套型建筑面积 90 m^2 以下住房（含经济适用房）面积所占比重，必须达到开发建设总面积的 70% 以上。这个政策出台后，90 m^2 成为居住建筑面积的一个常见分界点。

根据国办发〔2005〕26 号文："对于 144 m^2 以下的中小套型、中低价位的普通住房给予优惠政策支持，实际成交价格低于同级别土地上住房平均交易价格 1.2 倍以下。"在这个政策的影响下，144 m^2 成为居住建筑面积的又一分界点。

于是，本书综合以上相关规定，将居住建筑面积分为如下 3 个区间：

- 90 m^2 以下；
- 90～144 m^2；
- 144 m^2 以上。

2. 高度形态划分

表 4-3 中举例的高度形态分类方式源于我国《民用建筑设计通则》，主要从防火和电梯设置的角度考虑将居住建筑的高度形态划分为 1～3 层、4～6 层、7～9 层和 10 层及以上四类。

《严寒和寒冷地区居住建筑节能设计标准（JGJ 26—2018）》则是从建筑体形系数的角度，将居住建筑高度形态划分为 1～3 层、4～8 层、9～13 层和 14 层及以上四类。

鉴于本书研究重点是建筑能耗，在高度形态的划分方式中借鉴了《严寒和寒冷地区居住建筑节能设计标准（JGJ 26—2018）》中的分类方式，将寒冷地区居住建筑高度形态分为如下四个区间：

- 1～3 层；
- 4～8 层；
- 9～13 层；
- 14 层及以上。

4.1.2 案例调研与数据处理

通过互联网、书籍、图集、工程图等渠道对寒冷地区典型城市天津（经度 117.02°，纬度 39.17°）近 5 年内的新建居住建筑进行调研，共包含 241 个样本（各高度形态下样本数均大于 30）。依据高度形态和面积区间对样本进行分类统计

（图 4-7），发现超低能耗商品住房和公共租赁住房在能耗目标值上差别较大，本书建立典型模型时仅调研商品住房，后续研究也是针对商品住房开展。

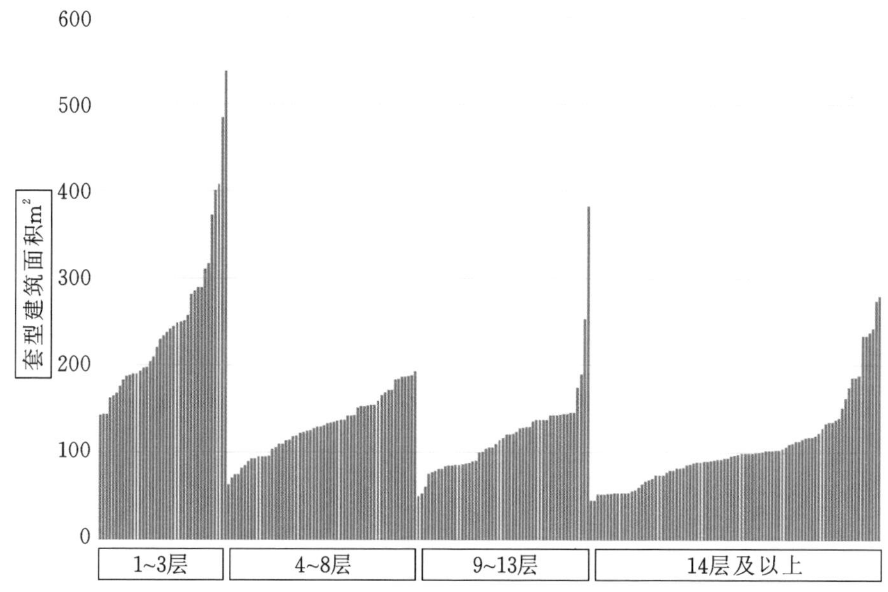

图 4-7　寒冷地区居住建筑案例调研统计结果

（图片来源：根据大量调研结果绘制）

从图 4-7 中可以明显看出样本有异常值存在。于是，在分析前先将样本数据录入 Excel 表，根据四分位距法（interquartile range rule）按下式确定样本上限和下限，排除超出限值的异常值。

$$\mathrm{LT}=Q_1-1.5\times(Q_3-Q_1)$$

$$\mathrm{UT}=Q_3+1.5(Q_3-Q_1)$$

式中：Q_1和Q_3分别是第一分位数和第三分位数。

随后使用 Median 函数对排除异常值后的样本进行分析，计算公式为：

$$M=\begin{cases} x\left(\dfrac{n+1}{2}\right) & n\text{ 为奇数} \\ \dfrac{1}{2}\left[x\left(\dfrac{n}{2}\right)+x\left(\dfrac{n}{2}+1\right)\right] & n\text{ 为偶数} \end{cases}$$

数据处理结果如表 4-4 所示。

表 4-4　寒冷地区居住建筑案例调研统计结果与数据处理

高度形态	样本个数	样本面积区间	排除的异常值	中位数
1～3 层	38	[143，538]	538，485.28	232
4～8 层	56	[63，193.29]	无	130
9～13 层	51	[50，383]	383，254	117
14 层及以上	96	[45，280]	275，242.84，234，186.42	97

（数据来源：根据大量调研结果计算绘制）

4.2　典型模型的建立

4.2.1　几何特征提取

1. 平面轮廓

平面轮廓是决定居住建筑几何特征的重要因素，也是建立典型模型首先需要确定的设计要素。

典型模型平面轮廓的确定有基于抽象提取和基于实际案例两种方式。基于抽象的方法适用于平面不复杂的建筑，如大空间或办公建筑。而对于居住建筑，由于其平面房间的功能排布细致，进行抽象提取将大大降低研究成果的实用性。本书基于寒冷地区居住建筑样本库，选取具有代表性的实际案例作为典型模型平面轮廓的依据。

所谓“代表性”，在统计学中可以使用表征数据“集中位置”的平均值、众数和中位数来度量。平均值是用样本数据的总和除以总分数计算得到的，其计算体现了样本数据的一般水平，但不一定与实际案例相对应，故不符合本书典型模型的建立需求。众数是一组数据中出现次数最多的数，对于居住建筑来说，由于面积大小差异化明显，使用众数并不合适。中位数是将一组样本数据按大小依次排列后，处于最中间位置的数。以中位数作为判断集中位置的指标不受个别极端数据变化的影响，具有稳定性。本书在排除过异常值的样本中，选取各高度形态区间下套型建筑面积取值为中位数（样本数量为奇数）或中位数左右两侧（样本数量为偶数）的数值的实际案例，将其经过适当简化后作为典型模型的平面轮廓（表 4-5）。

表 4-5 典型模型平面布局

高度形态	面积中位数	对应实际案例	简化平面布局
1～3 层	232 m^2	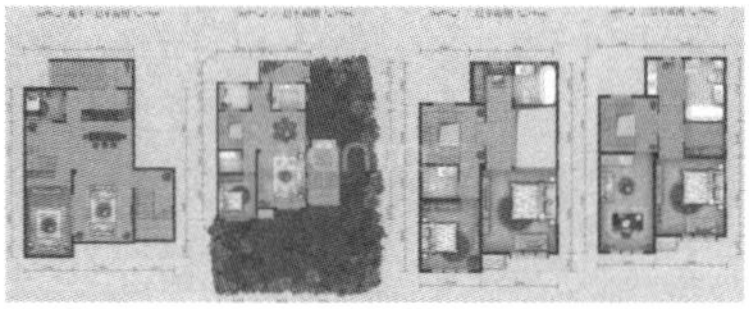	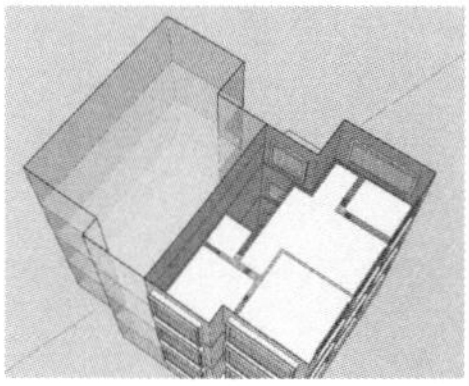
4～8 层	130 m^2	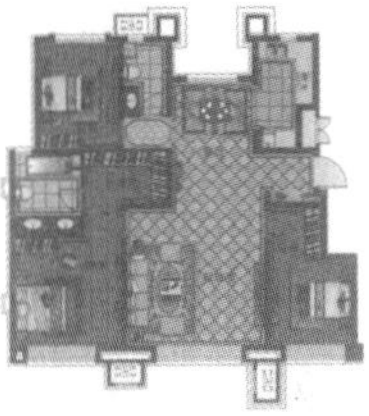	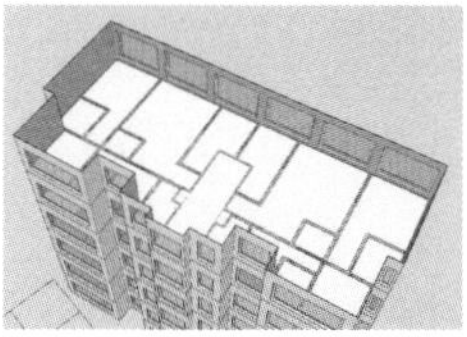
9～13 层	117 m^2		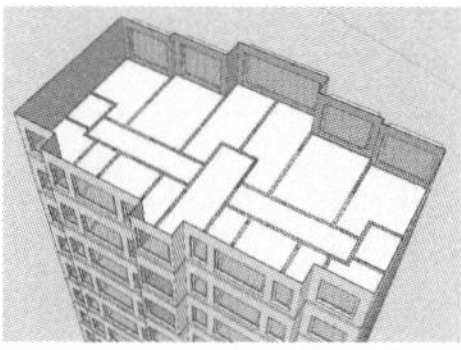
14 层及以上	97 m^2		

（数据来源：根据文献[218][219][220][221]中的户型图片绘制）

2. 朝向

在进行被动房热平衡计算时，用建筑构件平面投影垂线与正北方的夹角来表示朝向（图 4-8）。

借鉴此方式，本书将建筑的四个主朝向（南向、北向、东向和西向）分别定义为 180°、0°、90°和 270°，同时考察北偏东朝向（30°、60°）及南偏东朝向（120°、150°）。 据此，对寒冷地区城市天津的新建居住建筑朝向分布情况进行了统计，结果如表 4-6 所示。

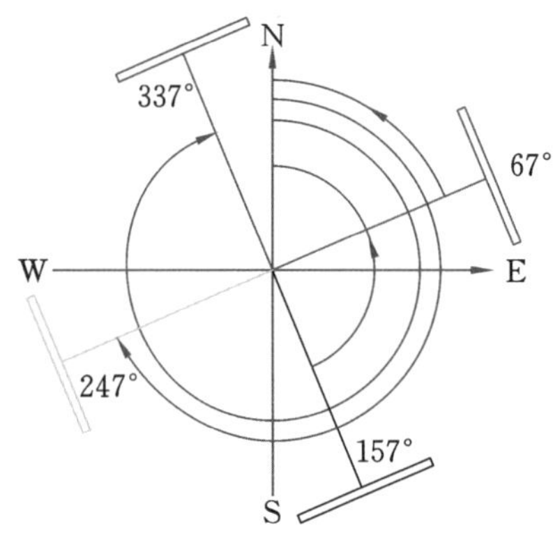

图 4-8　被动房朝向定义方式

（图片来源：被动房设计师培训 PPT 课件）

表 4-6　天津新建居住建筑朝向分布情况

朝向①	北向	北偏东		东向	南偏东		南向
	0°	30°	60°	90°	120°	150°	180°
个数	0	0	0	1	3	15	17
占比	0	0	0	2%	9%	42%	47%
图示	0°	30°	60°	90°	120°	150°	180°

（数据来源：作者自绘）

注①朝向为 0°～180°对建筑热环境和光环境的影响机理与 180°～360°类似，因此以 0°～180°为例进行研究。

由于有着严格的日照要求和起居舒适性要求，寒冷地区居住建筑设计尤其要重视建筑朝向。统计结果显示，南向或接近南向（150°～180°）在寒冷地区居住建筑中最为常见，共占比 89%，其余朝向（0°～120°）则较为少见。因此，选取占比最大的南向（180°）作为典型模型的朝向。

3. 层高

建筑层高的设置与使用功能、健康舒适、经济性、技术工艺等方面息息相关。依据《住宅设计规范（GB 50096—2011）》，住宅的层高不宜大于 2.8 m，调研结果也显示大部分的商品房层高为 2.8～3.0 m。因此，典型模型层高取 2.8 m。

4. 窗墙比

外窗是围护结构传热的薄弱部位之一，窗墙面积比对于建筑能耗有着较大的影响。我国节能标准中对各朝向的窗墙比限值进行了规定，它的取值既受制于建筑日照、采光规定，又与自然通风的要求相关。

《天津市居住建筑节能设计标准》（DB 29-1-2013）规定：建筑南向窗墙面积比“不应小于0.3且不应大于0.7”，建筑东、西、北向窗墙面积比不应大于表4-7中的限值，当突破限值时需进行权衡判断且不应大于最大值。综合各朝向限值，典型模型各朝向窗墙比统一按0.3取值。

表4-7　DB 29-1-2013中窗墙面积比限值及最大值

朝向	窗墙面积比限值	窗墙面积比最大值
北	0.3	0.4
东、西	0.35	0.45

（数据来源：文献[170]）

5. 屋面样式

寒冷地区居住建筑常见的屋面样式有平屋面和坡屋面两种（图4-9）。典型模型按照平屋面建模。

（a）

（b）

图4-9　寒冷地区居住建筑常见的屋面样式

（a）平屋面；（b）坡屋面

（图片来源：网络）

6. 外窗类型

寒冷地区居住建筑外窗一般分为普通窗和凸窗两种。相较于普通窗，凸窗与室外空气接触面增多，传热面增大，热桥和渗透通风问题更容易产生。因此，我国建筑节能标准从节能角度考虑，一般不鼓励居住建筑设置凸窗。在涉及凸窗的条款时，使用的字眼多为“不宜”。 于是，典型模型外窗按照普通窗设置。

7. 外遮阳

典型模型中外窗不设外遮阳构件。 对各种外遮阳的设定与分析在本章第 3 节变量设置部分进行。

4.2.2 典型模型建立

基于上述对平面布局、朝向、层高、窗墙比、屋面样式、外窗类型及外遮阳的分析，建立寒冷地区居住建筑典型模型，如表 4-8 所示。

表 4-8 典型模型外观与基本参数

代码	外观透视	层数	套型建筑面积	朝向	层高	窗墙比	屋面样式	外窗类型	外遮阳
A		地上 3 层，采暖地下室 1 层	234 m^2	南向	2.8 m	0.3	平屋面	普通窗	无
B		地上 6 层	130 m^2	南向	2.8 m	0.3	平屋面	普通窗	无
C		地上 11 层	115 m^2	南向	2.8 m	0.3	平屋面	普通窗	无
D		地上 24 层	96～110 m^2	南向	2.8 m	0.3	平屋面	普通窗	无

（数据来源：作者自绘）

能耗模拟时选用寒冷地区城市天津的气象数据，如图 4-10 所示。

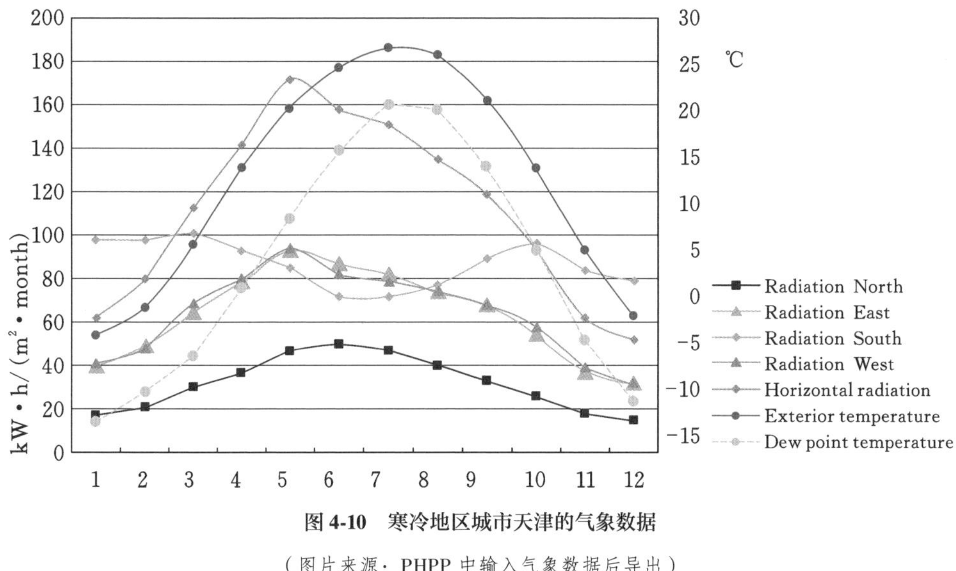

图 4-10　寒冷地区城市天津的气象数据

（图片来源：PHPP 中输入气象数据后导出）

4.3　典型模型变量设置

4.3.1　寒冷地区被动式超低能耗居住建筑设计案例库

建立典型模型后，需要设置相应的变量，通过能耗模拟形成能耗数据，以作为进一步定量分析的基础。为了使变量的设置具有典型性和代表性，本书对我国寒冷地区及国外类似气候条件地区的被动式超低能耗居住建筑进行了案例调研，并建立案例库作为变量设置的依据。

研究采用实地考察、网络搜集、书籍查阅等方法，搜集我国寒冷地区及国外类似气候条件地区已建成被动式超低能耗建筑项目、已获得被动房研究所认证的被动房项目、被动房奖获奖作品及部分尚未建成的被动式超低能耗建筑方案，按照层数从低到高排列，建立案例库。案例库包含案例的基本信息、案例特点及形体生成阶段和综合完善阶段所使用的主要设计策略（图 4-11）。案例库详细内容见附录 A。

分类	序号	案例名称	案例图片	案例特点	形体生成阶段	综合完善阶段	
						围护结构	HVAC系统
≤3层	1	大连金维度别墅区		仿欧建筑的造型造成施工难度增加	1）从北向南地势逐次降低规划台地景观；合理确定建筑间距。 2）朝向优化。东南/西南。 3）利用景观、庭院、绿化等措施增加日照、夏季通风	屋面($W/m^2\cdot K$)：0.1 外墙($W/m^2\cdot K$)：0.11 底板($W/m^2\cdot K$)：0.1 外窗($U_g/U_f/U_w$)($W/m^2\cdot K$)：—/—/1.0 SHGC：0.35 外门($W/m^2\cdot K$)：— 气密性(h^{-1})：0.3	通风：N/A 热源：N/A 末端：N/A 生活热水：N/A
	2	青岛中德生态园被动房住宅推广示范小区项目（3F部分）		亚洲最大被动式住宅示范小区	1）朝向优化； 2）体形紧凑	屋面($W/m^2\cdot K$)：0.11~0.12 外墙($W/m^2\cdot K$)：0.27 底板($W/m^2\cdot K$)：N/A 外窗（$U_g/U_f/U_w$)($W/m^2\cdot K$)：—/—/0.8 SHGC：— 外门($W/m^2\cdot K$)：2.0 气密性(h^{-1})：N/A	通风：MVHR 热源：地源热泵 末端：散热片 生活热水：地源热泵
	3	北京涿州被动房		—	1）体形系数紧凑； 2）增加南向窗墙比，减少其他朝向窗墙比； 3）无热桥阳台	屋面($W/m^2\cdot K$)：0.104 外墙($W/m^2\cdot K$)：0.104 底板($W/m^2\cdot K$)：0.12 外窗($U_g/U_f/U_w$)($W/m^2\cdot K$)：0.53/—/— SHGC：0.53 外门($W/m^2\cdot K$)：N/A 气密性(h^{-1})：0.2	通风：N/A 热源：N/A 末端：N/A 生活热水：N/A
	4	ORAVA-RINTEEN PASSII-VI TALOT，赫尔辛基		立面半室外空间，丰富造型的同时起到遮阳作用	1）朝向优化； 2）体形系数紧凑； 3）增加南向窗墙比，减少其他朝向窗墙比； 4）立面半室外空间防止夏季过热同时增加住宅私密性	屋面($W/m^2\cdot K$)：0.053 外墙($W/m^2\cdot K$)：0.076 底板($W/m^2\cdot K$)：0.087 外窗（$U_g/U_f/U_w$)($W/m^2\cdot K$)：0.34/—/0.57 SHGC：0.42 外门($W/m^2\cdot K$)：0.28 气密性(h^{-1})：0.2	通风：MVHR，η=92%（地埋管预热） 热源：热泵 末端：地板采暖 生活热水：太阳能集热+热泵
	5	Hanau住宅，德国		—	1）朝向优化； 2）体形系数紧凑； 3）增加南向窗墙比，减少其他朝向窗墙比	屋面($W/m^2\cdot K$)：0.093 外墙($W/m^2\cdot K$)：0.122~0.128 底板($W/m^2\cdot K$)：0.159 外窗($U_g/U_f/U_w$)($W/m^2\cdot K$)：0.06/—/— SHGC：— 外门($W/m^2\cdot K$)：1.0 气密性(h^{-1})：0.6	通风：MVHR，η=92%（地埋管预热） 热源：热泵 末端：地板采暖/制冷 生活热水：热泵

图 4-11　寒冷地区被动式超低能耗居住建筑案例库（局部）

（图片来源：作者自绘）

4.3.2 设计策略归纳与变量筛选

1. 设计策略归纳

（1）形体生成阶段设计策略归纳。

我国寒冷地区与国外类似气候条件地区被动式超低能耗居住建筑形体生成阶段使用的设计策略如图 4-12 所示。

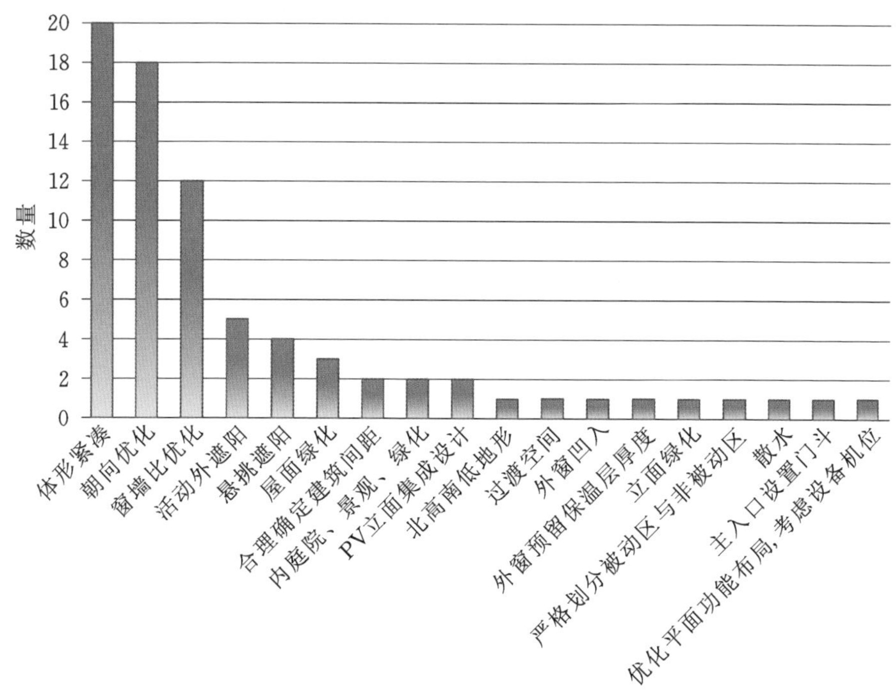

图 4-12　我国寒冷地区与国外类似气候条件地区被动式超低能耗居住建筑形体生成阶段设计策略归纳

（图片来源：根据案例库统计后绘制）

可以发现，我国寒冷地区与国外类似气候条件地区被动式超低能耗居住建筑形体生成阶段使用的设计策略具有如下特点。

• 紧凑的体形、优化的朝向和窗墙比是我国寒冷地区与国外类似气候条件地区被动式超低能耗居住建筑常用的设计策略，即通过紧凑的体形减少建筑围护结构与室外环境的接触面积；通过优化建筑朝向与增大南向窗墙比增加冬季太阳得热，降低建筑采暖需求。

• 遮阳与屋面绿化也是较为常用的设计策略。 即通过遮阳设计减少夏季太阳得热，降低建筑制冷需求；通过屋面绿化增强建筑保温隔热性能，降低建筑采暖、制冷需求。

• 其他设计策略根据项目具体情况制定，虽然在统计范围内出现次数较少，但是从不同角度反映出建筑师对特定设计问题的思考与解决方式，值得借鉴。

譬如，大连金维度别墅区在规划布局时，对场地进行标高调整，形成北高南低的态势，使居住范围内可以得到更为优化的风环境和光环境；天津中新生态城高层住宅在单元入口增设门斗，改善入口处冷风渗透造成的热量损失；在进行河北天山熙湖二期住宅小区被动房项目立面设计时，特别注意在外窗两侧预留出足够的宽度，使保温层可以稳固粘贴；天津中新生态城高层住宅在进行户型平面布局时应考虑室内风流组织及预留设备机位等。

(2) 综合完善阶段设计策略归纳。

表 4-9 对案例库中被动式超低能耗居住建筑的围护结构热工性能进行统计与归纳。蓝色散点代表的是个案取值；灰色线是所有个案的平均值，代表了寒冷与国外类似气候条件地区被动式超低能耗居住建筑围护结构热工性能的平均水平；橙色线取值来源于我国《被动式低能耗建筑——严寒和寒冷地区居住建筑（16J908-8）》图集中规定的限值，代表了我国标准对寒冷地区被动式超低能耗居住建筑围护结构热工性能的最低要求。

表 4-9　我国寒冷地区与国外类似气候条件地区被动式超低能耗居住建筑围护结构热工性能归纳

内容	案例统计	取值	
		平均值	16J908-8 限值
屋面传热系数/（W/（m^2 · K））	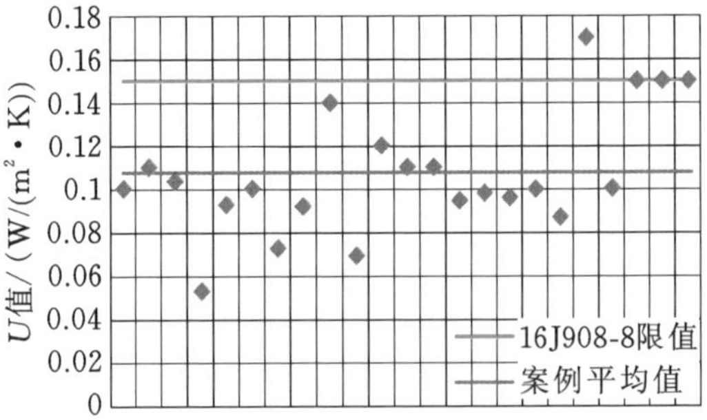	0.11	0.15

续表

内容	案例统计	取值	
		平均值	16J908-8 限值
外墙 传热系数/ （W/（m²·K））	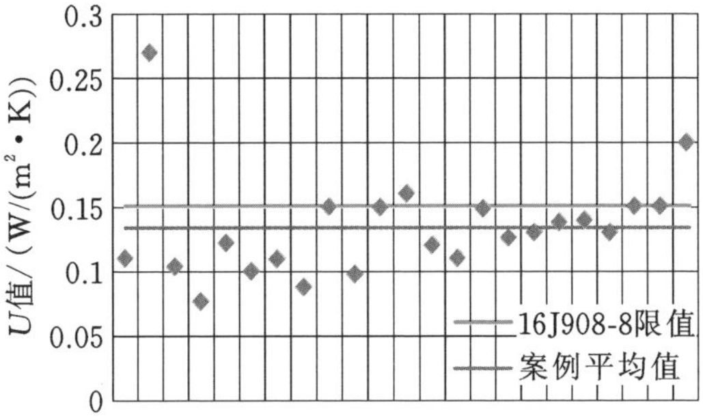 U值/（W/(m²·K)） 16J908-8限值 案例平均值	0.13	0.15
底板 传热系数/ （W/（m²·K））	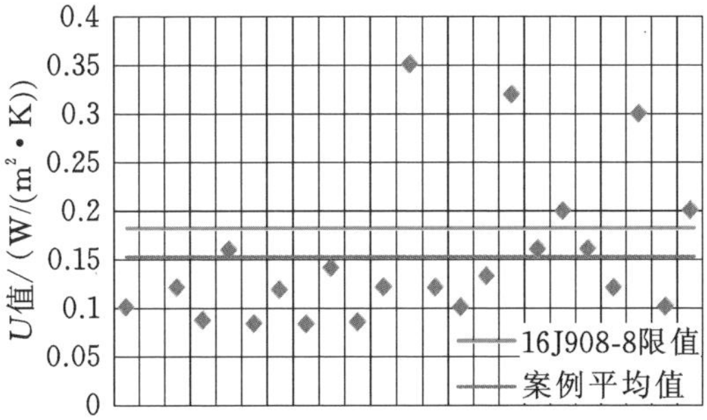 U值/（W/(m²·K)） 16J908-8限值 案例平均值	0.15	0.18
外门 传热系数/ （W/（m²·K））	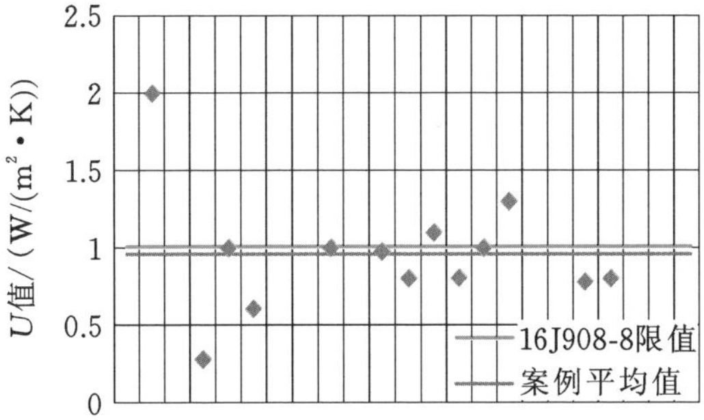 U值/（W/(m²·K)） 16J908-8限值 案例平均值	0.96	1
外窗玻璃 传热系数/ （W/（m²·K））	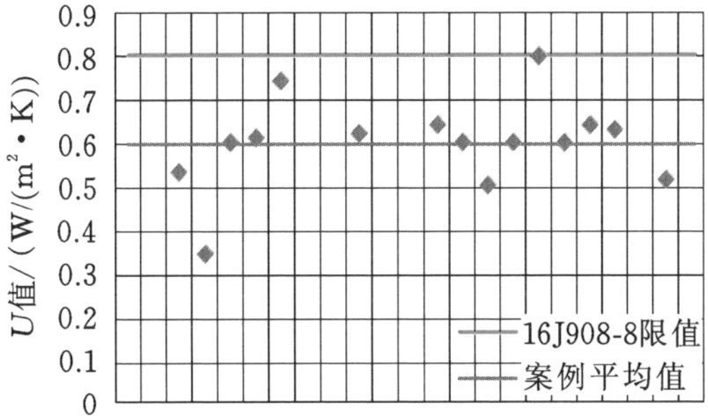 U值/（W/(m²·K)） 16J908-8限值 案例平均值	0.6	0.8

续表

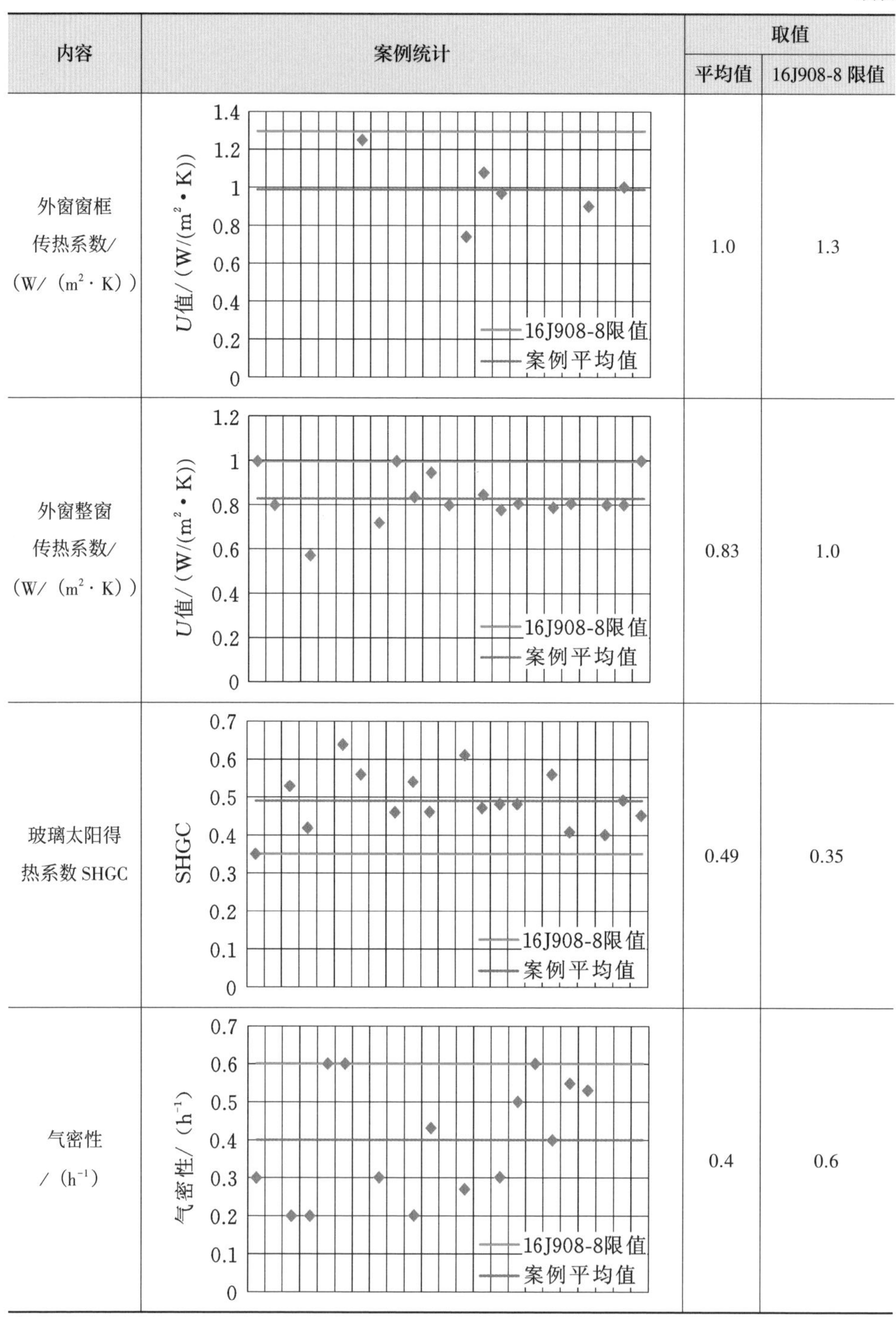

内容	案例统计	取值	
		平均值	16J908-8 限值
外窗窗框传热系数/（W/（m²·K））	（图）	1.0	1.3
外窗整窗传热系数/（W/（m²·K））	（图）	0.83	1.0
玻璃太阳得热系数 SHGC	（图）	0.49	0.35
气密性/（h^{-1}）	（图）	0.4	0.6

（图表来源：根据案例库数据在 Excel 中绘制）

从表 4-9 可以发现，案例库围护结构热工性能参数平均值在多数情况下低于我国 16J908-8 图集中的限值。因此，后文在进行综合完善阶段变量设置时，使用了案例库中相关部位围护结构热工性能参数平均值作为变量区间的低值。

图 4-13 和图 4-14 为对案例库中被动式超低能耗居住建筑的建筑热源和采暖、制冷末端设备进行统计与归纳。可以看出，空气源热泵是寒冷地区被动式超低能耗建筑使用最普遍的热源，而带热回收的机械通风系统（MVHR）是常用的采暖、制冷末端设备。

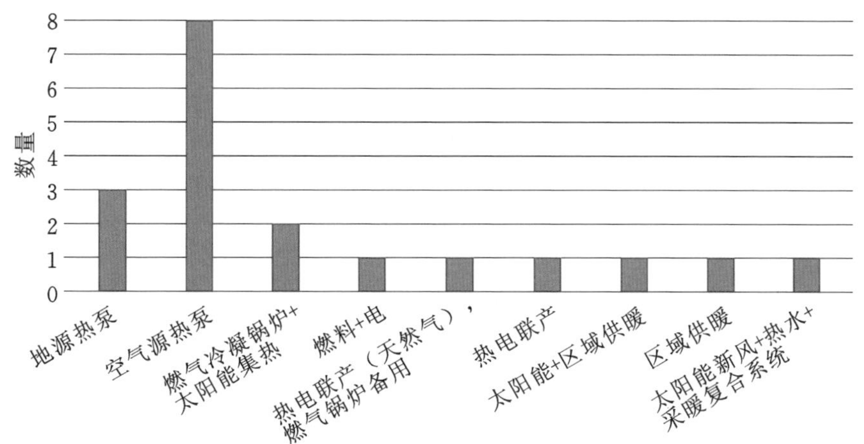

图 4-13　我国寒冷地区与国外类似气候条件地区被动式超低能耗居住建筑 HVAC 系统归纳：热源

（图片来源：根据案例库归纳绘制）

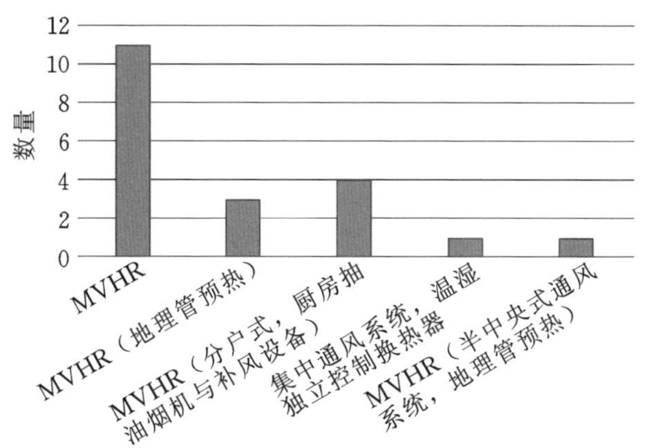

图 4-14　我国寒冷地区与国外类似气候条件地区被动式超低能耗居住建筑 HVAC 系统归纳：采暖、制冷末端设备

（图片来源：根据案例库归纳绘制）

2. 变量筛选

显然，将上述案例库中的所有设计策略都纳入变量从人力、物力和操作层面来说均是不现实的，需要对其进行合理的筛选[222]。

按照对能耗的影响程度及与其他策略的相关程度，设计策略可以分为三类。

Ⅰ类策略：对建筑能耗表现有较大影响，且与其他策略相关性较大的设计策略。如朝向、平面轮廓、窗墙比、外窗位置等。Ⅰ类策略在形体生成阶段是设计重点，也是综合完善阶段的基础。在形体生成阶段，应充分探索不同Ⅰ类策略组合可能，并通过能耗模拟对不同策略组合的能耗表现进行预判。

Ⅱ类策略：对建筑能耗有较大影响，但与其他策略不相关或相关性较弱的设计策略，如围护结构热性能、室内得热、人员密度、通风方式等。Ⅱ类策略通常需要在能耗模拟中以数值的方式进行输入，在形体生成阶段可以按照现行法规/标准的要求设置，使之保持在较好的水平，在综合完善阶段再对Ⅱ类策略进行更为详细的优化调整。

Ⅲ类策略：对建筑能耗表现有一定影响，且与其他策略不相关或相关性较弱的设计策略，如主入口门斗、散水、屋面绿化、PV 立面集成等。这类策略多属于锦上添花的设计策略。

按照上述分类方法对寒冷地区被动式超低能耗居住建筑案例库中的设计策略进行重新分类，结果如表 4-10 所示。

表 4-10　我国寒冷地区与国外类似气候条件地区被动式超低能耗居住建筑设计策略重新分类

序号	设计策略	Ⅰ类	Ⅱ类	Ⅲ类
1	体形系数/表面积系数	▲		
2	朝向	▲		
3	窗墙比	▲		
4	活动外遮阳		▲	
5	固定水平遮阳/屋顶、阳台悬挑遮阳	▲		
6	屋面绿化			▲
7	建筑间距	▲		
8	内庭院	▲		
9	PV 立面集成设计			▲

续表

序号	设计策略	Ⅰ类	Ⅱ类	Ⅲ类
10	地形	▲		
11	半室外过渡空间	▲		
12	外窗类型	▲		
13	外窗位置预留保温层厚度			▲
14	立面绿化			▲
15	严格划分被动区与非被动区	▲		
16	散水			▲
17	主入口门斗			▲
18	优化平面布局，考虑设备机位			▲
19	屋面传热系数		▲	
20	外墙传热系数		▲	
21	底板传热系数		▲	
22	外窗传热系数		▲	
23	外门传热系数		▲	
24	冬季通风模式		▲	
25	夏季通风模式		▲	
26	气密性		▲	
27	热源		▲	
28	热回收效率		▲	
29	末端		▲	
30	生活热水		▲	

（数据来源：作者自绘）

本书在进行能耗模拟时，形体生成阶段变量针对Ⅰ类策略，综合完善阶段变量针对Ⅱ类策略。Ⅲ类策略则不在变量中体现。形体生成阶段和综合完善阶段的设计策略变量归纳如图 4-15 所示。

Ⅰ类策略中的间距、地形和内庭院未纳入形体生成阶段变量，原因如下：①间

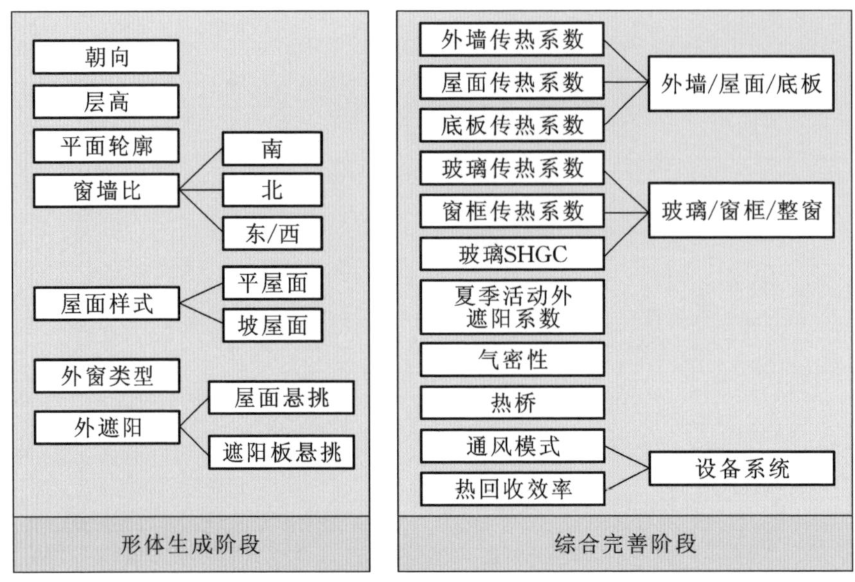

图 4-15　寒冷地区被动式超低能耗居住建筑能耗模拟设计策略变量归纳

（图片来源：作者自绘）

距：受日照和容积率影响，出于将研究问题简化的考虑，间距按照各典型模型所处的小区实际情况取值。②地形：能耗模拟时地形均按平整考虑。③内庭院：引入内庭院利于日照和通风，但对平面布局和面积影响较大，且不适于高层住宅，故不再将内庭院纳入变量。

4.3.3　形体生成阶段变量区间赋值

形体生成阶段变量包括平面轮廓、朝向、层高、窗墙比、屋面样式、外窗类型和外遮阳。下面对这些变量的变化区间一一进行分析。

1. 平面轮廓

在节能相关研究中，常常用各种“系数（ratio）”来表征建筑平面轮廓或几何形体特征[223]。常见的系数有平面长宽比（aspect ratio）、体形系数（shape factor）等。德国被动房使用 SA/TFA（SA 是围护结构面积，TFA 建筑热边界内采暖空间面积）来表征建筑几何紧凑程度，这个系数与表面积系数的概念比较类似。本书借鉴德国被动房 SA/TFA 的算法，通过计算标准层与空气接触的外墙面积与采暖面积的比值（即标准层围护结构失热系数）来表征建筑平面轮廓的紧凑程度。计算方法如图 4-16 所示。

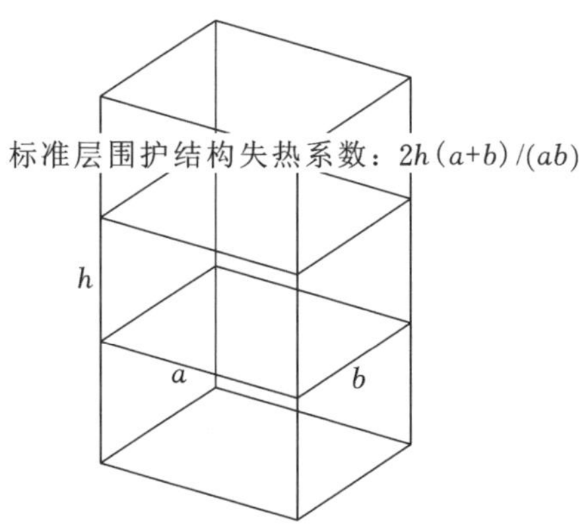

图 4-16　标准层围护结构失热系数算法

（图片来源：作者自绘）

针对 4 个典型模型，在保证面积和基本功能布局不变的同时，对其平面轮廓进行调整以减少其凹凸缩进变化，得到优化前和优化后两种平面（表 4-11）。

表 4-11　优化前后的典型模型平面

代码	层数	优化前	优化后	说明
A	3 层	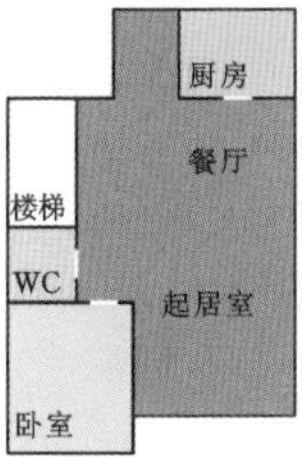	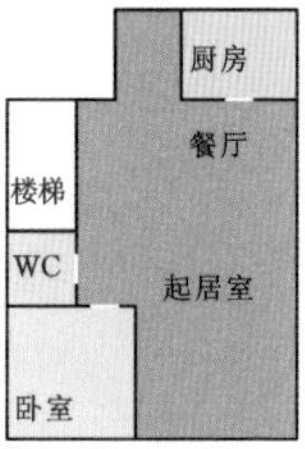	调整南向房间进深，减少南向平面凹凸；考虑别墅居住品质要求，保留北侧入户花园
		标准层围护结构失热系数：1.07	标准层围护结构失热系数：1.05	
B	6 层	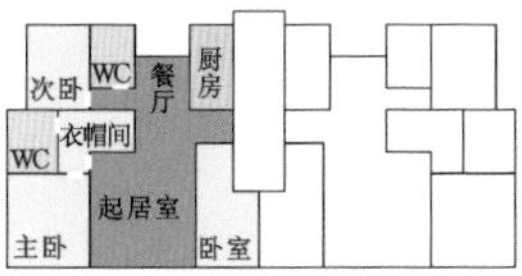	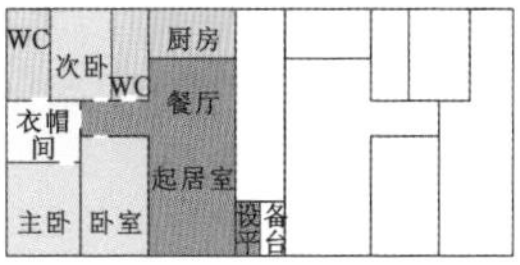	调整平面布局，取消主卧室卫生间错缝采光窗，减少平面凹凸，增设设备空间
		标准层围护结构失热系数：0.87	标准层围护结构失热系数：0.76	

续表

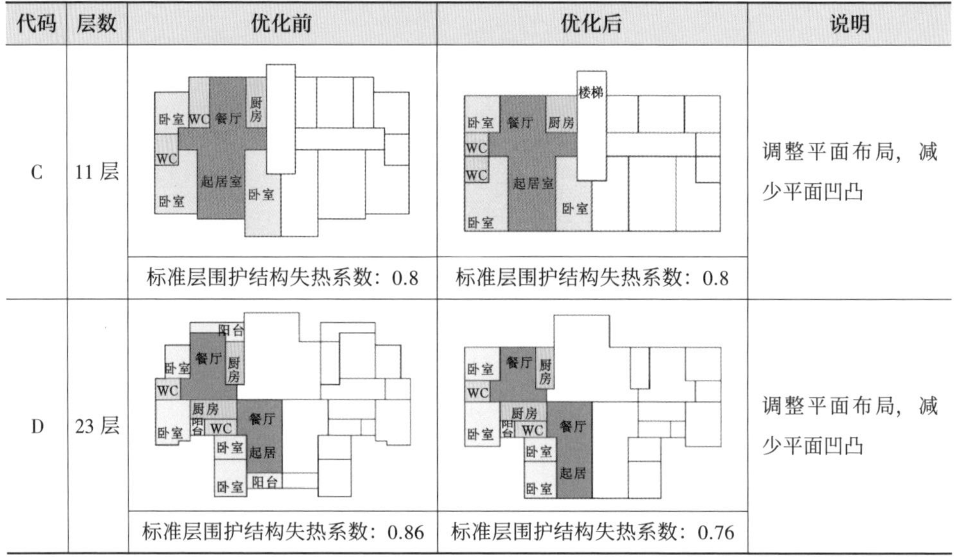

代码	层数	优化前	优化后	说明
C	11 层	标准层围护结构失热系数：0.8	标准层围护结构失热系数：0.8	调整平面布局，减少平面凹凸
D	23 层	标准层围护结构失热系数：0.86	标准层围护结构失热系数：0.76	调整平面布局，减少平面凹凸

（数据来源：作者自绘）

2. 朝向

以最佳朝向与最不利朝向作为朝向变量区间是既有研究[38]中较为常见的做法。在 Weathertool 软件中载入天津 CSWD 格式气象数据，分析得到天津地区建筑最佳朝向为 162.5°，最不利朝向为 72.5°（图 4-17）。

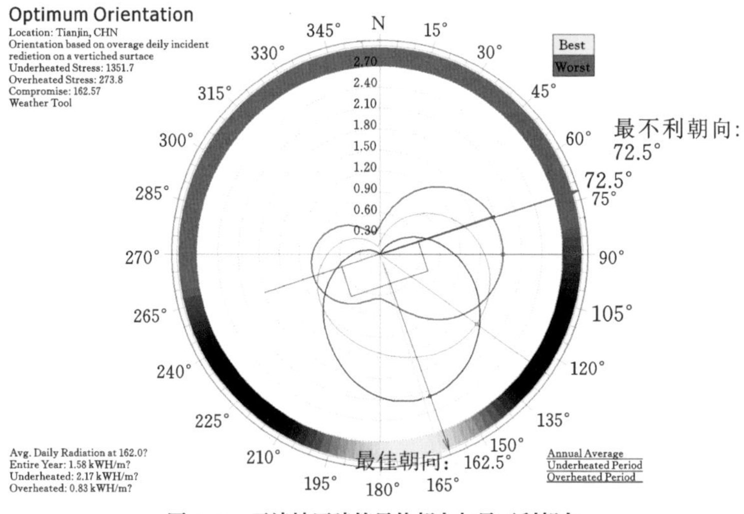

图 4-17　天津地区建筑最佳朝向与最不利朝向

（图片来源：笔者使用 Weathertool 软件计算后导出）

但是，根据上文的调研结果（表 4-6），由于我国寒冷地区居住建筑有着严格的日照要求和起居舒适性要求，在朝向的选择上以南向或接近南向为主（150° ～180° 占比 89%），加之被动式超低能耗居住建筑十分注重冬季太阳得热的利用，最不利朝向出现的可能性非常低。因此，朝向变量区间选取南向（180°）至最佳朝向（162.5°）。

3. 层高

建筑的层高是计算空气换气耗热量的重要因素，对耗热量的影响较大。上文分析过，我国商品住房层高为 2.8～3.0 m；别墅建筑，层高为 3.3m 甚至更高，然而从节能的角度考虑，居住建筑层高不宜过高，故将层高变量上限定为 3.3 m。综上，层高变量区间取 2.8～3.3 m。

4. 窗墙比

根据 4.2.1 节中的分析，南向窗墙比变化范围取 0.3～0.65，其他朝向窗墙比变化范围取 0.2～0.4。

5. 屋面样式

屋面样式取平屋面和坡屋面两类。坡屋面坡度取 30°，根据不同的平面布局进行具体的坡屋面设计（图 4-18）。

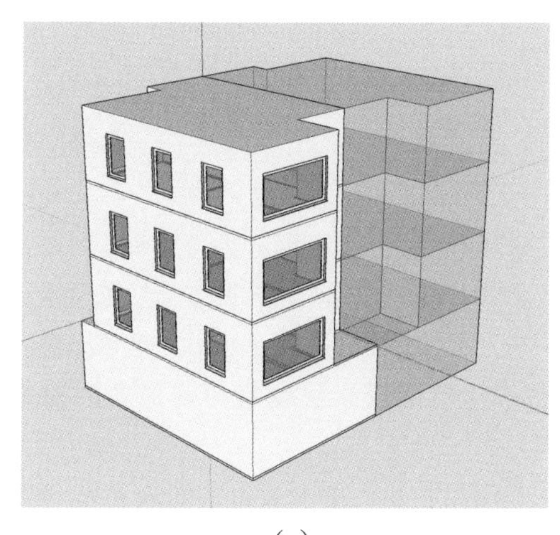

(a)

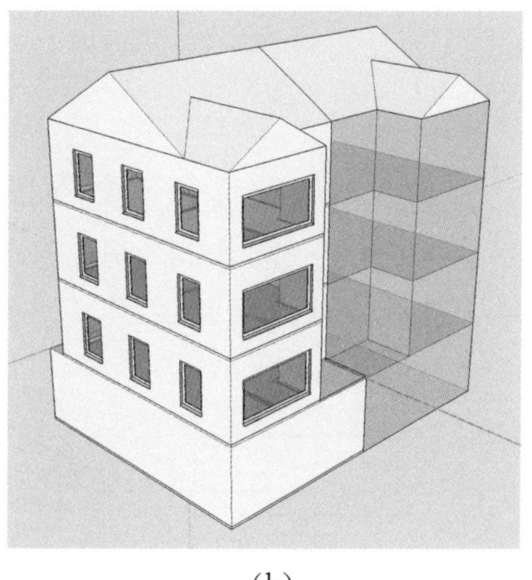

(b)

图 4-18　同一平面轮廓时的平屋面建模与坡屋面建模

(a) 平屋面；(b) 坡屋面

（图片来源：在 Sketchup 中绘制后导出）

6. 外窗类型

居住建筑中，除了普通窗，出现最多的外窗类型是凸窗。出于节能的考虑，一般标准中对凸窗凸出墙面的距离有要求，譬如《天津市居住建筑节能设计标准》（DB 29-1-2013）第 4.3.4 条明确规定居住建筑北向不应设置凸窗，其他朝向若要设置凸窗，则凸出外墙的深度不应大于 400 mm。基于此，外窗类型取普通窗和凸窗（凸出墙面400 mm）两类（图 4-19），且凸窗仅设置在南向。

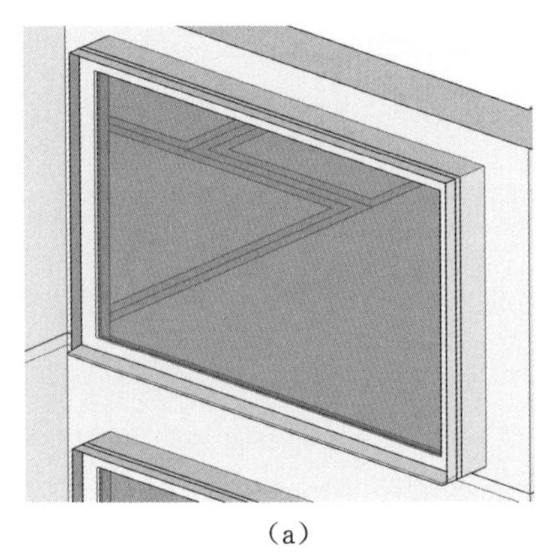

（a）

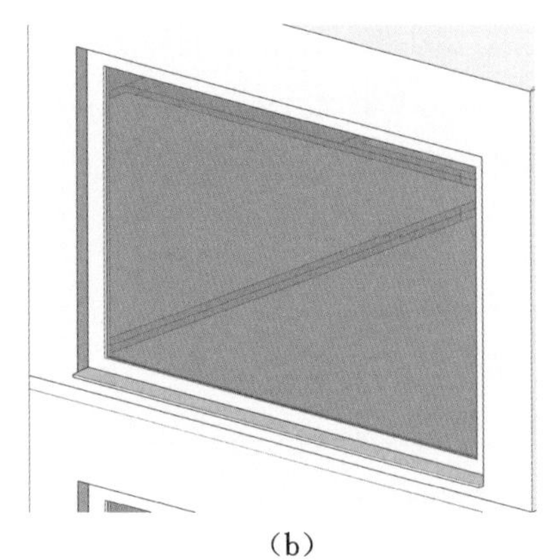

（b）

图 4-19　普通窗与凸窗建模

（a）凸窗；（b）普通窗

（图片来源：在 Sketchup 中绘制后导出）

7. 外遮阳

对于我国寒冷地区居住建筑，南向水平遮阳是较为理想的遮阳形式，若尺寸合适，则可以兼顾冬季太阳得热与夏季遮阳的需求[224]。而对于东西向外窗，则设置挡板式遮阳和垂直遮阳更为合理。案例库的统计结果也表明，悬挑遮阳（包括水平遮阳板、屋面挑檐、阳台自遮阳）是寒冷地区被动式超低能耗居住建筑使用最多的遮阳方式。

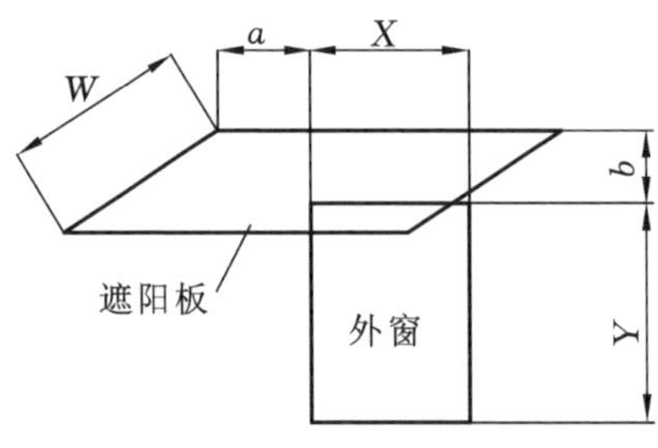

图 4-20　水平遮阳板主要构型参数

（图片来源：文献[226]）

遮阳板主要构型参数有遮阳板悬挑长度 W、外窗上沿距离 b[224][225]、超出外窗的水平尺寸 a[226]（图 4-20）。许多研究对寒冷地区城市南向窗水平遮阳板的最佳悬挑长度进行了研究（表 4-12）。可以看出，寒冷地区南向水平外遮阳合适的悬挑长度为0.5～1.0 m。

表 4-12 寒冷地区部分城市南向水平遮阳板最佳构型尺寸

城市	纬度	遮阳板最佳构型尺寸/m			来源
		悬挑长度 W	距窗户上沿的距离 b	超出外窗的水平尺寸 a	
北京	39.8°	0.5	0.12	0.4	文献[226]
		0.6	0.4	N/A	文献[224]
天津	39.17°	0.6	0.4	N/A	
		0.5～1.0	0.5～0.9	N/A	文献[225]
济南	36.68°	0.5	0.4	N/A	文献[224]

（数据来源：根据文献[224]~[226]整理绘制）

综上，形体生成阶段，南向外窗设置水平外遮阳，东西向外窗设置垂直遮阳板。遮阳板取与窗同宽（$a=0$），与外窗上沿距离 $b=0$，与墙面角度为90°，悬挑长度取0.5 m，如图4-21所示。

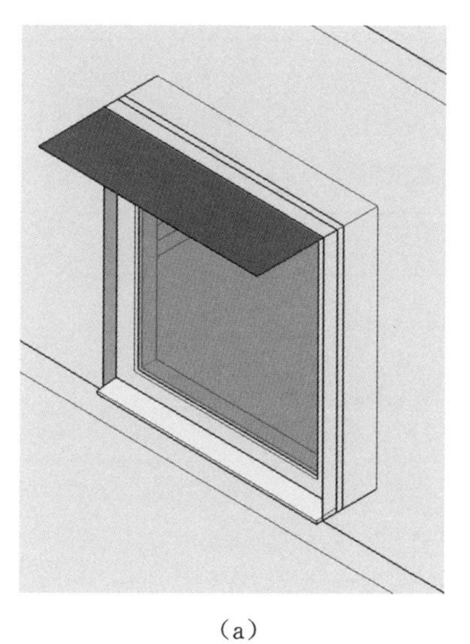

(a)

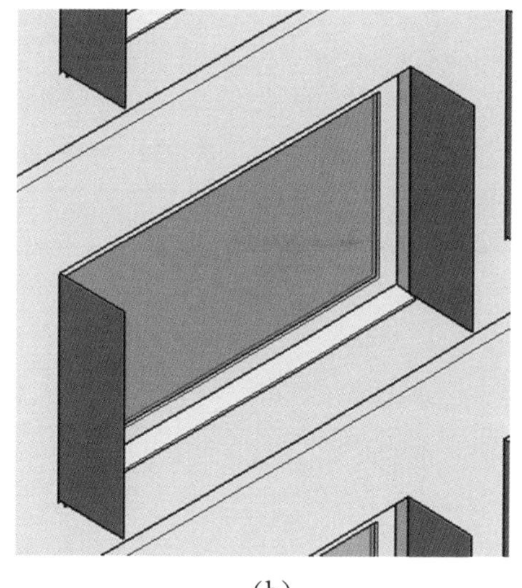

(b)

图 4-21 典型模型中水平遮阳板与垂直遮阳板构型示意图

(a) 南向水平遮阳板示意；(b) 东西向垂直遮阳板示意

（图片来源：作者自绘）

4.3.4 综合完善阶段变量区间赋值

综合完善阶段变量包括外墙/屋面/底板传热系数、外窗传热系数、SHGC 和热桥、夏季活动外遮阳系数、气密性、热桥、HVAC 系统。下面对这些变量的取值区间一一展开分析。

1. 外墙/屋面/底板传热系数

在确定外墙、屋面和底板变量区间时，以《天津市居住建筑节能设计标准》（DB29-1-2013）中的限值作为变量区间的高值（表 4-13 中下划线的值），以寒冷地区被动式超低能耗居住建筑案例库的平均值作为变量区间的低值。得到外墙、屋面和底板传热系数变量取值区间如表 4-14 所示。

表 4-13　DB29-1-2013 中外围护结构热工性能限值

围护结构部位	K/（W/（m^2·K））		
	≤3 层	4～8 层	≥9 层
屋面	0.2	0.25	
外墙	0.35	0.4	0.45
分隔采暖空间与非采暖空间的楼板	0.5		

（数据来源：文献[170]）

表 4-14　外墙、屋面、底板变量取值区间

围护结构部位	低值/（W/（m^2·K））	高值/（W/（m^2·K））
外墙	0.13	0.45
屋面	0.11	0.25
底板	0.15	0.5

（数据来源：作者自绘）

2. 外窗传热系数、SHGC 和热桥

透明围护结构是太阳辐射热进入建筑内部的主要途径，相关参数的设置对冬季采暖与夏季制冷需求产生较大影响。根据被动式超低能耗建筑采暖需求的计算原理，除了玻璃的热工性能，还需要对窗框的传热系数、玻璃与窗框间的安装热桥、窗框与外墙连接部分的安装热桥等许多参数进行设定。

在进行玻璃、窗框等参数设定时，参考了《天津市居住建筑节能设计标准》（DB29-1-2013）中相关限值的规定，以下划线标出的值作为对应变量区间的高值（表 4-15～表 4-19），以寒冷地区被动式超低能耗居住建筑案例库的平均值作为变量区间的低值。

表 4-15　外窗传热系数限值

内容		≤3 层	≥3 层
整窗	北向[①]	1.5	1.8
	东向、西向	1.5	1.8
	南向	2.0	2.3

（数据来源：文献[170]）

注：①为了简化，不再对各朝向外窗整窗传热系数进行区分，统一按照北向限值取值。

表 4-16　整窗传热系数与窗框、玻璃传热系数的取值关系

玻璃传热系数 K_B（三玻两腔）	窗框传热系数 K_K（窗框面积占整樘窗面积 30%）								
	1.0	1.4	1.8	2.2	2.6	3.0	3.4	3.8	7.0
1.7	1.6	1.7	1.8	1.9	2.1	2.2	2.4	2.5	3.3
1.5	1.5	1.6	1.7	1.9	2.0	2.1	2.3	2.4	3.2

（数据来源：文献[170]）

表 4-17　玻璃热工性能参考值

玻璃配置	玻璃传热系数 /（W/（m^2·K））	玻璃遮阳系数	玻璃太阳能得热系数 SHGC
5 透明+9A+5 透明++9A+5 透明	1.9	0.81	
5 透明+9Ar+5 透明++9Ar+5 透明	1.7	0.8	0.69
5 透明+12A+5 透明+12A+5 透明	1.8	0.81	
5 透明+12Ar+5 透明+12Ar+5 透明	1.6	0.81	
5 透明+9A+5 透明+9A+5Low-E	1.5	0.66	0.57
5 透明+9Ar+5 透明+9A+5Low-E	1.2	0.66	

（数据来源：文献[170]）

表 4-18　窗框传热系数参考值

型材类型	玻璃钢		塑料型材			实木 68 系列	铝包木 68 系列	铝木复合（18.6 mm 隔热条）	
	三腔 56B	二腔 65 系列	三腔	四腔	五腔				
K /（W/（m^2·K））	1.8	1.9		1.9	1.8	1.6	1.3	1.4	2.4

（数据来源：文献[170]）

表 4-19　窗框与中空玻璃结合的线传热系数 ψ 表

窗框材料	未镀膜中空玻璃 ψ/（W/（m·K））	镀膜中空玻璃 ψ/（W/（m·K））
木窗框和塑料窗框	0.04	0.06
带断热桥的金属窗框	0.06	0.08

（数据来源：文献[170]）

综上，得到外窗传热系数、SHGC 及热桥变量取值区间如表 4-20 所示。

表 4-20　外窗传热系数、SHGC 及热桥变量取值区间

变量		低值	高值
玻璃	传热系数/（W/（m^2·K））	0.6	1.7
	SHGC	0.49	0.69
窗框传热系数/（W/（m^2·K））		1.0	1.8
外窗热桥/（W/（m·K））		0	0.06

（数据来源：作者自绘）

3. 夏季活动外遮阳系数

冬、夏两季透过外窗进入室内的太阳辐射对降低建筑能耗、保证室内环境的舒适性所起的作用是截然相反的。 从兼顾冬夏两季的角度出发，使用活动外遮阳效果比固定遮阳板更佳，在综合完善阶段对夏季活动外遮阳系数进行设置可以弥补形体生成阶段固定遮阳板的不足。

PHPP 中为了纳入夏季遮阳的影响，引入衰减系数 z 表征夏季外窗遮蔽情况，100% 为完全未遮蔽，0% 为完全遮蔽。 如果不输入 z 值，则默认为 $z = 100\%$。 一般情况下，PHPP 计算制冷需求时，默认临时遮阳影响 70% 的太阳辐射；如果遮阳系统为自动控制或开启后也可以看到室外景色，默认临时遮阳影响 80% 的太阳辐射；

计算过热频率和制冷负荷时，默认临时遮阳影响 90% 的太阳辐射。

综上，本书通过控制衰减系数 z 来表征夏季活动外遮阳系数，范围设置为 10% ～100%。

4. 气密性

气密性是影响建筑能耗的重要因素。不同研究成果显示，由空气渗透热损失造成的热负荷占建筑总热负荷的 23% ～40% [227][228][229][230]。虽然数值不尽相同，但可以看出，因空气渗透引起的能耗在建筑采暖和空调能耗中所占比例是比较大的，气密性设计在节能设计中需要得到重视。被动房标准中，对 50 Pa 室内外压差下的气密性（n_{50}）进行约束，要求 n_{50} <0.6 h^{-1}。

在设置气密性时，参考我国《建筑外门窗气密、水密、抗风压性能分级及检测方法》（GB/T 7106）中对建筑门窗气密性和通风换气次数的相关规定，使用文献[231]的方法将气密性 7 级换算成 n_{50}后取值为 4.25 h^{-1}，作为建筑气密性变量区间的高值。将寒冷地区被动式超低能耗居住建筑案例库中归纳结果的平均值（0.4 h^{-1}）作为气密性变量区间的低值。综上，建筑气密性（50 Pa 压差）变量区间为 0.4～4.25 h^{-1}。

5. 热桥

热桥是围护结构传热的薄弱环节，是实现被动式超低能耗目标不可忽视的影响因素。在进行被动式超低能耗设计时，需要将所有热桥发生部位都考虑进去（图 4-22）。

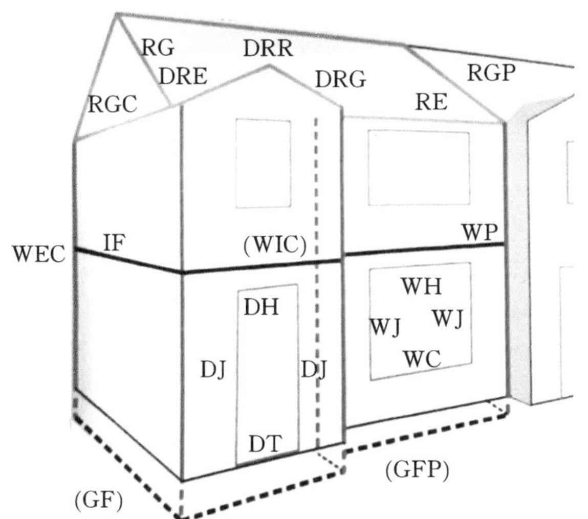

WIC：内墙转角
WEC：外墙转角
WP：邻墙转角
RGC：山墙边缘
RG：山墙转角
RE：屋檐转角
RGP：屋面与隔墙相交处
RR：屋脊
DRE：天窗屋檐转角
DRG：天窗山墙转角
DRR：天窗屋脊
WH/DH：窗/门上沿
WJ/DJ：窗/门侧
WC：窗台
DT：门槛
IF：楼板与外墙相交处
GF：底板与外墙相交处

图 4-22 住宅线传热桥的发生部位

（图片来源：根据文献[232]绘制）

在被动式超低能耗的能耗计算中，若构造设计达到无热桥，则 $\psi=0$ W/（m·K），否则需要对每一条热桥进行设置和赋值。根据经验，在未进行热桥模拟的时候，可以粗略估计被动式超低能耗建筑外窗安装热桥和围护结构线传热桥分别为 0.05 W/（m·K）和 0.04 W/（m·K）[233]。综上，在能耗模拟计算时，考虑了无热桥和有热桥两种情况，热桥取值分别为 $\psi=0$ W/（m·K）和 $\psi=0.04$ W/（m·K）。

6. HVAC 系统

影响被动式超低能耗建筑采暖和制冷需求的 HVAC 参数主要有通风模式（分冬季和夏季）、热回收效率（分潜热和显热）、夜间通风、夏季通风系统运行模式（是否有旁路）、是否有额外制冷、除湿设备等。由于研究关注面向建筑师的被动式超低能耗建筑设计，因此，在综合完善阶段将 HVAC 系统参数的输入简化为三种具有代表性的室内环境营造模式，即高室内服务要求型、中等室内服务要求型、节约意识主导型。

被动式超低能耗建筑的室内环境营造模式属于“高室内服务要求主导型”，新风系统全年开启，仅在运行模式上有所区别。在这种室内环境营造的封闭模式下，任何破坏新风加热系统常规运行的行为（如住户开关窗）都将对采暖能耗产生很大影响。因此，被动式超低能耗建筑鼓励采暖季窗户仅在新风系统故障或家庭聚会等必要时开启，且开启后尽快关闭[234]。我国现阶段居住建筑在室内环境营造模式与建筑服务水平方面与德国等欧洲发达国家存在着显著差异（表 4-21）。

表 4-21　我国北方城镇居住建筑与德国被动房室内环境营造模式对比

对比内容	北方城镇居住建筑	德国被动房
营造理念	混合模式。居民使用各种设备进行环境控制和实现功能	封闭模式。居民被动接受全自动机械密闭系统营造的室内环境，可以进行调整，但并不推荐
营造目标	按照居民需求将所在房间内的温湿度保持在舒适范围内	全年恒定温湿度
采暖、制冷设备形式	采暖以集中供暖为主，制冷以独立空调设备为主	户式集中为主
采暖、制冷使用模式	供暖季集中供暖时间表，夏季空调间歇、部分空间开启	供暖季 24 h 全部空间全部时间开启，夏季间歇开启
新风获取方式	自然通风为主，采暖空调运行时关窗	机械系统送排风，全年开启，恒定新风量

（数据来源：作者根据文献资料整理绘制）

结合我国具体情况，在能耗模拟时将三种室内环境营造模式的工况设置如表4-22所示，以分析不同室内环境营造模式下的能耗表现。

表 4-22　室内环境营造模式工况

序号	描述	设计温度 /℃	冬季通风类型	夏季通风类型
工况一	高室内服务要求	冬季：20 夏季：26	机械通风+85%； 显热回收+65%； 全热回收	机械通风，根据温差自动控制旁路运行
工况二	中等室内服务要求	冬季：20 夏季：26	机械通风+75%； 显热回收	机械通风，根据温差自动控制旁路运行
工况三	节约意识主导型	冬季：20 夏季：26	自然通风	自然通风+夜间通风

（数据来源：作者自绘）

5

寒冷地区被动式超低能耗居住建筑设计能耗目标值研究

在第 3 章构建的被动式超低能耗建筑设计辅助决策方法框架中，为了将目标导向的性能化设计落实到建筑前期方案设计阶段，依据设计深度、信息量和建筑设计过程的操作逻辑，将被动式超低能耗建筑标准中的能耗目标（采暖需求、制冷需求、室内热舒适、一次能源消耗量）拆分至形体生成、综合完善和协同深化阶段。本章便是对各阶段能耗目标进行量化推导的章节。

(1) 基于第 4 章建立的寒冷地区被动式超低能耗居住建筑典型模型，开展建筑能耗模拟，使用统计学方法对能耗模拟结果进行分析，推导形体生成阶段采暖需求目标值；

(2) 基于对我国既有被动式超低能耗建筑标准的综合分析，确定综合完善阶段采暖、制冷和舒适度目标值及协同深化阶段一次能源消耗量目标值。本章组织结构如图 5-1 所示。

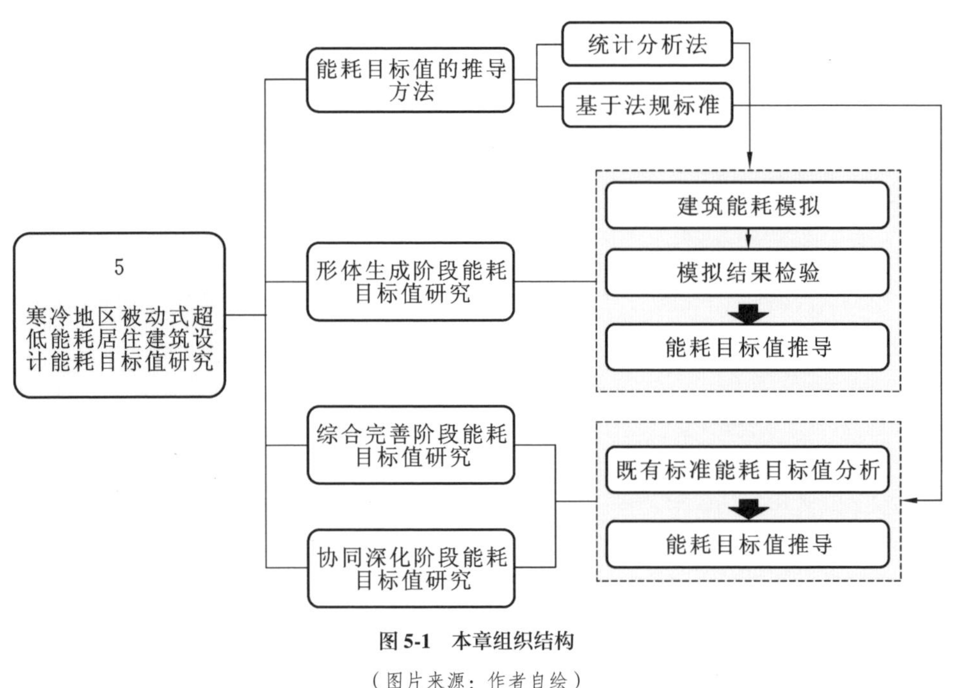

图 5-1　本章组织结构

（图片来源：作者自绘）

5.1　能耗目标值的推导方法

确定能耗目标值的过程，是一个定量分析过程。为了保证能耗目标值取值的科学性，需要使用可靠的能耗模拟软件和科学的分析方法。

根据既有研究成果，建筑能耗目标值的推导方法可以归纳为基于法规标准、基于建筑性能实测、基准建筑法、参照建筑法和统计分析法 5 种。不同的确定方法适用于不同的阶段，且各具优缺点（表 5-1）。

表 5-1 建筑能耗目标值的推导方法及其特点

推导方法	方法描述	适用	方法特点		应用实例
			优点	缺点	
基于法规标准	借鉴其他相关法规、标准	设计阶段	与既有法规、标准之间具有良好的衔接关系	取值与参照法规标准具有密切关联，一旦参照情境变化，性能指标也将发生变化	LEED、BREEAM、我国《绿色建筑评价标准》中部分指标项
基于建筑性能实测	根据已建成建筑能耗表现的大量统计数据	运行阶段	具有较强的实用价值	需要大量建筑运行数据；不适用于设计前期	美国 Energy Star Benchmarking Tools、Cal-Arch、英国 EEBPP、加拿大 e.Review
基准建筑法	根据基准建筑，制定节能百分比目标。 表达式：基准线 = （1 − x%）· 基准建筑能耗	设计阶段	通过设置基准建筑和节能率，可以从总体上控制设计建筑能耗	基准建筑可能随着建筑材料性能和施工技术水平的提高而失去时效性；与政策决定而非技术因素更为相关	我国《严寒和寒冷地区居住建筑设计标准》《天津市居住建筑节能设计标准》
参照建筑法	使用参照建筑，对设计建筑进行能耗模拟对比评定	设计阶段	淡化了能耗唯一值的概念，是一种更为灵活、切实的节能评估方法	参照建筑的引入遏制了对建筑形体节能潜力的挖掘；各国参照尺度不同，不利于进行横向对比	英国 BREEAM中目标排放率计算，LEED Eac1 全建筑能源模拟
统计分析法	建立典型模型、进行能耗模拟、对模拟结果进行统计学分析	设计阶段	能体现形体、围护结构性能、HVAC 系统等不同节能设计策略的节能潜力	参数设置是对理想情况的假设，与人员实际使用行为和室内外天气实际状况无关；仅适用于设计阶段	多见于科研文献中，如文献[235][236]

（数据来源：根据相关标准归纳、分析后绘制）

1. 基于法规标准

借鉴其他相关法规、标准确定能耗目标值。优点是与既有法规、标准之间具有良好的衔接关系，缺点是取值与参照法规标准具有密切关联，一旦参照情境变化，指标也将发生变化。

2. 基于建筑性能实测

根据对已建成建筑能耗表现的大量统计数据确定能耗目标值。国外在这方面的研究已经取得了大量成果，譬如美国能源之星（Energy Star）根据商业建筑能耗调查的数据库（CBECS），对建筑运行能耗进行多元线性回归和能效分级[237]。英国皇家楼宇设备工程师学会（CIBSE）根据能耗调查建立了建筑单位面积能耗与碳排放的基准指标[238]。Hernandez 等收集了 500 多座小学建筑能耗数据，以四分位法对数据进行分析，提出小学建筑能耗基准线[239]，等等。

基于建筑性能实测数据确定的能耗目标值具有较强的实用价值，但是需要大量建筑运行数据支持，不适用于设计阶段。

3. 基准建筑法

基准建筑（baseline building）系指建筑层数、体形系数、朝向和窗墙面积比等在某一时间或范围内具有代表性的建筑[240]。基准建筑法是通过制定节能百分比目标，从总体上控制设计建筑能耗的方法。譬如，JGJ26 系列标准均以“1980—1981 年住宅通用设计、4 个单元 6 层楼，体形系数为 0.28 的建筑物”作为基准建筑，将其耗热量指标计算值经线性处理后作为基准线，在其基础上将降低采暖能耗作为建筑节能设计目标：第一阶段（1986—1990 年），要求新设计的居住建筑的采暖能耗在基准建筑的基础上降低 30%；第二阶段（1991—2000 年），要求新设计的居住建筑采暖能耗在第一阶段的基础上再降低 30%。目前，许多地方标准已经达到了 75% 要求。

基准建筑法通过设置基准建筑和节能率，适用于设计阶段，且可以从总体上控制设计建筑能耗，但是与国家政策和节能发展路线图相关性较大。

4. 参照建筑法

参照建筑（reference building）是指形状、大小、朝向、内部空间及使用功能与设计建筑完全一致的假想建筑。参照建筑各项围护结构、窗墙比等参数的设置符合标准限值或推荐值，计算所得的耗热量指标或采暖及空调能耗作为设计建筑物的基准线，如果设计建筑能耗不大于该限值，则达标。参照建筑法又被称为“节能建筑设计的相对方法”[241]或“对比评定法”，在我国主要应用于 JGJ 134—2010、

JGJ 75—2012 及部分地方标准中。

参照建筑法淡化了能耗目标值的概念，优点是适用于设计阶段且更为灵活，缺点是缺乏对建筑形体节能潜力的挖掘。

5. 统计分析法

通过建立典型模型、进行能耗模拟及对模拟结果进行统计学分析的方法，确定能耗目标值。统计分析法常见于建筑节能相关的理论研究论文中。优点是适用于设计阶段，并且能体现形体、围护结构性能、HVAC 系统等不同节能设计策略对能耗的影响，可以结合研究需求对方法进行不同的设计和改进。缺点是能耗模拟参数的设置是对理想使用情况和气象数据的假设，与人员实际使用行为和室内外天气实际状况无关，在数值上必然与实际运行能耗有所出入。

根据不同推导方法的特点并结合被动式超低能耗居住建筑各阶段的能耗目标，本书在推导各阶段能耗目标值时分别采用了如下方法。

5.1.1 形体生成阶段能耗目标值的推导方法

根据第 3 章的方法框架，寒冷地区被动式超低能耗居住建筑在形体生成阶段以降低采暖需求为目标。

根据建筑设计由浅及深的特点，在形体生成阶段，建筑师往往不会关注建筑热工性能构造等参数，无法提供既有被动式超低能耗建筑标准中计算采暖需求目标值所需的详细参数。因此，既有标准中的采暖需求目标值无法落实到形体生成阶段，需要使用科学的方法对形体生成阶段的能耗目标值进行推导，以满足该阶段的性能化设计需求。

在其他适用于设计阶段的三种方法中，基准建筑法需要设置固定的基准建筑和节能率，与政策变化相关性较大；参照建筑法由于参照建筑与设计建筑形体完全一致，无法反映建筑形体设计策略对能耗的影响程度，不适合形体生成阶段的需求；统计分析法通过对不同变量组合下的建筑设计方案的能耗表现进行大量计算，根据统计学原理对能耗目标值进行针对性的分析和推导，可以满足对不同建筑形体能耗表现进行分析的需求，符合本书的研究目的。

诚然，使用统计分析法推导的采暖需求目标值，受到典型模型设置、能耗模拟软件、参数设置、变量选择与区间赋值等许多因素的影响，其结果是建立在一系列预设因素和假设条件上的理论值。但是，根据设计从无到有、由浅及深的特点，在形体生成阶段，其实并不需要获取设计方案采暖需求的精准数值。通过建筑能耗模拟，并借助统计学分析方法推导出符合设计前期深度、信息量和操作逻辑的采暖需求目标值，辅助建筑师进行设计方法的评价与优化，比使用需要大量参数输入获取的精准指标更具实际意义。

综上，本书使用统计分析法来确定形体生成阶段的采暖需求目标值。在进行形体生成阶段采暖需求目标值的计算时，建筑形体是重点研究变量，围护结构热工性能按照当地节能标准中的规定进行设置，保证形体生成阶段的热工性能满足现行节能标准要求，使得该阶段的采暖需求仅与形体因素变量有关。

5.1.2 综合完善与协同深化阶段能耗目标值的推导方法

根据第 3 章的方法框架，寒冷地区被动式超低能耗居住建筑在综合完善阶段的能耗目标是取得采暖需求、制冷需求和室内热舒适的均衡；在协同深化阶段，以降低建筑一次能源消耗量为能耗目标。

在综合完善阶段和协同深化阶段，建筑形体已基本确定，工作重点是对建筑技术问题、环境控制系统、建筑细部及材料选择等进行详细设计，设计深度和信息量已达到既有标准中相应目标值的计算要求。既有被动式超低能耗建筑标准对于采暖需求、制冷需求、室内热舒适进行了深入的能耗模拟、计算研究和论证工作，为该阶段能耗目标值的确定提供了重要参考。

因此，为了提升能耗目标值合适性与科学性，综合完善阶段和协同深化阶段的目标值与既有标准对标，即采用“基于法规标准”的方法，参照既有被动式超低能耗建筑标准进行取值。

综上分析，各阶段能耗目标值的推导方法如图 5-2 所示。

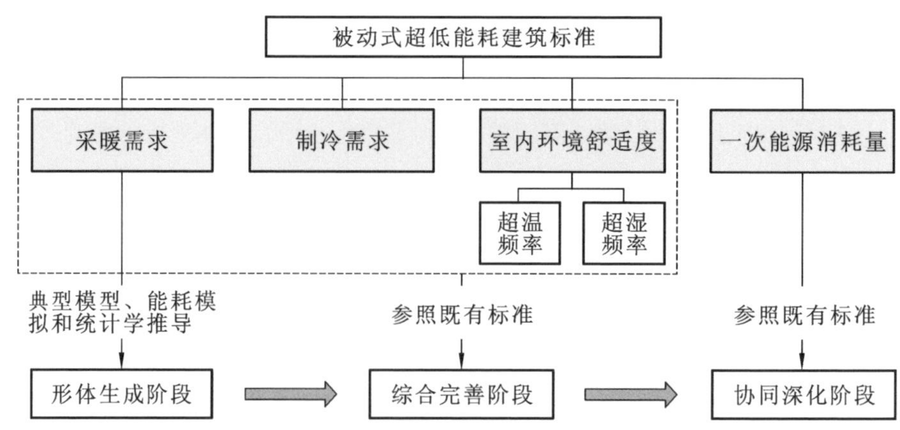

图 5-2 寒冷地区被动式超低能耗居住建筑各阶段能耗目标值的推导方法

（图片来源：作者自绘）

5.2　形体生成阶段能耗目标值研究

5.2.1　建筑能耗模拟

1. 回归正交设计

分式析因试验设计（fractional factorial design of experiments）是一种通过试验设计减少试验次数的方法，基本原理是使用经过科学家计算和验证的方法组织试验，以少量试验反映全面试验的规律，大大提高试验效率。常用的分式析因设计方法有正交试验、2 k 和 3 k 因子设计、回归正交试验、正交拉丁多元回归设计、均匀设计等。

以一个三变量三水平①的试验设计为例。采用全面试验方法（full factorial design of experiments），需进行试验 $3^3=27$ 次；而利用正交表来安排试验，则仅需要按照 L_9（3^4）正交表（表 5-2），安排 9 次试验即可。这 9 次试验是 27 次全面试验中具有代表性的点，具有"均匀分散、整齐可比"的特点，大大减少了试验数量。正交试验法在很多领域的研究中已经得到广泛应用。

表 5-2　$L_9(3^4)$ 正交表

试验号	列号			
	1	2	3	4
1	1	1	1	1
2	1	2	2	2
3	1	3	3	3
4	2	1	2	3
5	2	2	3	1
6	2	3	1	2
7	3	1	3	2
8	3	2	1	3
9	3	3	2	1

（数据来源：根据正交表排布绘制）

① 在统计学中，变量的不同位级称作水平。

回归正交试验（orthogonal regression design）融合了正交试验和回归分析的优点，既可以在得到反映全面试验规律结果的同时减少试验次数，又可以建立进行敏感度分析所需的回归方程。结合本书研究目的，研究选取回归正交设计（orthogonal regression design）来组织能耗模拟试验。回归正交试验的一般步骤如下。

（1）确定因素及其变化范围。

根据试验确定的因变量，选择 n 个自变量，记作 x_j（$j=1,2,3,\cdots,n$），并确定每个自变量的取值范围$[x_{j_1},x_{j_2}]$，x_{j_1}和 x_{j_2}是自变量 x_j的下水平和上水平。然后，按照下式计算 x_{j_1}和 x_{j_2}的算数平均值 x_{j_0}，及变化间距 Δ_j：

$$x_{j_0}=\frac{x_{j_1}+x_{j_2}}{2}$$

$$\Delta_j=x_{j_2}-x_{j_0}=x_{j_0}-x_{j_1}$$

（2）因素水平编码（coding）。

根据下式，将 x_j的各水平进行编码：

$$z_j=\frac{x_j-x_{j_0}}{\Delta_j}$$

x_{j_1}、x_{j_2}和 x_{j_0}的编码分别为 $z_{j_1}=-1$，$z_{j_2}=+1$ 和 $z_{j_0}=0$。未经编码的自变量 x_j为自然变量，经过编码的自变量 z_j为规范变量。通过编码，规范变量 z_j在$[-1,+1]$内变化，从而大大简化了计算量。

（3）设计一次回归正交试验编码表。

经过编码的回归正交试验是一个二水平试验，在选取合适的二水平正交表后，用-1 代替表中的 2，就可以得到一次回归正交试验编码表。

以 L_8（2^7）正交表为例，经过变换后得到的回归正交表如下。回归正交表任一列的编码和为 0，任两列编码的乘积和为 0，仍具有正交性（表 5-3）。

表 5-3　$L_8(2^7)$ 回归正交设计编码表

试验号	列号						
	1	2	3	4	5	6	7
1	1	1	1	1	1	1	1
2	1	1	1	−1	−1	−1	−1
3	1	−1	−1	1	1	−1	−1
4	1	−1	−1	−1	−1	1	1
5	−1	1	−1	1	−1	1	−1

续表

试验号	列号						
	1	2	3	4	5	6	7
6	−1	1	−1	−1	1	−1	1
7	−1	−1	1	1	−1	−1	1
8	−1	−1	1	−1	1	1	−1

（数据来源：根据正交表排布绘制）

(4) 试验方案的确定。

根据上面设计的一次回归正交试验编码表，将自变量安排在表头相应位置，形成试验方案。 在表头设计时，必须按照正交表及交互作用表的原则来安排，否则将会造成试验结果的不准确。

2. 形体生成阶段能耗模拟方案

形体生成阶段变量与编码如表 5-4 所示。

表 5-4　形体生成阶段变量与编码

变量	变量名称	编码		
		−1		+1
x_1	朝向	162.5		180
x_2	层高	2.8		3.3
x_3	平面轮廓 （标准层围护结构失热系数）	A	1.05	1.07
		B	0.76	0.87
		C	0.8①	0.8
		D	0.76	0.86
x_4	窗墙比/南	0.3		0.65
x_5	窗墙比/北	0.2		0.4
x_6	窗墙比/东西	0.2		0.4
x_7	屋面类型	平		坡
x_8	屋面悬挑长度	0		0.5
x_9	南向室外窗类型	0（普通窗）		0.4（飘窗凸出 0.4 m）
x_{10}	遮阳板悬挑长度/南	0		0.5
x_{11}	遮阳板悬挑长度/东西	0		0.5

（数据来源：作者自绘）

注①典型模型 C 原平面轮廓就较为紧凑，优化后系数与优化前相比改变不大，因此两水平取同一值。

基于实际设计经验，当窗墙比一定时，改变层高也会引起外窗高度或面积变化，二者之间会产生一定的相互影响，因此在试验时将层高与窗墙比的交互作用作为新的变量，分析其对结果的影响。

综上，形体生成阶段试验包含 11 个变量及 3 个交互作用变量（层高×窗墙比），每个变量均为 2 水平，试验所需的最小自由度为 11×1+3×1=14。 L_{16}（2^{11}）正交表共有 16−1=15 个自由度，可以满足试验自由度要求，故选取 L_{16}（2^{15}）正交表来安排试验。 将表 5-4 中的变量代入回归正交试验表，即得到形体生成阶段试验方案（表 5-5）。

表 5-5　形体生成阶段回归正交试验

试验号	表头													
	朝向	层高	表平面轮廓	窗墙比/南	窗墙比/北	层高×窗墙比/南	层高×窗墙比/北	窗墙比/东西	屋面类型	层高×窗墙比/东西	屋面悬挑长度	南向室外窗类型	遮阳板悬挑长度/南	遮阳板悬挑长度/东西
1	1	1	1	1	1	1	1	1	1	1	1	1	1	1
2	1	1	1	1	1	1	1	−1	−1	−1	−1	−1	−1	−1
3	1	1	1	−1	−1	−1	−1	1	1	1	1	−1	−1	−1
4	1	1	1	−1	−1	−1	−1	−1	−1	−1	−1	1	1	1
5	1	−1	−1	1	1	−1	−1	1	1	−1	−1	1	1	−1
6	1	−1	−1	1	1	−1	−1	−1	−1	1	1	−1	−1	1
7	1	−1	−1	−1	−1	1	1	1	1	−1	−1	−1	−1	1
8	1	−1	−1	−1	−1	1	1	−1	−1	1	1	1	1	−1
9	−1	1	−1	1	−1	1	−1	1	−1	1	−1	1	−1	1
10	−1	1	−1	1	−1	1	−1	−1	1	−1	1	−1	1	−1
11	−1	1	−1	−1	1	−1	1	1	−1	1	−1	−1	1	−1
12	−1	1	−1	−1	1	−1	1	−1	1	−1	1	1	−1	1
13	−1	−1	1	1	−1	−1	1	1	−1	−1	1	1	−1	−1
14	−1	−1	1	1	−1	−1	1	−1	1	1	−1	−1	1	1
15	−1	−1	1	−1	1	1	−1	1	−1	−1	1	−1	1	1
16	−1	−1	1	−1	1	1	−1	−1	1	1	−1	1	−1	−1

（数据来源：作者根据 L_{16}（2^{15}）正交表绘制）

在这个阶段，其他计算所需的热工性能参数均按照寒冷地区城市天津现行《天津市居住建筑节能设计标准（DB 29-1-2013）》设置，使能耗模拟结果仅与形体的变化有关。形体生成阶段能耗模拟方案与能耗模拟结果详见附录 B。

5.2.2 能耗模拟结果检验

在建立典型模型时，按照高度形态（1～3 层，4～8 层，9～14 层及 14 层以上）和面积（90 m^2 以下，90～144 m^2，144 m^2 以上）对寒冷地区居住建筑进行了分类。在研究之初，进行分类可以将研究聚焦于几种典型范式，有助于研究的开展，因而是合理的。但是，按照这种预设的分类方式得到的能耗目标值是否具有统计学意义还需要通过具体量化分析来确定。因此，在使用能耗模拟结果进行形体生成阶段能耗目标值的推导之前，需要对能耗模拟结果数据进行分类显著性检验。

1. 检验方法

方差分析（analysis of variance，ANOVA）和事后多重比较是常用的分类显著性检验方法。本书采用 ANOVA 与事后多重比较来对能耗模拟结果数据进行分类显著性检验。

检验的基本原理：通过 ANOVA 计算一个或多个组的显著性系数（P），来判断一个或多组数据是否显著①；然后，基于 ANOVA 的结果来进行事后多重比较，进一步分析数据组之间是否存在显著差异②。

在进行 ANOVA 前，还需要确保样本数据满足如下三个条件：①相互独立的随机样本；②各样本来自正态分布总体；③样本方差齐次三个条件。故在进行 ANOVA 和事后多重比较前，还需要首先对各组数据进行正态性检验③和方差齐性检验④。

---

① ANOVA 把观测总变异的平方和与自由度分解为对应不同变异来源的平方和与自由度，将某种控制性因素所导致的系统性误差和其他随机性误差进行对比，从而推断各组样本之间是否存在显著性差异。ANOVA 可以给出一个或多个组的显著性系数 P，若 $P<0.05$，则认为组间有显著性差别；若 $P<0.01$，则可认为组间有非常大的显著性差别。

② 事后多重比较可以通过多种方法完成，如 Bonferroni 检验、Benjamini-Hochberg 检验、Tukey 检验等。本文选择 Bonferroni 检验来进行事后多重比较分析。若 $P<0.05$，则认为组间有显著性差别；若 $P<0.01$，则可认为组间有非常大的显著性差别。

③ 正态性检验（test of normality）利用观测数据判断总体是否服从正态分布。常用的正态性检验方法有正态概率纸法、夏皮洛-维尔克检验法（Shapiro-Wilk test），科尔莫戈罗夫检验法，偏度-峰度检验法等。本文选用 Shapiro-Wilk test 进行正态性检验。若 Shapiro-Wilk test 检验结果 $P>0.05$，认为样本数据服从正态分布。

④ 方差齐性检验（test for homogeneity of variance）是关于两个或两个以上总体的方差是否相等的统计检验。常用的方差齐性检验方法有 F 检验、Bartlett 检验、Levene 检验等。本文选用 Levene 检验进行正态性检验。若 Levene 检验结果 $P>0.05$，认为样本数据方差齐次。

本书使用 SPSS 软件进行分析。

2. 检验结果分析

以采暖需求为因变量，以典型模型组别为自变量，对形体生成阶段样本数据进行正态性检验。检验结果显示，4 组样本数据 Shapiro-Wilk 检验 P 分别为 0.376、0.571、0.287 和 0.174，均大于 0.05，服从正态分布；Levene 检验结果 $P=0.128$，大于 0.05，认为样本数据之间的方差齐次（表 5-6）。

表 5-6　形体生成阶段样本数据正态性检验与方差齐性检验

检验项目	检验信息					检验结果
	典型模型	统计	自由度	Shapiro-Wilk 显著性 P		
正态性检验	A	0.942	16	0.376		服从正态分布
	B	0.955	16	0.571		
	C	0.935	16	0.287		
	D	0.921	16	0.174		
方差齐性检验	检验信息	Levene 统计	自由度 1	自由度 2	显著性 P	检验结果
	基于平均值	1.972	3	60	0.128	方差齐次

（数据来源：根据 SPSS 计算结果绘制）

基于上述检验结果，进一步对样本数据进行 ANOVA 分析，判断典型模型组别对寒冷地区居住建筑形体设计阶段采暖需求的影响程度，结果 $P<0.001$，典型模型组别对采暖需求具有显著性影响（表 5-7）。

表 5-7　形体生成阶段 ANOVA 分析

因变量	平方和	自由度	均方	F	显著性 P
采暖需求	3213.927	3	1017.309	29.615	0.000
	2170.462	60	36.174		
	5384.389	63			

（数据来源：根据 SPSS 计算结果绘制）

接着，进行 Bonferroni 事后多重比较，判断组间是否有显著性区别。结果显示：典型模型 A 与典型模型 B 之间，典型模型 A 与典型模型 C 之间，典型模型 A 与典型模型 D 之间有显著性差异（$P<0.001$），而其他组别间无显著性差异（$P=1.000$），见表 5-8。

表 5-8　事后多重比较结果汇总

典型模型		平均值差值	标准误差	显著性 P	图示
A	B	16.59375	2.12645	0.000	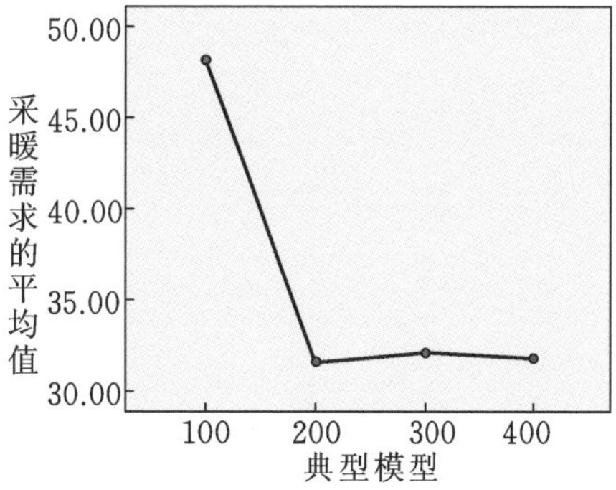
	C	16.10000	2.12645	0.000	
	D	16.38750	2.12645	0.000	
B	A	−16.59375	2.12645	0.000	
	C	−0.49375	2.12645	1.000	
	D	−0.20625	2.12645	1.000	
C	A	−16.10000	2.12645	0.000	
	B	0.49375	2.12645	1.000	
	D	0.28750	2.12645	1.000	
D	A	−16.38750	2.12645	0.000	
	B	0.20625	2.12645	1.000	
	C	−0.28750	2.12645	1.000	

（数据来源：根据 SPSS 计算结果绘制）

基于以上检验结果，可得出以下推论。

对于寒冷地区居住建筑，在形体生成阶段，1～3 层居住建筑与 3 层以上居住建筑间采暖需求存在显著性差异，需要单独分析。但是，4～8 层，9～14 层及 14 层以上居住建筑采暖需求规律类似，分析时可将数据合并。因此，形体生成阶段采暖需求目标值针对 3 层以下居住建筑和 3 层以上居住建筑分别进行推导。

5.2.3　形体生成阶段能耗目标值推导

寒冷地区被动式超低能耗居住建筑在形体生成阶段的能耗目标是降低建筑采暖需求。基于上文的分析，将 3 层以下典型模型的能耗模拟结果定义为组 1，将 4～8 层，9～14 层及 14 层以上典型模型的能耗模拟结果合并，定义为组 2。本节分别针对三层以下和三层以上的寒冷地区被动式超低能耗居住建筑，进行采暖需求目标值的推导。

1. 基准值

前文分析过，能耗目标值应当具有一定的梯度性，以适应建筑市场不同类型主体需求。根据指标梯度划分的需求，基准值是设计时鼓励达到的一般水平，应该能够代表每一组数据采暖需求平均水平。从数据上来看，基准值应能将形体生成阶段能耗模拟数据均分，即有50%的数据低于基准值，50%的数据高于基准值[242]。对组2的采暖需求进行频数分析可知，有47.9%的数据低于平均数，52.1%的数据高于平均数，即使用平均数不能将数据均分，而中位数则可以将数据均分（图5-3）。因此，本书以中位数来确定形体生成阶段的采暖需求基准值。

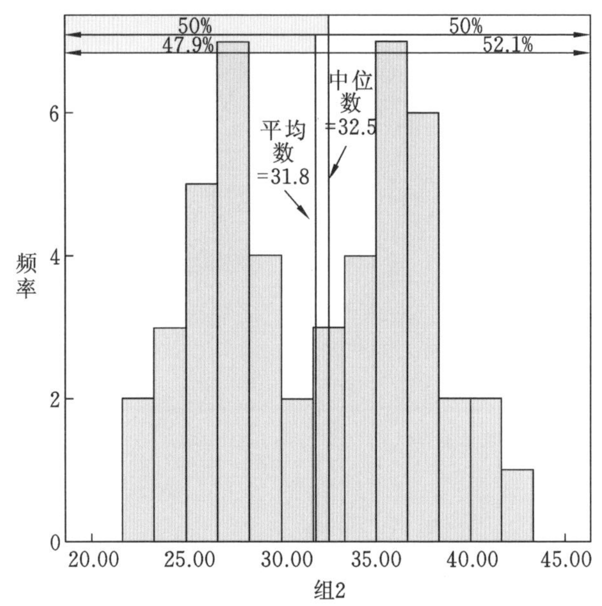

图5-3 形体生成阶段组2采暖需求频数分析

（图片来源：笔者使用SPSS计算后导出、绘制）

通过对组1和组2的能耗模拟结果进行分析，根据中位数得到寒冷地区被动式超低能耗居住建筑形体生成阶段采暖需求的基准值如下。

三层以下住宅：47.6 kW · h/（m^2 · a）。

三层以上住宅：32.5 kW · h/（m^2 · a）。

2. 梯度划分与时效性

根据前文的分析，能耗目标值除了代表平均特征的基准值以外，还需要包含代表较差水平的限值和较优水平的引导值。

四分位法是进行建筑能耗目标值梯度区分的常用方法[243][244]。四分位数是把所有数值由小到大排列并分成四等份（25%、50%、75%）后处于三个分割点位置的数值，分别称作第一四分位数（Q_1）、第二四分位数（Q_2）和第三四分位数（Q_2）。第一四分位数表示能耗数值较低、排位靠前的状况；第二四分位数又称中位数，表示能耗数值的平均状况，即上文中的“基准值”；第三四分位数表示能耗数值较高、排位靠后的状况。本书采取四分位法来推导形体生成阶段能耗目标的引导值和限值。

将组 1 和组 2 的能耗模拟结果输入 SPSS 中进行计算，根据各组数据的累计频率，取各组数据的第一四分位数作为能耗目标的引导值，使 25% 的数据低于引导值，75% 的数据高于引导值，用作评判较优设计方案的标杆。根据计算结果，得到寒冷地区被动式超低能耗居住建筑形体生成阶段采暖需求的引导值为：

三层以下住宅：44.3 kW · h/（m^2 · a）；

三层以上住宅：27.6 kW · h/（m^2 · a）。

将组 1 和组 2 的能耗模拟结果输入 SPSS 中进行分析，根据各组数据的累计频率，取各组数据的第三四分位数作为能耗目标的限值，使 75% 的数据低于限值，25% 的数据高于限值。限值是寒冷地区被动式超低能耗居住建筑在形体生成阶段的采暖需求上限，必须保证形体生成阶段采暖需求不超过这个限值。根据计算结果，得到寒冷地区被动式超低能耗居住建筑形体生成阶段采暖需求的限值为：

三层以下住宅：54.7 kW · h/（m^2 · a）；

三层以上住宅：36.3 kW · h/（m^2 · a）。

综上，寒冷地区被动式超低能耗居住建筑形体阶段设计能耗目标值归纳如表 5-9。从数值上来看，三层以下居住建筑采暖需求目标值明显高于三层以上居住建筑，分析原因在于，三层以下居住建筑典型模型是联排别墅，其围护结构与室外环境接触面明显多于三层以上居住建筑（多层、高层），热损失较大。这也说明三层以下居住建筑要达到被动式超低能耗建筑标准要求的采暖需求（15 kW · h/（m^2 · a））比三层以上居住建筑更加困难，需要在设计前期做好形体节能设计，减轻后续围护结构与 HVAC 系统的设计压力。

表 5-9 中采暖需求目标值是按照现行 75% 节能标准规定的围护结构性能计算的，有效时间预估为 2019—2025 年。随着未来标准的提升，采暖需求指标必将随之动态变化。

表 5-9　寒冷地区被动式超低能耗居住建筑形体生成阶段采暖需求目标值

居住建筑类别	采暖需求/（kW ·h/（m² ·a））			图示
	引导值	基准值	限值	
三层以下	44.3	47.6	54.7	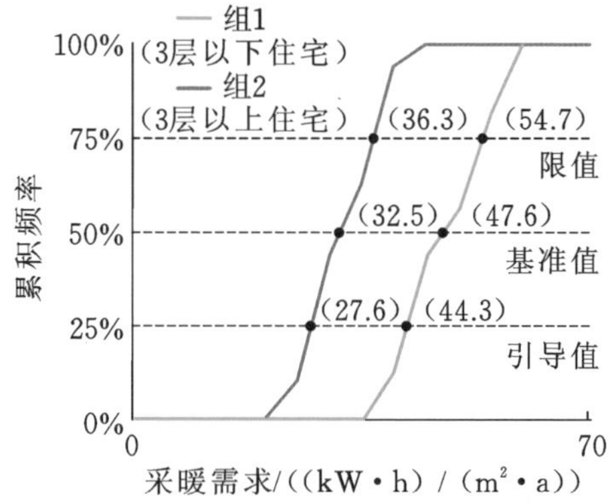
三层以上	27.6	32.5	36.3	

（数据来源：作者自绘）

5.3　综合完善阶段能耗目标值研究

根据第 3 章的方法框架，综合完善阶段的能耗目标是进一步降低建筑采暖需求和制冷需求，并满足室内热舒适要求。 我国已经出台了多部被动式超低能耗建筑的相关标准、导则、法规，为德国被动房标准的本土化做出了有益努力。 但是，不同标准、导则、法规中的规定各不相同，有必要结合本书构建的设计辅助决策方法框架对其进行分析与选择，确定综合完善阶段的能耗目标值。

5.3.1　既有标准能耗目标值分析

1. 采暖需求

（1）基准值。

德国被动房标准要求建筑采暖需求≤15 kW · h/（m² · a）。

根据第 2 章的分析，我国被动式超低能耗建筑相关标准中采暖需求也基本在

15 kW · h/（m² · a）附近浮动，只是对其进行了细分（表 5-10）。 譬如，在《技术导则》和《近零能耗技术标准》中，寒冷地区采暖需求定为 15 kW · h/（m² · a），严寒地区采暖需求指标提高至 18 kW · h/（m² · a），其他地区降低至 5 kW · h/（m² · a）；《技术要点》中，对于商品住宅的采暖需求按照层数进行了细分，三层以下住宅采暖需求指标取15 kW · h/（m² · a），4～13 层住宅采暖需求指标取 12 kW · h/（m² · a），14 层以上住宅采暖需求指标取 10 kW · h/（m² · a）。

表 5-10　我国被动式超低能耗建筑相关标准采暖需求归纳

国家	名称	采暖需求/（kW · h/（m² · a））	
中国	《技术导则》	严寒	≤18
		寒冷	≤15
		夏热冬冷、夏热冬暖、温和	≤5
	《技术要点》①	≤3 层	≤15
		4～8 层	≤12
		9～13 层	≤12
		≥14 层	≤10
	《近零能耗技术标准》	严寒	≤18
		寒冷	≤15
		夏热冬冷、夏热冬暖、温和	≤5
	《山东标准》	≤15	
	《黑龙江标准》	≤18	

（数据来源：作者根据相关标准归纳绘制）

注①表中是《技术要点》对超低能耗商品住房采暖需求的要求。

补充分析一些其他省市发布的被动式超低能耗建筑标准，进一步印证了这个结论。 如，山东省《被动式超低能耗居住建筑节能设计标准》（简称《山东标准》）将采暖需求定为 15 kW · h/（m² · a）；黑龙江省颁布的《被动式低能耗居住建筑节能设计标准》（征求意见稿）（简称《黑龙江标准》）中采暖需求定为 18 kW · h/（m² · a），与《技术导则》和《近零能耗技术标准》中对严寒地区采暖需求的要求一致。

可见，在考虑了我国具体气候条件和工程经验后，我国既有被动式超低能耗建筑的相关标准中，寒冷地区居住建筑的采暖需求仍基本维持在 15 kW · h/（m² · a）。

采暖需求取值比较固定的原因可以从被动房的定义中找到。 被动房的定义是“仅靠再加热或再冷却维持室内空气质量所需新鲜空气就能达到 ISO7730 规定热舒适度，不再需要额外的空调系统”。 被动房标准中的采暖能耗目标值，便是这个定义在数值上的直接反映，其推导过程非常清晰，即：若要建筑仅仅利用加热新风来提供维持室内热舒适所需的热量或冷量，就要求建筑的采暖需求不能大于空气作为载体时所能承载的最大热负荷。空气所能承载的最大热负荷计算如下：

$$P_{supply,max}=C_p\rho\cdot\dot{v}_{system}\cdot(T_{supply,max}-T_{supply,min})$$

式中：$P_{supply,max}$是新风最大热负荷（W），$C_p\rho$ 是标准大气压下 20 ℃空气的热容量（W · h/（m^3 · K）），$\dot{v}_{system}$是机械通风系统平均换气次数（m^3/h，根据 DIN 1946，取每人需求的最小新风量 30 m^3/h），$T_{supply,max}$是空气离开加热器后所能达到的最大温度（52 ℃），$T_{supply,min}$是冬季空气经过 MVHR 系统加热后的最低温度（16.5 ℃）。在人均建筑面积取 35 m^{2}的情况下，

$$p_{supply,max}=\frac{0.33\ \mathrm{W\cdot h/m^3\cdot K}\cdot 30\ \mathrm{m^3}\cdot(52\ ℃-16.5\ ℃)}{35\ \mathrm{m^2}}=10\ \mathrm{W/m^2}$$

从以上推导和计算方法可以看出，被动房采暖负荷上限值（10 W/m^2）仅与空气热容量、人均最小新风量、空气比热容、温差等物理量相关，不随气候的变化而变化。这个理论值是被动房标准最核心的指标，也体现了被动房理念的精髓。大量实验项目测试结果表明，在与中欧类似的寒冷地区，10 W/m^{2}的热负荷对应的年采暖需求为15 kW · h/（m^2 · a）[245]，即被动房标准中采暖需求的目标值。

被动房标准采暖需求的推导方法，与现行节能标准有着本质区别。政策驱动下的节能目标和标准由于国情、目标和基准的不同，一般无法从一个国家推广到另一个国家。而被动房标准从定义出发，在物理学原理中为采暖需求目标值找到支撑点，使之具有高度的说服力和可信度[4]。Busch[246]曾将“标准化”描述为“一种在主要由陌生人构成的市场中的良好信任形式（可能不是唯一的形式）”，被动房标准中的采暖需求具备了这种特质，这也是各国在研发本土被动式超低能耗建筑标准时，采暖需求基本维持在 15 kW · h/（m^2 · a）的重要原因。

因此，借鉴我国既有被动式超低能耗建筑标准中的采暖需求取值，将寒冷地区被动式超低能耗居住建筑综合完善阶段的采暖需求基准值取为 15 kW · h/（m^2 · a）。考虑到综合完善阶段仍属于建筑方案设计阶段，其计算结果达不到进行认证的精度，故采暖需求统一按照 15 kW · h/（m^2 · a）进行约束，不再根据层数进一步细分。

（2）梯度划分与时效性。

德国被动房研究所对于那些难以达到被动房标准的建筑，提供了一种较为宽松的“低能耗标准（low energy building）”，将采暖、制冷需求在被动房标准的基础上浮动＋15 kW · h/（m^2 · a）（表 5-11）。

表 5-11　被动房研究所低能耗建筑标准

认证标签	内容	标准		替代标准
PHI Low Energy Building	采暖			
	采暖需求	≤	30 kW · h/（m^2 · a）	—
	热负荷		—	10 W/m^2
	制冷			
	制冷+除湿需求	≤	被动房要求 +15 kW · h/（m^2 · a）	可变极限值
	冷负荷		—	10 W/m^2

（数据来源：根据文献[247]绘制）

为了降低能耗目标值，本书借鉴被动房研究所低能耗建筑标准的调整幅度，将综合完善阶段采暖需求基准值上浮15 kW · h/（m^2 · a），得到采暖需求限值为30 kW · h/（m^2 · a）。由于基准值已经与被动式超低能耗建筑标准对标，故不再设置取值更低的引导值。目标值有效期预设为2019—2025年。

2. 制冷需求

（1）基准值。

在制冷需求方面，最新版被动房标准增加了对除湿需求的关注，要求制冷需求不大于“15 kW · h/（m^2 · a）+除湿需求”，但未给出固定数值。

根据第2章的分析，制冷需求与气候条件密切相关，因此我国被动式超低能耗建筑相关标准在制冷需求的取值方面，均呈现出根据当地具体气象条件进行调整的特点。

我国《技术导则》中使用“≤3.5+2.0×WDH20+2.2×DDH28”这一方程来约束制冷需求。《近零能耗技术标准》沿用了这一计算式。山东省标准中各市的制冷需求虽然是以具体数值的形式来约束，但根据其条文说明第3.0.2条可知，制冷需求也是依据《技术导则》中的方程“≤3.5+2.0×WDH20+2.2×DDH28”进行计算的（表5-12）。

表 5-12　我国被动式超低能耗建筑相关标准制冷需求归纳

国家	名称	制冷需求/（kW·h/（m^2·a））
中国	《技术导则》	$\leqslant 3.5+2.0\times WDH_{20}+2.2\times DDH_{28}$
	《技术要点》	≤18
	《近零能耗技术标准》	$\leqslant 3.5+2.0\times WDH_{20}+2.2\times DDH_{28}$
	《山东标准》	11～25 kW·h/（m^2·a）之间
	《黑龙江标准》	≤15 kW·h/（m^2·a）或制冷负荷≤20 W/m^2

（数据来源：作者根据相关标准归纳绘制）

相较固定的数值，使用以气候条件为变量的方程“$\leqslant 3.5+2.0\times WDH_{20}+2.2\times DDH_{28}$”作为制冷需求的目标值，更能体现出对具体气候条件的动态调整。因此，本书在确定综合完善阶段制冷需求目标值时，借鉴了我国《技术导则》和《近零能耗技术标准》，以方程“$\leqslant 3.5+2.0\times WDH_{20}+2.2\times DDH_{28}$”来约束制冷需求，使用时根据具体情况代入当地气象数据。

（2）梯度划分与时效性。

制冷需求的梯度划分仍然借鉴被动房研究所低能耗建筑标准的调整幅度（表 5-11），限值比基准值上浮 15 kW·h/（m^2·a），为“$\leqslant 3.5+2.0\times WDH_{20}+2.2\times DDH_{28}+15$”。由于基准值已经与被动式超低能耗建筑标准对标，故不再设取值更低的引导值。指标有效期预设为 2019—2025 年。

3. 室内热舒适

（1）基准值。

被动式超低能耗建筑标准室内热舒适包括室内温度、相对湿度、噪声、CO_2浓度控制、新风量等指标，其中，温度和湿度与能耗直接相关，故在综合完善阶段主要对室内温度和湿度进行约束。其他室内环境指标（如噪声、CO_2浓度控制等）放入协同深化阶段与专业工程师共同设计完成，本书不做讨论。

借鉴被动房标准中对超温频率和超湿频率的要求及我国被动式超低能耗建筑相关标准中对室内温度的调整情况（详见第 2 章），对寒冷地区被动式超低能耗居住建筑综合完善阶段室内热舒适基准值设定如表 5-13 所示。

表 5-13　寒冷地区被动式超低能耗居住建筑综合完善阶段室内热舒适目标值

室内温度/℃		超温频率/（%）	超湿频率/（%）
冬季	夏季		
⩾20	⩽26	⩽10	室内空气绝对湿度大于 12 g/kg 的年小时百分比： ⩽20（无机械制冷） ⩽10（无有机械制冷）

（数据来源：根据德国被动房标准及我国的调整情况绘制）

（2）梯度划分与时效性。

室内环境舒适度目标值在设计时要求必须满足，故不进行梯度划分。有效期预设为 2019—2025 年。

5.3.2　综合完善阶段能耗目标值推导

综上，得到寒冷地区被动式超低能耗居住建筑综合完善阶段能耗目标值如表 5-14 所示。

表 5-14　寒冷地区被动式超低能耗居住建筑综合完善阶段能耗目标值

能耗目标		基准值	限值
采暖需求/（kW · h/（m^2 · a））		15	30
制冷需求/（kW · h/（m^2 · a））		$3.5+2.0\times WDH_{20}+2.2\times DDH_{28}$	$3.5+2.0\times WDH_{20}+2.2\times DDH_{28}+15$
室内热舒适	温度/℃	冬季：20；夏季：26	
	超温频率	10%	
	超湿频率	无机械制冷：20%；有机械制冷：10%	

（数据来源：作者自绘）

通过形体生成阶段采暖需求目标值，及综合完善阶段采暖需求、制冷需求和室内热舒适目标值的推导，寒冷地区被动式超低能耗居住建筑在“用能需求边界”上的能耗目标值分析已完成。

5.4 协同深化阶段能耗目标值研究

根据第 3 章的方法框架，协同深化阶段以降低一次能源消耗量为目标。 在协同深化阶段，结构、水电、暖通、电气等各工种工程师更多地介入设计，建筑师与他们互相交换资料、进行沟通，对设计方案进行协同深化。 协同深化阶段不属于方案设计阶段，非本书研究的重点，但是从保证能量边界完整性的角度，本节对协同深化阶段的能耗目标值进行简要探讨。

5.4.1 既有标准能耗目标值分析

1. 一次能源消耗量计算范围分析

我国《技术导则》在计算一次能源消耗量时，仅包括采暖、制冷和照明能耗，不包括生活热水、通风和家电能耗。 原因在于：①生活热水、通风和家电能耗主要与人员使用习惯相关，不适合纳入建筑设计性能指标中；②通风指标与人数相关，与建筑面积关联不大，转化为单位面积指标并不合适。

《技术导则》中关于一次能源消耗量计算范围的观点在我国 2018 年发布的《近零能耗技术标准》中得到了延续。 该标准中的一次能源消耗量的计算范围也仅包括“采暖、空调和照明”，并在条文说明中解释为“建筑能耗中采暖和空调能耗与围护结构和能源系统效率有关，照明系统的能耗与天然采光利用、能源系统效率和使用强度有关”，而其他能耗如生活热水、家电设备、电器等则与“种类和能效相关，均为建筑设计不可控因素，在设计阶段准确预测和考虑存在一定难度，因此在技术指标中不予考虑”。

根据《中国建筑节能路线图》[248]，影响建筑能耗的主要因素包括气候条件、围护结构热工性能、设备性能与效率、服务水平、运行管理方式和使用者行为。 其中，围护结构热工性能、设备性能与效率属于“技术因素”，服务水平、运行管理方式和使用者行为属于“使用与行为因素”（图 5-4）。

显然，生活热水、通风和家电设备能耗与“使用与行为因素”相关性更大。 从控制实际运行能耗来约束这些与实际使用密切相关的能耗，进而反向影响到建筑运行模式、使用模式和服务标准等，会比在设计阶段进行约束更为有效[249]。

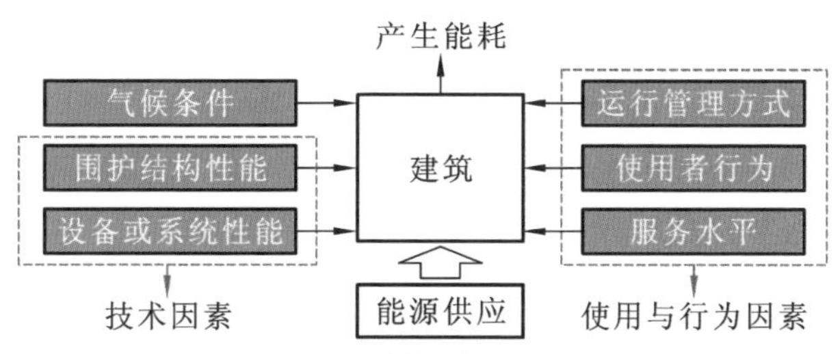

图 5-4 影响建筑能耗的主要因素

（图片来源：文献[248]）

2. 一次能源消耗量取值分析

根据第 2 章的分析可知，我国《技术导则》中将一次能源消耗量限值定为 60 kW · h/（m^2 · a）；《技术要点》中将一次能源消耗量限值定为 40 kW · h/（m^2 · a）；在《近零能耗技术标准》中，则明确提出计入可再生能源节能量（包括光热、光电、热泵、风力发电和生物质能等），将一次能源消耗量限值降低至 50 kW · h/（m^2 · a），鼓励使用可再生能源。

5.4.2 协同深化阶段能耗目标值推导

1. 基准值

综合上述对一次能源消耗量计算范围和取值的分析，一次能源消耗量计算范围包括采暖、制冷和照明三部分能耗，不包含生活热水、通风和家电设备。从鼓励可再生能源利用的角度，借鉴《近零能耗技术标准》将一次能源消耗量基准值定为 50 kW · h/（m^2 · a）。

2. 梯度划分与时效性

仍然借鉴被动房研究所低能耗建筑标准的调整幅度（表 5-11），以基准值上浮 15 kW · h/（m^2 · a）得到限值，为 65 kW · h/（m^2 · a）。由于基准值已经与被动式超低能耗建筑标准对标，故不再设置取值更低的引导值（表 5-15）。有效期预估为 2019—2025 年。

表 5-15 寒冷地区被动式超低能耗居住建筑协同深化阶段一次能源消耗量目标值

能耗目标	基准值	限值
一次能源消耗量①/（kW · h/（m^2 · a））	50	65

（数据来源：笔者自绘）

注①计入可再生能源节能量（包括光热、光电、热泵、风力发电和生物质能等）。

6

寒冷地区被动式超低能耗居住建筑设计策略敏感度分析

依据第 5 章推导出的寒冷地区被动式超低能耗居住建筑能耗目标值，建筑师可以对设计方案进行基准评价，若发现不满足要求，可对设计方案进行优化；对设计策略进行敏感度分析，并依据敏感度进行排序，可以辅助建筑师进行高效地设计策略遴选，使之针对能耗目标采用措施，使设计方案迅速与能耗目标靠近。

本章以第 3 章构建的被动式超低能耗建筑设计辅助决策方法框架为指导，基于第 4 章的典型模型及能耗模拟结果，采用全局敏感度分析方法，分别对形体生成阶段和综合完善阶段的设计策略敏感性进行分析，研究不同设计策略对能耗的影响程度，对设计策略敏感度进行排序。本章的研究是使各阶段性能化设计循环闭合的重要组成部分，本章组织结构如图 6-1 所示。

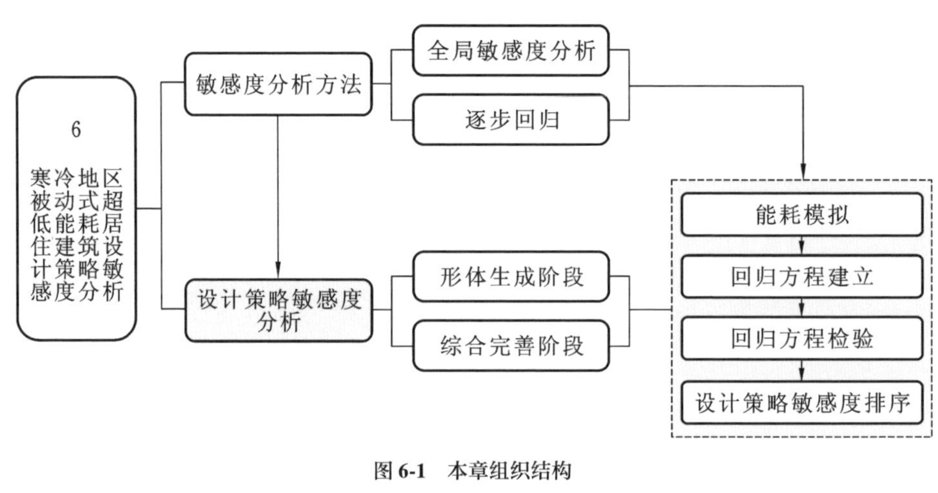

图 6-1　本章组织结构

（图片来源：笔者自绘）

6.1　敏感度分析方法

6.1.1　全局敏感度分析

敏感度分析（sensitivity analysis）是从众多不确定因素中，寻找对因变量具有重要影响的敏感性因素，并分析其影响程度和敏感性程度的分析方法。通过敏感度分析方法分析影响建筑能耗的敏感性设计策略，可以确定设计策略的优先级，在节省时间成本的同时显著提高节能设计效率。

敏感度分析按照作用范围的不同，可以分为局部敏感度分析（local sensitivity analysis）和全局敏感度分析（global sensitivity analysis）。局部敏感度分析只检验单个变量对结果的影响程度，该方法简单易行、结果明显且易于理解，在国内相关研究中较为常见。全局敏感度分析则可以对多个变量同时变化的情况下的敏感度进行综合分析。全局敏感度分析通常需要借助更为复杂的算法，在国外相关研究中应用较为普遍（表 6-1）。

表 6-1　建筑能耗敏感度分析常用方法

类别	方法	子类	特点描述
局部	局部	—	围绕基准案例进行有限空间的探索分析；低计算花费；实施简单
全局	回归	标准回归系数（standard regression coefficient，SRC）	SRC 和 t 检验适用于线性模型，SRRC 适用于非线性单调模型；适中计算花费；计算速度快；易于实施和理解；SRC 越大，变量越重要
		标准秩回归系数（standard rank regression coefficient，SRRC）	
		t 检验	
	筛选	Morris	适用于样本数据量很大的模型
	基于变量	FAST	将每个输入的输出方差分阶；无需模型；同时考虑主效应和交互作用；计算花费大；离散分布样本数据不适用
		Soblo	
	元模型	MARS	适用于复杂和计算量大的模型
		ACOSSO	根据不同的输入计算输出的方差
		SVM	准确度依赖于元模型

（数据来源：译自文献[250]）

结合前文进行的回归正交试验，并考虑到设计前期的设计策略存在较大的不确定性，且组合多变、相互影响，本书采取基于回归的全局敏感度分析方法。

6.1.2　逐步回归

本书在建立回归方程时，使用了逐步回归法。逐步回归法在每次引入新的自变量时，都对已引入的自变量进行显著性检验，删除因新自变量引入后而变得不再显著的自变量，从而确保回归方程中总是只包含显著性变量。逐步回归法可以降低回归方程的多重共线性①，是常用的回归分析方法。

美国 Energy Star 的能耗预测方程，便是基于全美建筑能耗数据库（CBECS）通过逐步回归建立的。该方程以能耗强度 EUI（energy use intensity）为因变量，以相互独立的影响因子作为自变量，方程如下：

$$\mathrm{EUI}_{预测值}=c_0+c_1\times 影响因子\ 1+c_2\times 影响因子\ 2\cdots+c_m\times 影响因子\ m$$

建立回归方程后，还需要对方程进行检验来判断方程是否合适。通常，单一判据往往无法判断方程的拟合程度，需要结合多个判据来进行综合判断。在借鉴建筑能耗回归方程相关文献的基础上，本书选用决定系数（coefficient of determination），调整决定系数（adjusted coefficient of determination）、均方根误差（root mean square error，RMSE）和残差（residual）四项作为检验回归方程拟合程度的判据。判据的描述及判断方法归纳于表 6-2。

表 6-2　本书使用的回归方程检验判据及判断方法

判据	描述	判断方法
决定系数	Pearson 相关系数的平方，用 R^2 或 R 方表示。决定系数常用来判断回归方程的拟合程度	当回归方程拟合程度好时，决定系数接近于 1，反之接近于 0
调整的决定系数	又称调整 R 方，是为了避免决定系数随着自变量增加而增加的问题而设计的	当回归方程拟合程度好时，调整的决定系数接近于 1，反之接近于 0
均方根误差	又称标准误差	均方根误差越小，方程越合适
残差	通常用 ei 表示，是预测值与真值之差	若方程拟合的比较好，则残差应该不显示任何模式

（数据来源：根据文献资料整理绘制）

6.2　形体生成阶段设计策略敏感度分析

6.2.1　形体生成阶段能耗模拟

基于前文形体生成阶段能耗模拟结果（详见 5.1 节和 5.2 节），对形体生成阶段

① 共线性：又称多重共线性（multicollinearity），是指线性回归方程中的解释变量之间由于存在精确相关关系或高度相关关系而使模型估计失真或难以估计准确。逐步回归是排除引起共线性的变量的常用方法。

的设计策略进行敏感度分析。

6.2.2 回归方程建立

分别针对三层以下居住建筑和三层以上居住建筑进行回归分析，考虑如下自变量及之间的交互作用（表 6-3）。

表 6-3 形体生成阶段回归分析自变量

序号	自变量	描述	组 1（三层以下）	组 2（三层以上）
1	x_{o}	朝向	○	○
2	x_{h}	层高	○	○
3	x_{plan}	平面轮廓	○	○
4	x_{wwrS}	南向窗墙比	○	○
5	x_{wweN}	北向窗墙比	○	○
6	$x_{wwrW/E}$	东/西向窗墙比	○	×
7	x_{roof}	屋面类型	○	○
8	$x_{roverhang}$	屋面悬挑长度	○	○
9	$x_{windowS}$	南向外窗类型	○	○
10	$x_{soverhangS}$	南向遮阳板悬挑长度	○	○
11	$x_{soverhangW/E}$	东/西向遮阳板悬挑长度	○	×
12	$x_{h}x_{wwrS}$	层高×南向窗墙比	○	○
13	$x_{h}x_{wwrN}$	层高×北向窗墙比	○	○
14	$x_{h}x_{wwrW/E}$	层高×东/西向窗墙比	○	○

（数据来源：作者自绘）

综合考虑自变量及其交互作用，选择因变量（Y）与 m 个自变量 x_1，x_2，…，x_m 及其交互作用之间的多元一次回归方程如下：

$$Y = a + \sum_{j=1}^{m} b_j x_j + \sum_{k<j} b_{kj} x_k x_j,\ k = 1,2\cdots,m-1\ (j \neq k)$$

对于难以用数值衡量的变量（如屋面类型、南向外窗类型）按照名义变量①进行

① SPSS 中定义了三种变量类型：名义、有序和标度。

名义变量：当变量值表示不具有内在等级的类别时（或者是不具有固有的类别顺序的分类数据），该变量可以作为名义变量。

有序变量：当变量值表示带有某种内在等级的类别时，该变量可以作为有序变量。

标度变量：当区间或比率刻度度量的数据，其中数据值既表示值的顺序，也表示值之间的距离。

回归分析，以编码值（±1）来表示变化范围。对于其余可用具体数值衡量的变量，则按照标度变量进行回归分析。

借助 SPSS，基于形体生成阶段能耗模拟结果，以采暖需求为因变量，分别对组 1 和组 2 进行逐步回归。

结果显示，经过逐步回归，组 1 南向窗墙比、层高、南向外窗类型和北向窗墙比 $P<0.05$，对采暖需求影响显著，进入回归方程；组 2 进入回归方程的变量与组 1 有所不同，为南向窗墙比、南向外窗类型、层高、平面轮廓、南向遮阳板悬挑长度、北向窗墙比、南向窗墙比×层高和屋面类型。逐步回归方程信息汇总于表 6-4。

表 6-4　逐步回归方程信息

组	最终进入方程的自变量	未标准化系数		标准化系数 β	t	显著性
		B	标准误差			
1	常量	48.175	0.799	—	60.322	0.000
	南向窗墙比	−4.438	0.799	−0.628	−5.556	0.000
	层高	3.600	0.799	0.509	4.508	0.001
	南向外窗类型	2.325	0.799	0.329	2.911	0.014
	北向窗墙比	2.212	0.799	0.313	2.770	0.018
2	常量	31.815	0.222	—	143.302	0.019
	南向窗墙比	−4.006	0.222	−0.749	−18.045	0.000
	南向外窗类型	1.523	0.222	0.285	6.860	0.000
	层高	1.506	0.222	0.282	6.785	0.000
	平面轮廓	1.469	0.222	0.275	6.616	0.000
	南向遮阳板悬挑长度	1.252	0.222	0.234	5.640	0.000
	北向窗墙比	1.206	0.222	0.226	5.433	0.000
	南向窗墙比×层高	−0.681	0.222	−0.127	−3.069	0.004
	屋面类型	0.631	0.222	0.118	2.843	0.007

（数据来源：SPSS 逐步回归结果输出）

将逐步回归得到的常量和系数（B）代入回归方程，得到寒冷地区被动式超低能耗居住建筑如下回归方程。

（1）三层以下居住建筑：

$$Q_h = 9.662 - 25.357 \times x_{wwrS} + 14.4 \times x_h + 2.325 \times x_{windowS} + 22.125 \times x_{wwrN}$$

式中，x_{wwrS}为南向窗墙比，x_h为层高（标准层），$x_{windowS}$为南向外窗类型，x_{wwrN}为北向窗墙比。

（2）三层以上居住建筑：

$$Q_h = -18.248 + 1.489 \times x_{windowS} + 9.725 \times x_h + 32.769 \times x_p + 5.145 \times x_{soverhangS} + 11.721 \times x_{wwrN} - 7.501 \times x_{wwrS} x_h + 0.597\, x_{roof}$$

式中，$x_{windowS}$为南向外窗类型，x_h为层高（标准层），x_p为平面轮廓，$x_{soverhangS}$为南向遮阳板悬挑长度，x_{wwrN}为北向窗墙比，$x_{wwrS} x_h$为南向窗墙比与层高的交互作用，x_{roof}为屋面类型。

6.2.3 回归方程检验

根据输出结果（表 6-5，表 6-6，图 6-2）可得以下结论。

表 6-5 形体生成阶段回归方程拟合程度

组	*R*	*R* 方	调整 *R* 方	标准估算的误差
1	0.927	0.860	0.809	3.194
2	0.959	0.919	0.905	1.668

（数据来源：根据 SPSS 运算结果绘制）

表 6-6 形体生成阶段回归方程方差分析

组		平方和	自由度	均方	*F*	显著性
1	回归	687.235	4	171.809	16.836	0.000
	残差	112.255	11	10.205	—	—
	总计	799.490	15	—	—	—
2	回归	1261.541	7	180.220	64.712	0.000
	残差	111.399	40	2.785	—	—
	总计	1372.940	47	—	—	—

（数据来源：根据 SPSS 运算结果绘制）

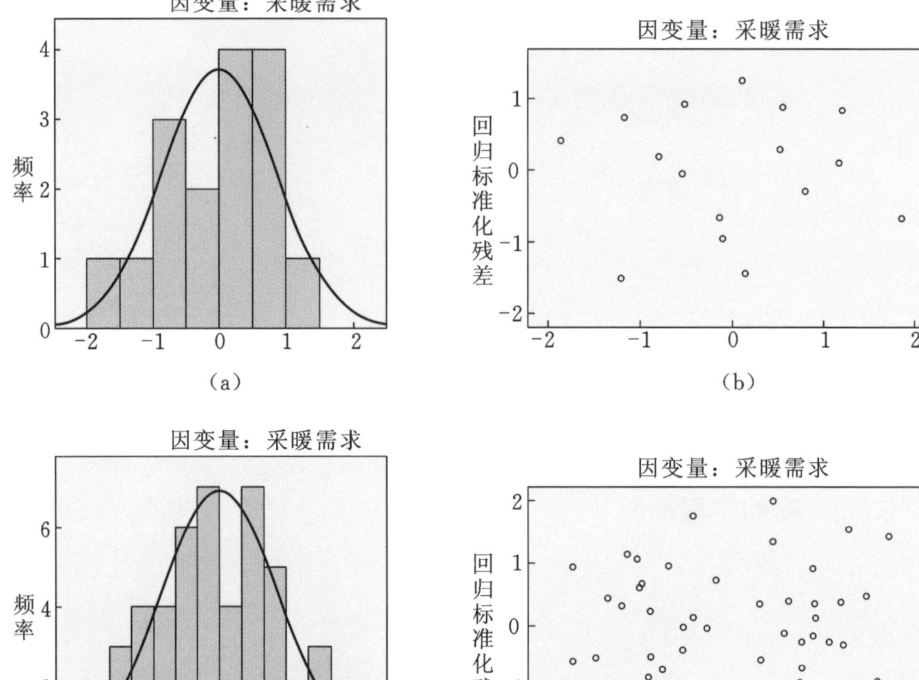

图 6-2　标准化残差直方图与散点图

（a）组 1 回归标准化残差直方图；（b）组 1 标准化残差散点图；

（c）组 2 回归标准化残差直方图；（d）组 2 标准化残差散点图

（图片来源：使用 SPSS 计算后导出）

组 1 回归方程的决定系数（*R* 方）为 0.860，调整的决定系数（调整 *R* 方）为 0.809，即认为模型可以解释 80% 以上的因变量变化，拟合程度较好。从残差直方图可以看到，残差符合正态分布；从残差散点图可以看出，残差随机分布在 0 附近，没有显示出明显的模式，证明残差与自变量间无任何关系。标准误差为 3.19 kW · h/（m^2 · a）；模型方差分析显著性为 0.000，方程非常显著。

组 2 回归方程的决定系数为 0.919，调整的决定系数为 0.905，即认为模型可以解释 90% 以上的因变量变化，拟合程度较好。从残差直方图可以看到，残差基本符合正态分布；从残差散点图可以看出，残差随机分布在 0 附近，没有显示出明显的模式，证明残差与自变量间无任何关系。标准误差为 1.668 kW · h/（m^2 · a）；模型方差分析显著性为 0.000，方程非常显著。

6.2.4 形体生成阶段设计策略敏感度分析

由于设计策略存在不同的单位，为了比较各自变量的敏感性，必须消除单位的影响[251]。因此，在进行设计策略敏感度排序时，使用消除了因变量和自变量所取单位影响的标准回归系数（standard regression coefficient，SRC）[252]作为敏感度排序的依据。SRC 是一个位于-1 至+1 之间的数值，SRC 绝对值越大，变量影响程度越大，越敏感。SRC 绝对值越小，变量影响程度越小，越不敏感。SRC 为正或负，表明自变量与因变量之间是正相关或是负相关。

1. 设计策略敏感度排序

图 6-3 和图 6-4 分别显示了以采暖需求为自变量时，三层以下居住建筑和三层以上居住建筑的敏感度排序。纵轴标记星号（*）的设计策略是经过逐步回归最终进入回归方程的设计策略，是影响采暖需求敏感度较高的策略。横轴是设计策略的标准回归系数 SRC，代表设计策略从-1 水平变化到+1 水平时与采暖需求的相关关系。SRC 为正值时，表明该策略从-1 水平变化到+1 水平时，采暖需求增大（红色色条）；SRC 为负值时，表明该策略从-1 水平变化到+1 水平时，采暖需求降低（绿色色条）。SRC 绝对值越大，该策略敏感度越高。

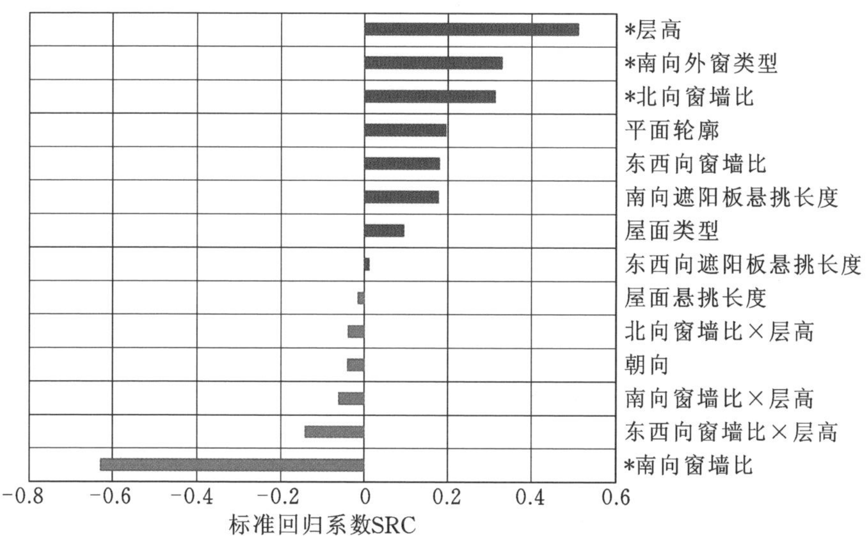

图 6-3 寒冷地区被动式超低能耗居住建筑（三层以下）形体生成阶段设计策略敏感度排序

（图片来源：根据 SPSS 结果绘制）

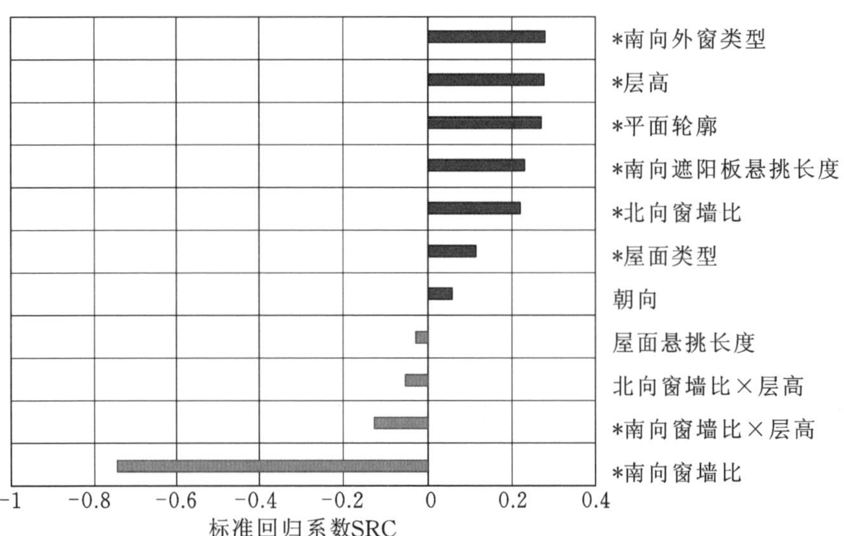

图 6-4　寒冷地区被动式超低能耗居住建筑（三层以上）形体生成阶段设计策略敏感度排序

（图片来源：根据 SPSS 结果绘制）

对于寒冷地区被动式超低能耗 3 层以下居住建筑，设计策略敏感度排序结果如下。

• 正相关设计策略敏感度排序：层高＞南向外窗类型＞北向窗墙比＞平面轮廓＞东西向窗墙比＞南向遮阳板悬挑长度＞屋面类型＞东西向遮阳板悬挑长度。

• 负相关设计策略敏感度排序：南向窗墙比＞东西向窗墙比×层高＞南向窗墙比×层高＞朝向＞北向窗墙比×层高＞屋面悬挑长度。

• 敏感度绝对值大小综合排序：南向窗墙比＞层高＞南向外窗类型＞北向窗墙比＞平面轮廓＞东西向窗墙比＞南向遮阳板悬挑长度＞东西向窗墙比×层高＞屋面类型＞南向窗墙比×层高＞朝向＞北向窗墙比×层高＞屋面悬挑长度＞东西向遮阳板悬挑长度。

对于寒冷地区被动式超低能耗 3 层以上居住建筑，设计策略敏感度排序结果如下。

• 正相关设计策略敏感度排序：南向外窗类型＞层高＞平面轮廓＞南向遮阳板悬挑长度＞北向窗墙比＞屋面类型＞朝向。

• 负相关设计策略敏感度排序：南向窗墙比＞南向窗墙比×层高＞北向窗墙比×层高＞屋面悬挑长度。

• 敏感度绝对值大小排序：南向窗墙比＞南向外窗类型＞层高＞平面轮廓＞南向遮阳板悬挑长度＞北向窗墙比＞南向窗墙比×层高＞屋面类型＞朝向＞北向窗墙比×层高＞屋面悬挑长度。

2. 结果分析

无论是三层以下还是三层以上的寒冷地区被动式超低能耗居住建筑，设计策略敏感度存在以下共性规律。

（1）南向窗墙比、层高和南向外窗类型，是敏感度绝对值排名前三位的设计策略。

（2）层高和南向外窗类型是敏感度较高的正相关设计策略，增加层高和设计凸窗，都会使采暖需求增大。

（3）南向窗墙比是敏感度最高的负相关设计策略，即增大南向窗墙比，会导致采暖需求下降。

（4）南向窗墙比和层高产生交互作用时，交互作用变量增大时（层高 3.3 m×南向窗墙比 0.65），采暖需求降低。对于这种结果，可以认为南向窗墙比增大带来的采暖需求降低抵消掉了层高上升带来的采暖需求增加。因此，在设计标准层层高和南向窗墙比时，需要通过能耗模拟来辅助做出判断。

此外，三层以下及三层以上的寒冷地区被动式超低能耗居住建筑，还存在一些各自的特点。

（1）对于三层以下居住建筑，朝向与采暖需求负相关，即从最佳朝向（162.5°）向正南向（180°）变化时，采暖需求降低。而三层以上居住建筑则正相反，朝向与采暖需求正相关，即从最佳朝向（162.5°）向正南向（180°）变化时，采暖需求增大。这与三层以下居住建筑通常存在较大面积的东西向外窗，而高层住宅往往由于户型与标准层排布的原因往往东西窗外窗面积很小有关。

（2）从 SRC 整体的绝对值分布来看，三层以下居住建筑各种设计策略的敏感性平均值高于三层以上住宅。由此可见，对于低层住宅，由于建筑形体与室外空气的接触面较多、失热面大，在形体生成阶段节能潜力非常大，在设计时要注意充分挖掘。而对于高层住宅，由于其形体先天比低层住宅紧凑，且与室外空气接触面少，其在形体设计生成阶段的节能潜力挖掘要比低层住宅更困难，要注意从控制南向窗墙比，配合优化平面轮廓和层高等敏感性高的设计策略入手进行设计。

6.3 综合完善阶段设计策略敏感度分析

6.3.1 综合完善阶段能耗模拟

为了进行综合完善阶段设计策略的敏感度分析，需要基于典型模型对综合完善阶段的变量进行能耗模拟。

1. 计算模型

为了体现节能设计的循序渐进，选取形体生成阶段采暖需求最小的 4 个模型（附录 B 中表 B-1 至表 B-4 中下划线加粗部分）作为综合完善阶段的计算模型（表 6-7）。

表 6-7 综合完善阶段能耗模拟选用的 4 个计算模型

所属典型模型	图示	信息
A		朝向：180° 层高：2.8 m 平面轮廓：优化后 南向窗墙比：0.65 北向窗墙比：0.4 东/西向窗墙比：0.2 屋面类型：平屋面 屋面悬挑长度：0.5 m 南向遮阳板悬挑长度：0 m 东西向遮阳板悬挑长度：0.5 m
B		朝向：180° 层高：2.8 m 平面轮廓：优化后 南向窗墙比：0.65 北向窗墙比：0.4 屋面类型：平屋面 屋面悬挑长度：0.5 m 南向遮阳板悬挑长度：0 m

续表

所属典型模型	图示	信息
C		朝向：180° 层高：2.8 m 平面轮廓：优化后 南向窗墙比：0.65 北向窗墙比：0.4 屋面类型：平屋面 屋面悬挑长度：0.5 m 南向遮阳板悬挑长度：0 m
D		朝向：180° 层高：2.8 m 平面轮廓：优化后 南向窗墙比：0.65 北向窗墙比：0.4 屋面类型：平屋面 屋面悬挑长度：0.5 m 南向遮阳板悬挑长度：0 m

（数据来源：在 DesignPH 中建模后导出）

2. 综合完善阶段能耗模拟方案

综合完善阶段变量包括表 6-8 中的 9 个热工性能变量及表 6-9 中的室内环境营造模式工况。

表 6-8　综合完善阶段变量与编码

序号	变量名称	编码	
		−1	+1
x_1	屋面传热系数	0.11	0.25
x_2	底板传热系数	0.15	0.5
x_3	夏季活动外遮阳	10%	100%

续表

序号	变量名称	编码	
		−1	+1
x_4	玻璃传热系数	0.6	1.7
x_5	窗框传热系数	1.0	1.8
x_6	玻璃 SHGC	0.49	0.69
x_7	气密性	0.4	4.25
x_8	热桥	0	0.04
x_9	外墙传热系数	0.13	0.45

（数据来源：作者自绘）

表 6-9　室内环境营造模式工况

序号	描述	设计温度	冬季通风类型	夏季通风类型
工况一	高室内 服务要求	冬季：20 夏季：26	机械通风+85%显热回收 +65%全热回收	机械通风，根据温差自动 控制旁路运行
工况二	中等室内 服务要求	冬季：20 夏季：26	机械通风+75%显热回收	机械通风，根据温差自动 控制旁路运行
工况三	节约意识 主导型	冬季：20 夏季：26	自然通风	自然通风+夜间通风

（数据来源：作者自绘）

根据变量数量，选取 L_{12}（2^{11}）正交表来安排试验计划。将表 6-8 中的变量代入回归正交试验表，每个试验均做三种工况，即得到综合完善阶段试验方案（表 6-10）。综合完善阶段能耗模拟方案与结果详见附录 C。

表 6-10　综合完善阶段回归正交试验表

试验号	表头								
	屋面传热系数	底板传热系数	夏季活动外遮阳	玻璃传热系数	窗框传热系数	玻璃 SHGC	气密性	热桥	外墙传热系数
1	1	1	1	1	1	1	1	1	1
2	1	1	1	1	−1	−1	−1	−1	−1
3	1	−1	−1	−1	1	1	1	−1	−1
4	1	1	−1	−1	1	−1	−1	1	1

续表

试验号	表头								
	屋面传热系数	底板传热系数	夏季活动外遮阳	玻璃传热系数	窗框传热系数	玻璃SHGC	气密性	热桥	外墙传热系数
5	1	−1	1	−1	−1	1	−1	1	−1
6	1	−1	−1	1	−1	−1	1	−1	1
7	−1	−1	−1	1	1	−1	−1	1	−1
8	−1	−1	1	−1	−1	−1	1	1	1
9	−1	1	−1	−1	−1	1	−1	−1	1
10	−1	−1	1	1	1	1	−1	−1	1
11	−1	1	−1	1	−1	1	1	1	−1
12	−1	1	1	−1	1	−1	1	−1	−1

（数据来源：作者根据 $L_{12}(2^{11})$ 绘制）

3. 能耗模拟结果检验

对综合完善阶段样本数据进行正态检验和方差齐性检验，分别以采暖需求、制冷需求和总用能需求为因变量，以典型模型组别为自变量。

检验结果表明，4 组典型模型采暖需求、制冷需求和总用能需求的显著水平 P 均大于 0.05，服从正态分布且方差齐次（表 6-11，表 6-12）。根据 ANOVA 分析结果，$P>0.05$，典型模型组别对所有因变量都不具有显著性影响（表 6-13）。

表 6-11　综合完善阶段样本数据正态性检验

典型模型	采暖需求			制冷需求			总用能需求			检验结果
	统计	自由度	Shapiro-Wilk 显著性 P	统计	自由度	Shapiro-Wilk 显著性 P	统计	自由度	Shapiro-Wilk 显著性 P	
A	0.939	12	0.488	0.896	12	0.141	0.953	12	0.674	服从正态分布
B	0.935	12	0.431	0.891	12	0.121	0.944	12	0.547	
C	0.938	12	0.474	0.866	12	0.058	0.947	12	0.597	
D	0.941	12	0.505	0.882	12	0.094	0.943	12	0.531	

（数据来源：SPSS 计算后导出）

表 6-12　综合完善阶段样本数据方差齐性检验

因变量	Levene 统计	自由度 1	自由度 2	显著性 P
采暖需求	0.132	3	44	0.941
制冷需求	2.647	3	44	0.061
总用能需求	0.486	3	44	0.694

（数据来源：SPSS 计算后导出）

表 6-13　综合完善阶段 ANOVA 分析

因变量	平方和	自由度	均方	F	显著性 P
采暖需求	1189.041	3	396.347	2.667	0.059
制冷需求	409.281	3	136.427	0.662	0.58
总用能需求	1762.052	3	587.351	1.628	0.197

（数据来源：SPSS 计算后导出）

基于以上检验结果，可以得出：对于综合完善阶段，层数对采暖需求、制冷需求和总用能需求均无显著影响，在进行敏感度分析时可以将四组典型模型样本数据合并。

6.3.2　回归方程建立

基于前文的分析，层数对综合完善阶段的因变量（采暖需求、制冷需求和总用能需求）无显著性影响，因此将 4 组样本数据进行合并回归分析（80% 作为回归组，20% 作为验证组），建立一个回归方程，考虑如下自变量。

表 6-14　综合完善阶段自变量

序号	自变量	描述
1	$x_{\text{U\_roof}}$	屋面传热系数
2	$x_{\text{U\_wall}}$	外墙传热系数
3	$x_{\text{Ubasement ceiling}}$	底板传热系数
4	$x_{\text{summer shding}}$	夏季活动外遮阳系数
5	x_{Uglazing}	玻璃传热系数
6	x_{Uframe}	窗框传热系数
7	x_{SHGC}	玻璃太阳得热系数
8	$x_{\text{airtightness}}$	气密性
9	x_{TB}	热桥

续表

序号	自变量	描述
10	x_{gk}	室内环境营造工况：通风方式/夏季通风方式/夜间通风换气次数/显热回收效率/潜热回收效率

（数据来源：作者自绘）

由于该阶段自变量间无明显的交互作用，建立因变量（Y）与 m 个自变量 x_1，x_2，…，x_m 之间的一次回归方程如下：

$$Y = a + \sum_{j=1}^{m} b_j x_j$$

将室内环境营造工况按照名义变量进行回归分析，其他变量均按照标度变量进行回归分析。

借助 SPSS，基于综合完善阶段正交回归试验能耗模拟结果，分别以采暖需求、制冷需求和总用能需求为因变量，进行逐步回归。 结果显示如下。

（1）以采暖需求为因变量时，气密性、玻璃传热系数、室内环境营造工况、外墙传热系数、玻璃太阳得热系数、热桥、窗框传热系数共 7 个变量 $P<0.05$，进入方程，将常量和系数代入模型，得到如下回归方程：

$$Q_{\mathrm{h}} = -9.717+3.611\times x_{\mathrm{air\ tightness}}+12.135\times x_{\mathrm{Uglazing}}+7.599\times x_{\mathrm{gk}}+ \\ 34.702\times x_{\mathrm{Uwall}}-29.351\times x_{\mathrm{SHGC}}+74.068\times x_{\mathrm{TB}}+3.082\times x_{\mathrm{Uframe}}$$

式中，$x_{\mathrm{airtightness}}$ 为气密性，x_{Uglazing} 为玻璃传热系数，x_{gk} 为室内环境营造工况，x_{Uwall} 为外墙传热系数，x_{SHGC} 为玻璃太阳得热系数，x_{TB} 为围护结构线传热桥，x_{Uframe} 为窗框传热系数。

（2）以制冷需求为因变量时，夏季活动外遮阳系数、玻璃太阳得热系数、底板传热系数、外墙传热系数、屋面传热系数共 5 个变量 $P<0.05$，进入回归方程，将常量和系数代入模型，得到如下回归方程：

$$Q_{\mathrm{c}} = -5.626+26.235\times x_{\mathrm{summer\ shding}}+45.478\times x_{\mathrm{SHGC}}-10.517\times \\ x_{\mathrm{Ubasement\ ceiling}}+8.183\times x_{\mathrm{Uwall}}+18.430\times x_{\mathrm{Uroof}}$$

式中，$x_{\mathrm{summer\ shding}}$ 为夏季活动外遮阳系数，x_{SHGC} 为玻璃太阳得热系数，$x_{\mathrm{Ubasement\ ceiling}}$ 为底板传热系数，x_{Uwall} 为外墙传热系数，x_{Uroof} 为屋面传热系数。

（3）以总用能需求为因变量时，夏季活动外遮阳系数、气密性、外墙传热系数、玻璃传热系数、室内环境营造工况、屋面传热系数、热桥、底板传热系数、玻璃太阳得热系数及窗框传热系数共 10 个变量 $P<0.05$，进入方程，将常量和系数代入回归方程，得到如下回归方程；

$$Q_{\mathrm{T}}=-19.337+26.374\times x_{\text{summer shding}}+3.557\times x_{\text{air tightness}}+42.830\times x_{\text{Uwall}}+12.387\times x_{\text{Uglazing}}+7.166\times x_{\text{gk}}+34.832\times x_{\text{Uroof}}+109.957\times x_{\text{TB}}-10.726\times x_{\text{Ubasement ceiling}}+15.804\times x_{\text{SHGC}}+3.842\times x_{\text{Uframe}}$$

式中，$x_{\text{summer shding}}$为夏季活动外遮阳系数，$x_{\text{air tightness}}$为气密性，x_{Uwall}为外墙传热系数，x_{Uglazing}为玻璃传热系数，x_{gk}为室内环境营造工况，x_{Uroof}为屋面传热系数，x_{TB}为围护结构线传热桥，$x_{\text{Ubasement ceiling}}$为底板传热系数，$x_{\text{SHGC}}$为玻璃太阳得热系数，$x_{\text{Uframe}}$为窗框传热系数。

6.3.3 回归方程检验

使用决定系数、标准误差和残差分布来验证回归方程的拟合程度。根据输出结果（表 6-15，表 6-16，图 6-5）可知以下结论。

(1) 采暖需求回归方程的决定系数为 0.812，调整的决定系数为 0.800，模型可以解释 80% 以上的因变量变化，拟合程度较好。从残差直方图可以看到，残差符合正态分布；从残差散点图可以看出，残差随机分布在 0 附近，没有显示出明显的模式，证明残差与自变量间无任何关系。模型方差分析显著性为 0.000，非常显著。

(2) 制冷需求回归方程的决定系数为 0.878，调整的决定系数为 0.873，模型可以解释 87.3% 以上的因变量变化。标准误差 4.95 kW · h/（m^2 · a），拟合程度较好。模型方差分析显著性为 0.000，方程非常显著。从残差直方图可以看到，残差符合正态分布。但是，从残差散点图中看到，残差显示明显的异常模式，表明可能存在未被解释的变量。结合变量设置情况进行分析，这部分未被解释的变量存在于室内环境工况所代表的一系列参数中，如夏季通风方式、夜间通风方式、潜热回收效率等。这些未被解释的变量存在于工况变量所代表的一系列参数中（例如夏季通风方式、夜间通风方式等），它们对制冷需求有显著影响，但不属于本书的研究重点，故认为此种模式可以接受。模型方差分析显著性为 0.000，非常显著。

(3) 总用能需求回归方程的决定系数为 0.862，调整的决定系数为 0.849，模型可以解释 84.9% 以上的因变量变化，拟合程度较好。从残差直方图可以看到残差符合正态分布。从残差散点图可以看出，残差随机分布在 0 附近，没有显示出明显的模式，证明残差与自变量间无任何关系。模型方差分析显著性为 0.000，非常显著。总用能需求预测模型的标准误差为 7.64 kW · h/（m^2 · a），大于采暖和制冷需求的回归方程，原因在于总用能需求的误差来自采暖和制冷误差之和。

表 6-15　综合完善阶段回归方程检验

因变量	R	R 方	调整 R 方	标准估算的误差
采暖需求	0.901	0.812	0.800	6.51
制冷需求	0.937	0.878	0.873	4.95
总需求	0.929	0.862	0.849	7.64

（数据来源：根据 SPSS 运算结果绘制）

表 6-16　综合完善阶段回归方程方差分析

因变量		平方和	自由度	均方	F	显著性
采暖需求	回归	19795.612	7	2827.945	66.774	0.000
	残差	4573.893	108	42.351	—	—
	总计	24369.505	115	—	—	—
制冷需求	回归	19460.380	5	3892.076	18.814	0.000
	残差	2695.786	110	24.507	—	—
	总计	22156.166	115	—	—	—
总用能需求	回归	38391.874	10	3839.187	65.678	0.000
	残差	6137.637	105	58.454	—	—
	总计	44529.51	115	—	—	—

（数据来源：根据 SPSS 运算结果绘制）

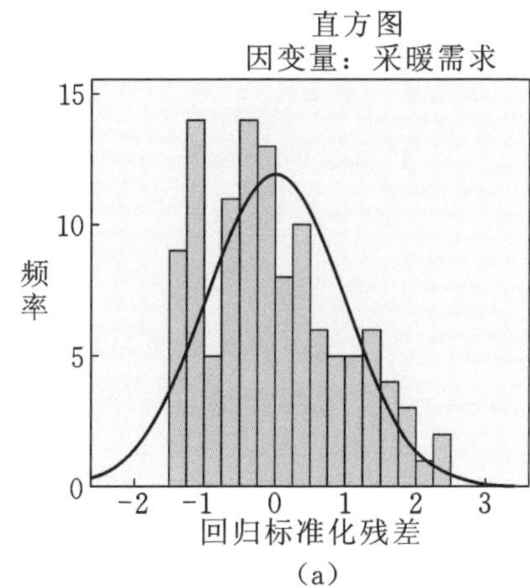

(a)

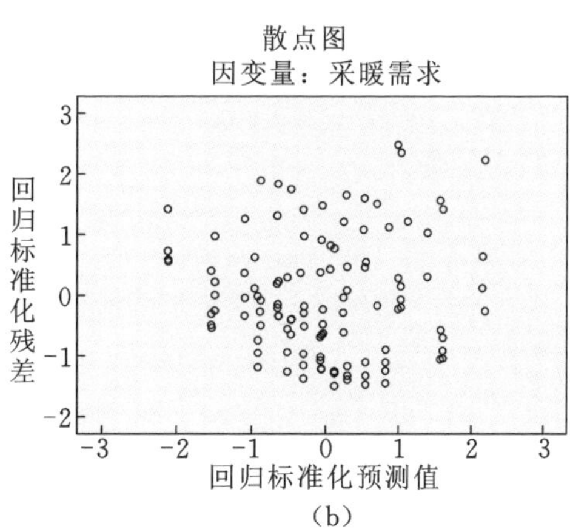

(b)

图 6-5　标准化残差直方图与散点图

（a）采暖需求回归标准化残差直方图;（b）采暖需求回归标准化残差散点图;

（c）制冷需求回归标准化残差直方图;（d）制冷需求回归标准化残差散点图;

（e）总需求回归标准化残差直方图;（f）总需求回归标准化残差散点图

（图片来源：SPSS 运算结果导出）

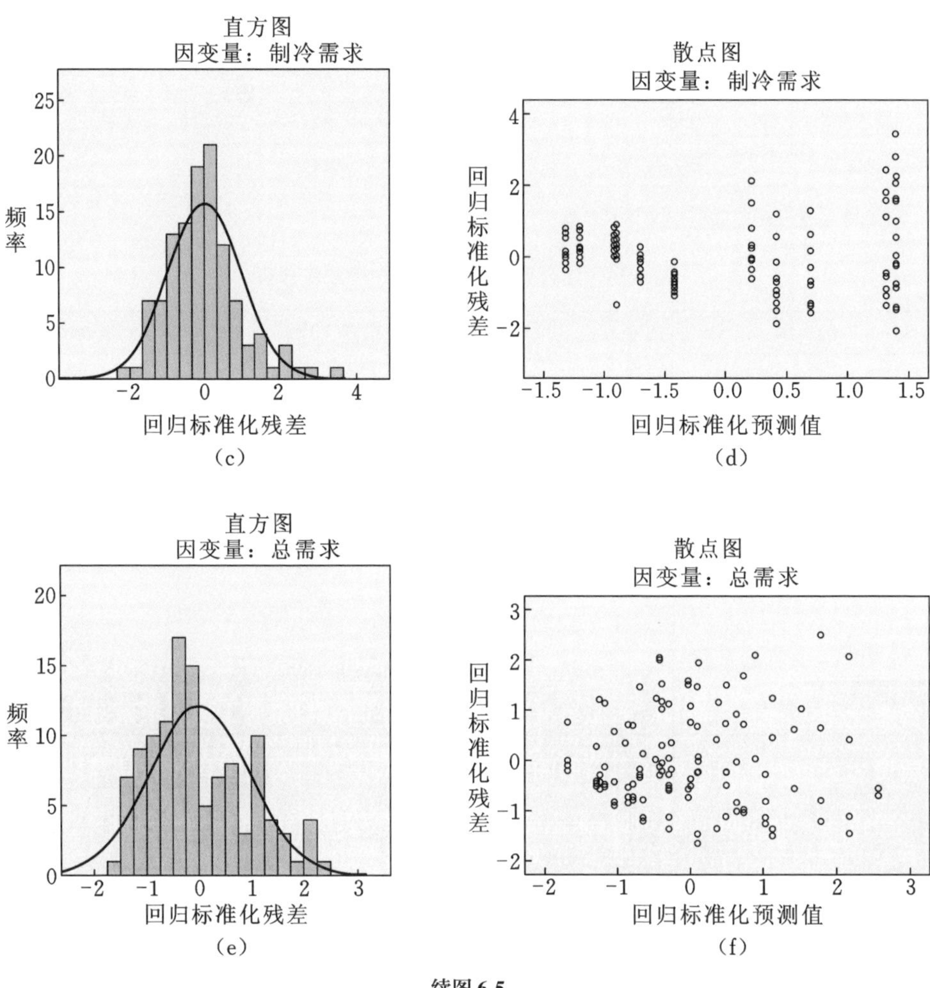

续图 6-5

在综合完善阶段，由于参数的设置更为复杂，除了上述检验，研究还使用验证组的数据对方程进行了对比分析（图 6-6～图 6-8）。结果显示，采暖需求回归方程的标准误差为 1.7 kW · h/（m^2 · a），制冷需求回归方程的标准误差为 4.9 kW · h/（m^2 · a），总用能需求回归方程标准误差为 5.1 kW · h/（m^2 · a）。验证结果显示，回归方程可以预测方案用能需求的变化趋势，可以作为进行敏感度分析的依据。

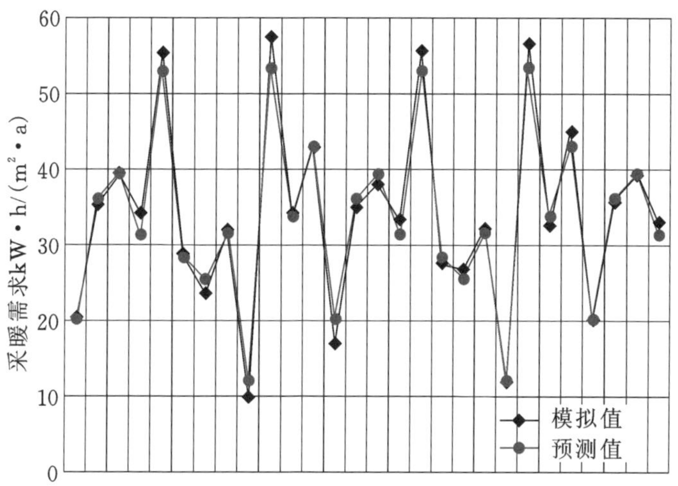

图 6-6　采暖需求回归方程预测值与模拟值对比

（图片来源：作者自绘）

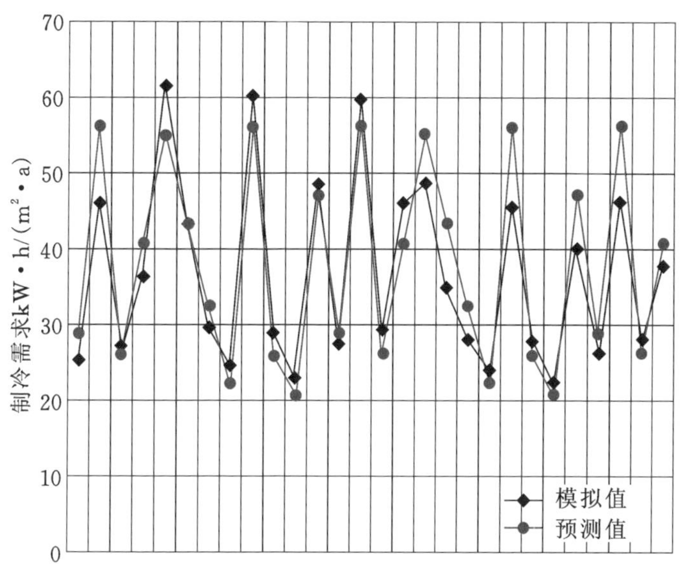

图 6-7　制冷需求回归方程预测值与模拟值对比

（图片来源：作者自绘）

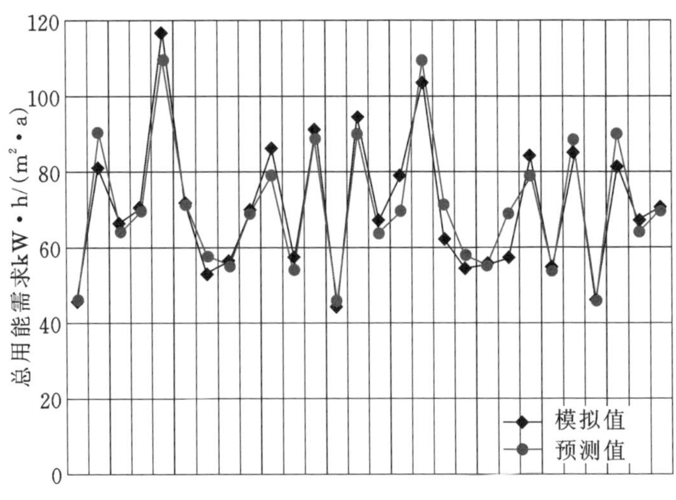

图 6-8 总用能需求回归方程预测值与模拟值对比

（图片来源：作者自绘）

6.3.4 综合完善阶段设计策略敏感度分析

分别以采暖需求、制冷需求和总用能需求为因变量，对综合完善阶段的设计策略敏感度进行分析与排序。

1. 采暖需求

图 6-9 以采暖需求为因变量对设计策略敏感度进行排序。 标记星号（*）的设计策略是经过逐步回归最终进入回归方程的设计策略，这些设计策略的敏感度较高，在优化设计时调整这些设计策略对建筑采暖需求影响最大。

以采暖需求为因变量时，寒冷地区被动式超低能耗居住建筑设计策略敏感度排序结果如下。

• 正相关设计策略敏感度排序：气密性＞玻璃传热系数＞外墙传热系数＞工况＞热桥＞窗框传热系数＞屋面传热系数＞夏季活动遮阳＞底板传热系数。

其中，底板传热系数和夏季活动外遮阳系数对采暖需求的敏感度非常低，可以认为对采暖需求无影响。

• 负相关设计策略敏感度排序：玻璃太阳能得热系数。 玻璃太阳得热系数越大，采暖需求越低。

• 敏感度绝对值大小综合排序：气密性＞玻璃传热系数＞外墙传热系数＞工况＞玻璃太阳能得热系数＞热桥＞窗框传热系数＞屋面传热系数＞夏季活动遮阳＞底

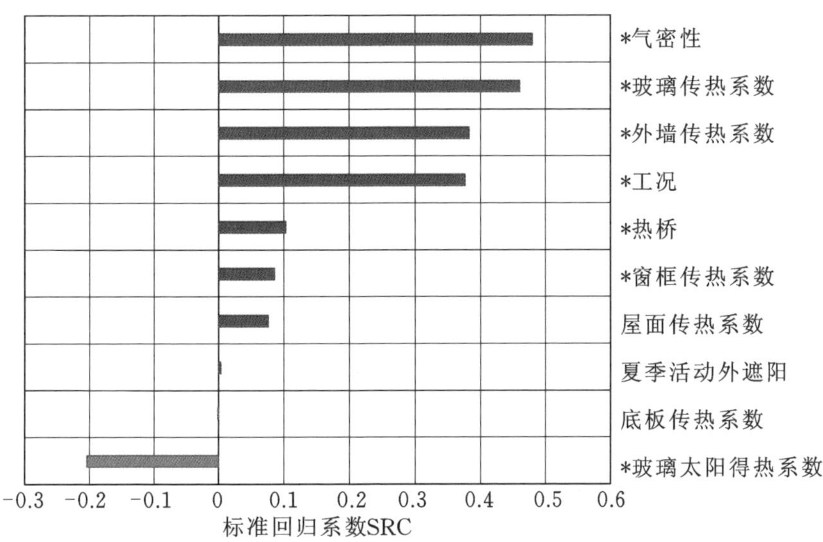

图 6-9　寒冷地区被动式超低能耗居住建筑综合完善阶段设计策略敏感度排序（采暖需求）

（图片来源：根据 SPSS 结果绘制）

板传热系数。

2. 制冷需求

图 6-10 以制冷需求为因变量对设计策略敏感度进行排序。 标记星号（*）的设计策略是经过逐步回归最终进入回归方程的设计策略，这些设计策略的敏感度较高，在优化设计时调整这些设计策略对建筑制冷需求影响最大。

以制冷需求为因变量时，寒冷地区被动式超低能耗居住建筑设计策略敏感度排序结果如下。

• 正相关设计策略敏感度排序为：夏季活动外遮阳系数>玻璃太阳得热系数>屋面传热系数>外墙传热系数>热桥>窗框传热系数>玻璃传热系数。

其中，夏季活动外遮阳系数 SRC 超过 0.8，与制冷需求存在非常强的正相关，夏季活动外遮阳系数值越大（接近于 100%，即完全未遮蔽），制冷需求越大。 因此，增加外窗活动遮阳是降低寒冷地区被动式超低能耗居住建筑夏季制冷需求的首选策略。

值得注意的是，围护结构传热系数基本上与制冷需求正相关，即外墙、屋面、热桥、窗框和玻璃传热系数值越大，制冷需求越大，说明增强围护结构的保温性能对于夏季隔热、降低制冷需求是有一定益处的。 此外，屋面传热系数对制冷需求的敏感度与外墙不相上下，原因在于夏季寒冷地区太阳高度角较高，一般是屋面承接

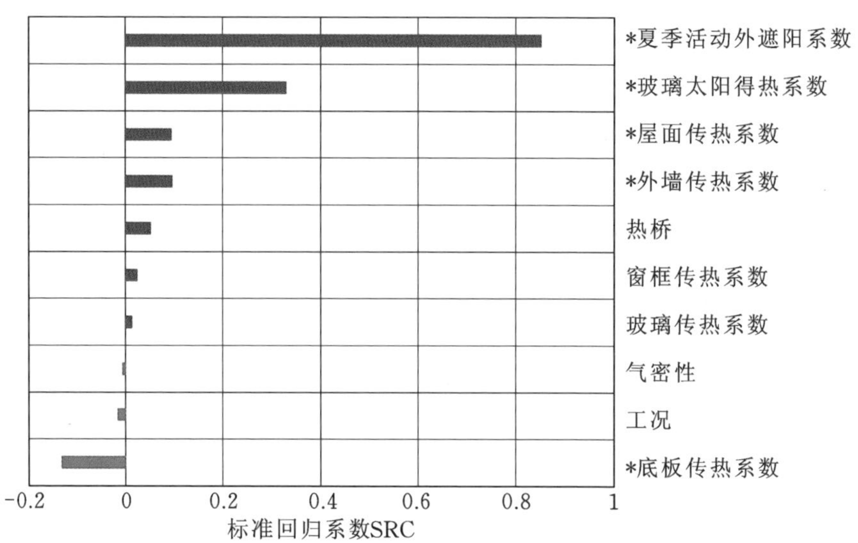

图 6-10　寒冷地区被动式超低居住建筑综合完善阶段设计策略敏感度排序（制冷需求）

（图片来源：根据 SPSS 结果绘制）

了更多热辐射。因此，从夏季隔热的角度，要增加对屋面设计的重视。

• 负相关设计策略敏感度排序为：底板传热系数＞工况＞气密性。

底板传热系数与制冷需求负相关，原因在于夏季土壤温度较低，若底板传热系数增大，则有利于热量从底板流向土壤，从而降低制冷需求。工况设置情况对于夏季制冷需求敏感度较低，但仍可以看出与制冷需求负相关，即采用自然通风与夜间通风相结合的方式，可以降低制冷需求。气密性对制冷需求敏感度非常低，可以忽略。

• 敏感度绝对值大小综合排序为：夏季活动外遮阳系数＞玻璃太阳得热系数＞底板传热系数＞屋面传热系数＞外墙传热系数＞热桥＞窗框传热系数＞工况＞玻璃传热系数＞气密性。

3. 总用能需求

图 6-11 以总用能需求为因变量对寒冷地区被动式超低能耗居住建筑综合完善阶段设计策略敏感度进行排序。标记星号（*）的设计策略是经过逐步回归最终进入回归方程的设计策略，这些设计策略的敏感度较高，在优化设计时调整这些设计策略对建筑总用能需求影响最大。

以总用能需求为因变量时，寒冷地区被动式超低能耗居住建筑设计策略敏感度排序结果如下。

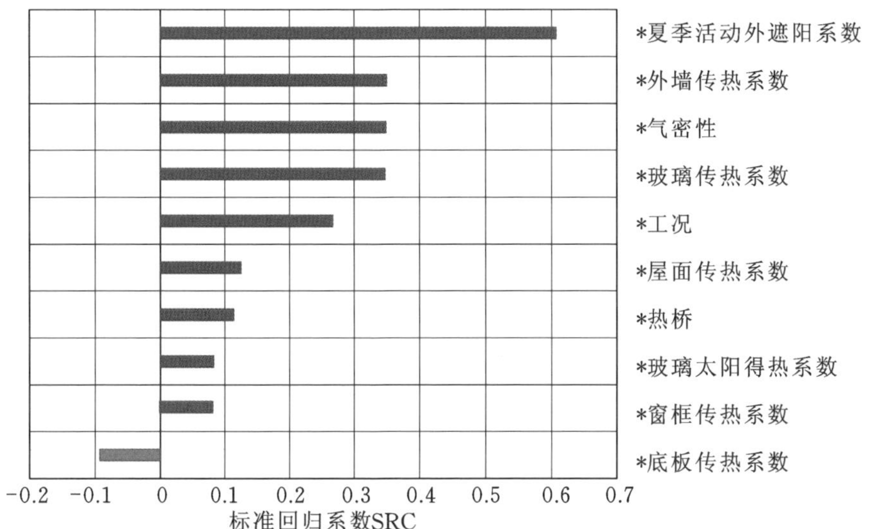

图 6-11　寒冷地区被动式超低能耗居住建筑综合完善阶段设计策略敏感度排序（以总用能需求为因变量）

（图片来源：根据 SPSS 结果绘制）

• 正相关设计策略敏感度排序为：夏季活动外遮阳系数＞外墙传热系数＞气密性＞玻璃传热系数＞工况＞屋面传热系数＞热桥＞玻璃太阳能得热系数＞窗框传热系数。

可以看到，围护结构除底板外，均与总用能需求正相关，即围护结构热工性能越好，总用能需求越低。HVAC 系统方面，使用带热回收的机械通风系统，且热回收效率越高（显热+潜热），总用能需求越低。玻璃太阳得热系数和窗框传热系数这两个设计策略对于总用能需求的敏感性相对弱一些。

• 负相关设计策略仅涉及底板传热系数。底板传热系数增大，总用能需求降低，这是由于地板传热系数带来的制冷需求降低造成的。

• 敏感度绝对值大小综合排序为：夏季活动外遮阳系数＞外墙传热系数＞气密性＞玻璃传热系数＞工况＞屋面传热系数＞热桥＞玻璃太阳能得热系数＞底板传热系数＞窗框传热系数。

7

被动式超低能耗建筑设计辅助决策方法应用

7.1 被动式超低能耗建筑设计辅助决策方法归纳

本书构建的被动式超低能耗建筑设计辅助决策方法框架，将目标导向的性能化设计落实到被动式超低能耗建筑前期方案设计阶段，为建筑师在前期方案设计阶段进行基准评价、方案决策及针对性地选取优化设计策略提供了方法支持（图 7-1）。

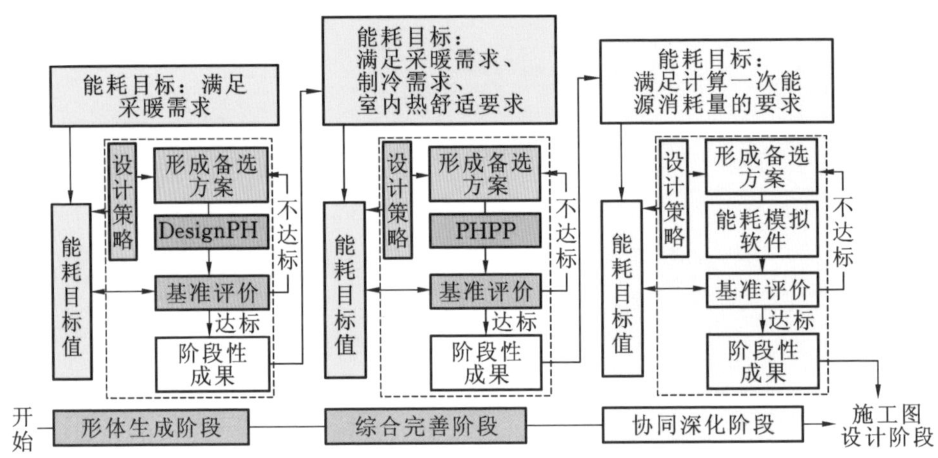

图 7-1 被动式超低能耗建筑设计辅助决策方法归纳

（图片来源：笔者自绘）

其优点如下。

• 在常规节能设计线性流程的基础上，结合被动式超低能耗建筑的特点，通过形体生成、综合完善、协同深化三个阶段，分步实现超低能耗目标。其中形体生成和综合完善阶段为本书设计辅助决策方法研究的重点阶段。

• 根据设计深度、信息量及操作逻辑，将被动式超低能耗建筑标准中的能耗目标拆解至不同的设计阶段，并通过合理的方法将其量化为能耗目标值，为各阶段的性能化设计提供明确的依据。

• 引入基于敏感度分析的设计策略遴选建议，辅助建筑师依据能耗目标高效地遴选优化设计策略。

• 在基准评价时，根据阶段设计深度、信息量及操作逻辑，选用合适的能耗模拟软件，减少性能化设计中的障碍。

本章以寒冷地区居住建筑为例，以其设计现状为基础，应用本书研究成果对其进行基准评价和优化设计，使之达到被动式超低能耗建筑方案设计阶段的能耗目标。通过这个过程，展示所构建设计辅助决策方法框架、能耗目标值、基准评价及设计策略敏感度排序对于辅助设计决策的有效性。操作步骤如下。

（1）收集案例基本信息。

通过查找网络资料、实地拍照的方法搜集原建筑的基本设计信息。

（2）建筑形体优化。

• 根据前文的研究成果，确定形体生成阶段能耗目标与能耗目标值。

• 原方案基准评价。选用 DesignPH 作为模拟软件进行能耗模拟，结合能耗目标值对原方案进行基准评价，决定是否开展优化设计。

• 性能化设计循环：借助设计策略敏感度排序形成备选方案、进行基准评价并进行设计决策，如此往复直至合意。

（3）围护结构与 HVAC 系统优化。

• 根据前文的研究成果，确定综合完善阶段能耗目标与能耗目标值。

• 性能化设计循环：借助设计策略敏感度排序形成备选方案，选用 PHPP 作为模拟软件进行能耗模拟，对设计方案进行基准评价并进行设计决策，如此往复直至合意。

在实际工作中，设计方案的决策受到复杂的多方面因素影响。本章的案例是为了展示所构建被动式超低能耗建筑设计辅助决策方法而进行的研究型设计，因此，在保证建筑满足功能和规范要求的前提下，将能耗目标作为主要的决策影响因素来进行优化设计。

7.2 案例应用一：寒冷地区被动式超低能耗低层住宅优化设计

7.2.1 案例基本信息

案例一位于我国寒冷地区城市天津，是 1 栋 3 层双拼住宅（地上 3 层，采暖地下室 1 层，户型建筑面积 237 m^2），原方案基本设计信息如表 7-1 所示。

表 7-1　案例一原方案基本设计信息

内容		设计信息
朝向		180°
层高		3.3 m
平面轮廓（1F）		SA/TFA＝2.13
窗墙比	南	0.44
	北	0.25
	西	—
	东	0.28
屋面样式		坡屋面
外窗类型		南向卧室凸窗，其余普通窗
外遮阳		屋面悬挑遮阳，外窗构件遮阳

（数据来源：根据资料绘制）

各层平面如图 7-2 所示。

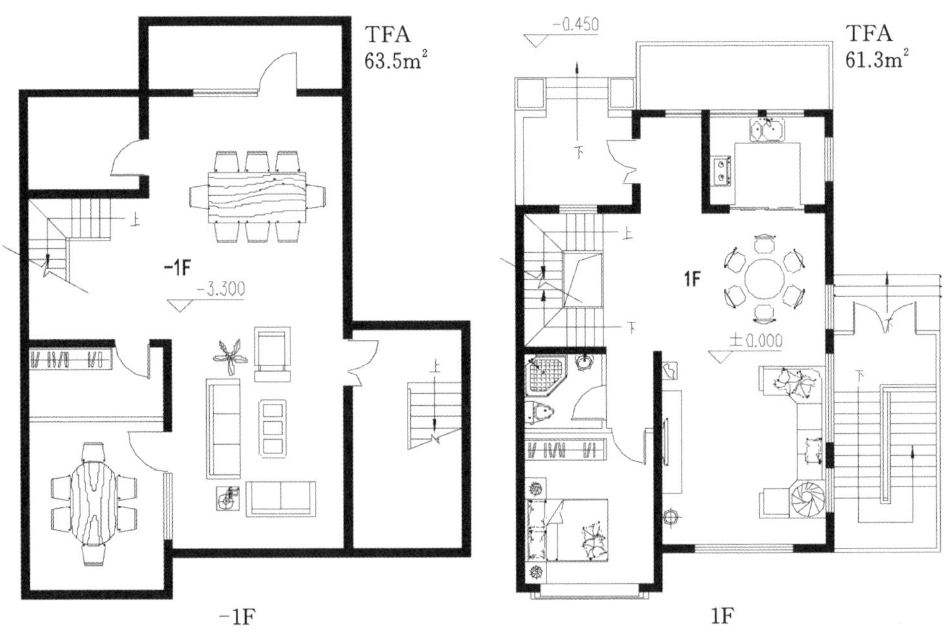

图 7-2　案例一原方案平面示意图

（图片来源：根据网络资料绘制）

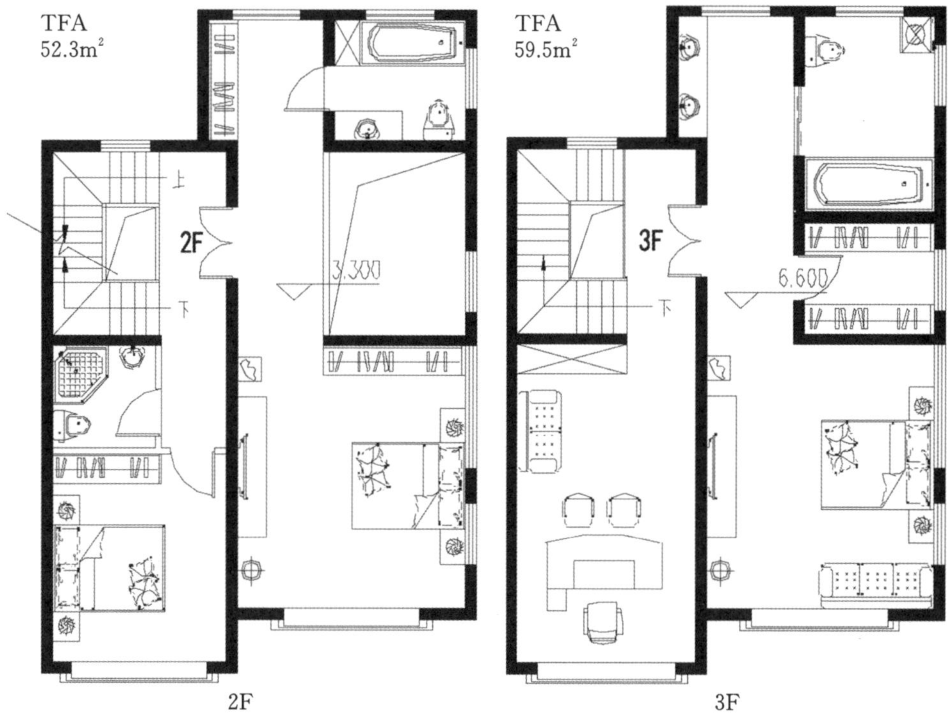

续图 7-2

7.2.2 建筑形体优化与决策

1. 确定能耗目标与目标值

根据前文的研究成果，形体生成阶段能耗目标是降低采暖需求，确定形体生成阶段采暖需求目标值如表 7-2 所示。

表 7-2 形体生成阶段能耗目标与目标值

能耗目标	引导值	基准值	限值
采暖需求（kW · h/（m² · a））	44.3	47.6	54.7

（数据来源：作者自绘）

在进行建筑形体优化设计研究时，建筑围护结构热工性能参数按照天津现行 75% 节能设计标准中的相关要求进行设置，以保证建筑室内热环境基本维持在较好的水平，从而可以使建筑师将关注点放在对形体的设计推敲上，不断对照能耗目标值对设计方案进行优化与修改，充分挖掘形体生成阶段的节能潜力，为后续围护结构和 HVAC 系统设计奠定良好的基础。

2. 原方案基准评价

将目标建筑作为原方案，在 Sketchup 中建立模型，导入天津地区气象数据，使用 DesignPH 进行基准评价，发现原方案采暖需求为 61.7 kW · h/（m^2 · a），对照形体生成阶段采暖需求目标值，发现原方案采暖需求超过了限值，需要进一步优化（表 7-3）。

表 7-3　原方案描述与基准评价结果

各层平面示意图[①]	TFA 63.5m^2（-1F）；TFA 61.3m^2（1F）；TFA 52.3m^2（2F）；TFA 59.5m^2（3F）	
能耗模拟模型	窗高：2600 mm；窗高：1800 mm （a）南向和东向外观	窗高：1800 mm （b）东向和北向外观

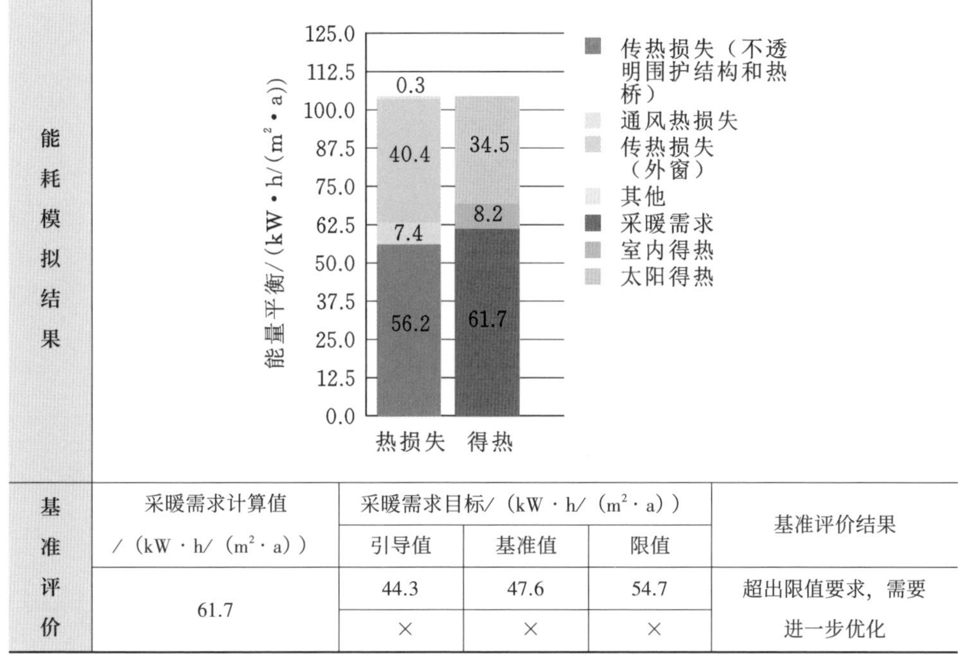

基准评价	采暖需求计算值/（kW·h/（m²·a））	采暖需求目标/（kW·h/（m²·a））			基准评价结果
		引导值	基准值	限值	
	61.7	44.3	47.6	54.7	超出限值要求，需要进一步优化
		×	×	×	

（数据来源：作者自绘）

注①详见附录 D 的图 D-1。

3. 多方案比选与决策

根据设计策略敏感度排序为：南向窗墙比＞层高＞南向外窗类型＞北向窗墙比＞平面轮廓＞东西向窗墙比＞南向遮阳板悬挑长度＞东西向窗墙比×层高＞屋面类型。

分析原方案的设计信息：南向窗墙比 0.44，层高 3.3 m，南向外窗为凸窗，北向窗墙比 0.25，平面轮廓略有凹凸，东向窗墙比 0.28，南向屋檐和外窗构件遮阳，坡屋面。 对照设计策略敏感度排序，原方案在南向窗墙比、层高、南向外窗类型、北向窗墙比、东西向窗墙比、平面轮廓、南向遮阳板悬挑长度及屋面类型方面，均存在进一步优化的潜力。 于是，在形成备选方案时，将增大南向窗墙比，降低层高、取消南向凸窗、减少北向和东向窗墙比、减少平面轮廓凹凸、取消南向外遮阳及屋面坡改平作为优化设计的重点（图 7-3）。 优先对这些策略进行优化，形成如下备选方案。

（1）备选方案一。

首先对南向窗墙比、层高及南向外窗类型进行优化（图 7-4），形成备选方案一。

- 增大南向窗墙比，窗墙比从 0.44 增大至 0.5；

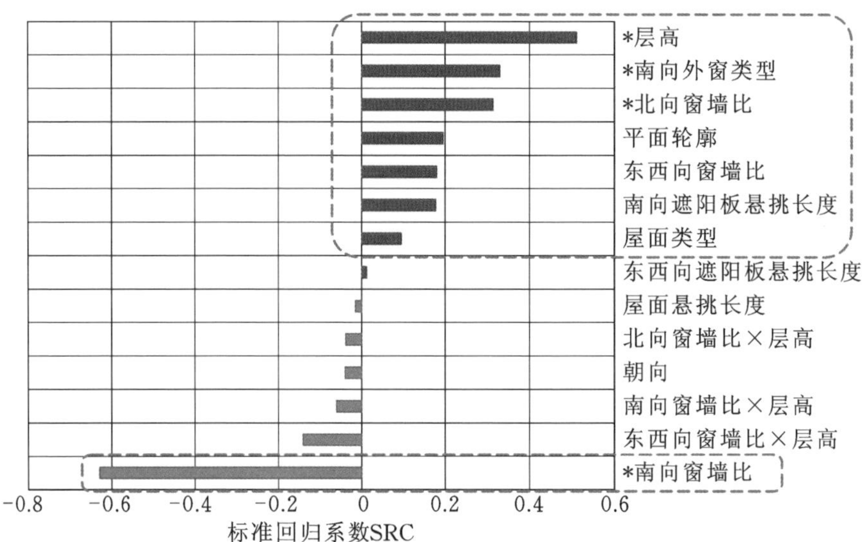

图 7-3　原方案具有优化潜力的敏感性设计策略

（图片来源：作者自绘）

• 将层高从 3.3 m 降低至 3.0 m。降低层高时，同时降低窗高以保证各朝向窗墙比不变（南向窗高由 2.6 m 降低至 2.1 m，东向和北向窗高由 1.8 m 降低至 1.6 m）；

• 取消南向凸窗，以普通窗替换。

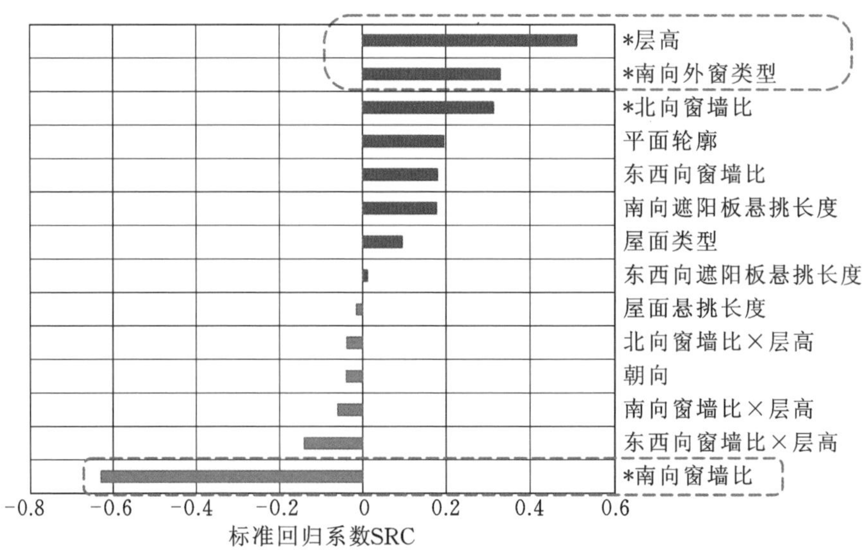

图 7-4　备选方案一对层高、南向外窗类型和窗墙比进行优化

（图片来源：作者自绘）

基准评价结果显示，备选方案一的采暖需求降低至57.9 kW · h/（m^2 · a），但仍不满足限值要求，需继续优化（表7-4）。

表7-4　备选方案一描述与基准评价结果

各层平面示意图①	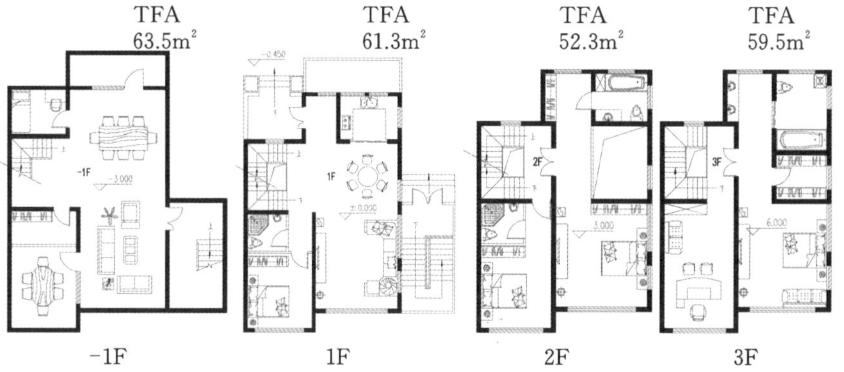 TFA 63.5m^2 -1F	TFA 61.3m^2 1F	TFA 52.3m^2 2F	TFA 59.5m^2 3F
能耗模拟模型	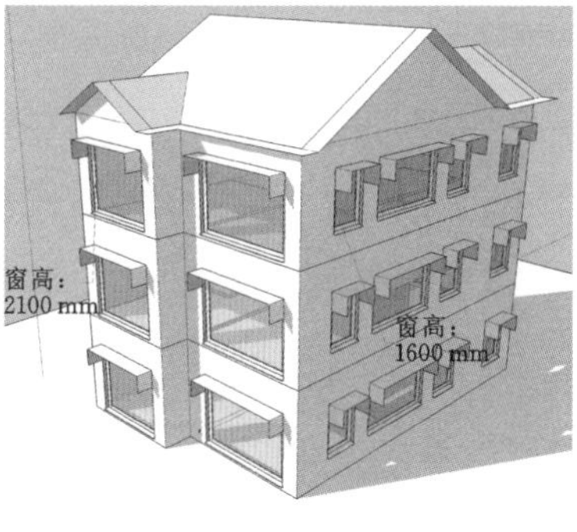 窗高：2100 mm 窗高：1600 mm （a）南向和东向外观		窗高：1600 mm （b）东向和北向外观	
能耗模拟结果	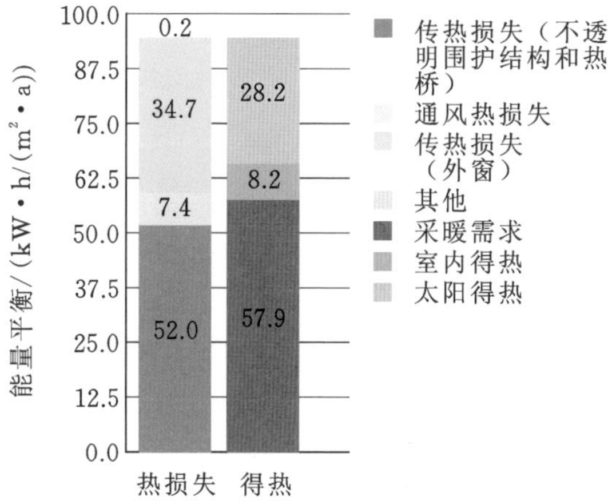 能量平衡/（kW · h/（m^2 · a）） 热损失：52.0，7.4，34.7，0.2 得热：57.9，8.2，28.2 图例：传热损失（不透明围护结构和热桥）；通风热损失；传热损失（外窗）；其他；采暖需求；室内得热；太阳得热			

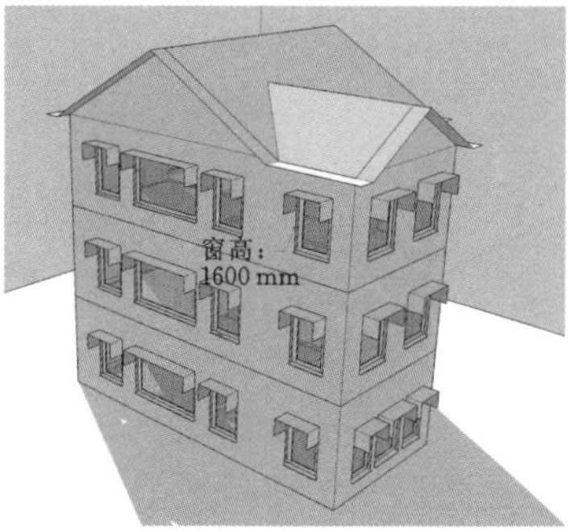

续表

基准评价	采暖需求计算值/（kW·h/（m^2·a））	采暖需求目标（kW·h/（m^2·a））			基准评价结果
		引导值	基准值	限值	
	57.9	44.3	47.6	54.7	仍不满足限值要求，需要进一步优化
		—	—	—	

（数据来源：作者自绘）

注①详见附录 D 的图 D-2。

（2）备选方案二。

在备选方案一的基础上，进一步对北向窗墙比、平面轮廓、东西向窗墙比、屋面类型和南向遮阳板悬挑长度进行优化（图 7-5）。

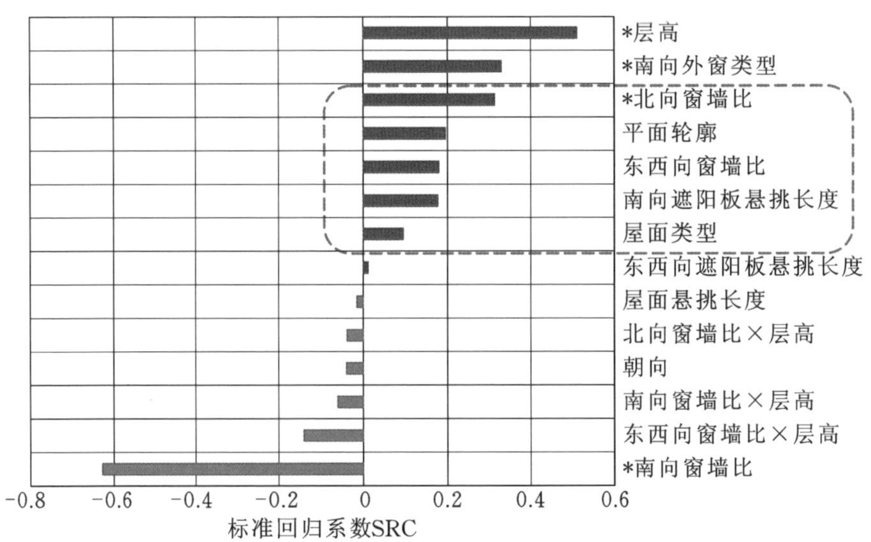

图 7-5　备选方案二对北向窗墙比、平面轮廓等设计策略进行优化

（图片来源：作者自绘）

• 降低北向窗墙比。窗墙比从 0.25 降低至 0.18。

• 减少南向立面轮廓凹凸，SA/TFA 由 2.13 降低至 1.88。调整时，一层南向卧室向北缩进 450 mm，一层南向起居室向南突出 450 mm，保持面积不变。

• 降低东西向窗墙比。窗墙比从 0.28 降低至 0.15。

• 取消南向屋面遮阳和南向外窗构件遮阳。东西向垂直遮阳板的悬挑长度对采暖需求影响不大，故出于造型统一的考虑将东西向遮阳构件一并取消。

• 将坡屋面改为平屋面。

基准评价结果显示，采暖需求降低至49.2 kW · h/（m^2 · a），达到限值要求，但不满足基准值要求，尝试继续优化（表 7-5）。

表 7-5　备选方案二描述与基准评价结果

各层平面示意图①	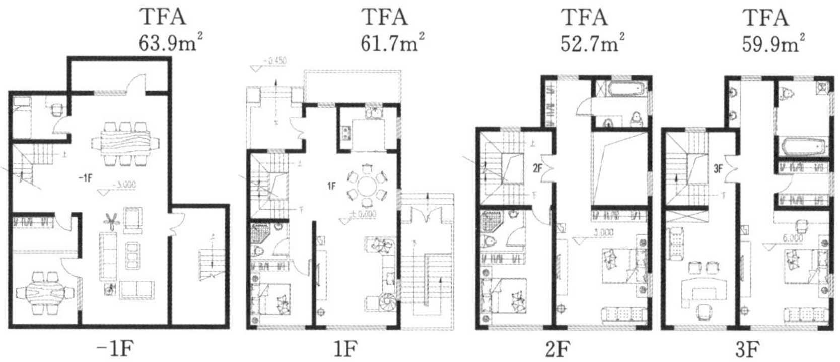 TFA 63.9m^2 -1F；TFA 61.7m^2 1F；TFA 52.7m^2 2F；TFA 59.9m^2 3F	
能耗模拟模型	窗高：1600 mm；窗高：2100 mm (a) 南向和东向外观	窗高：1600 mm (b) 东向和北向外观
能耗模拟结果	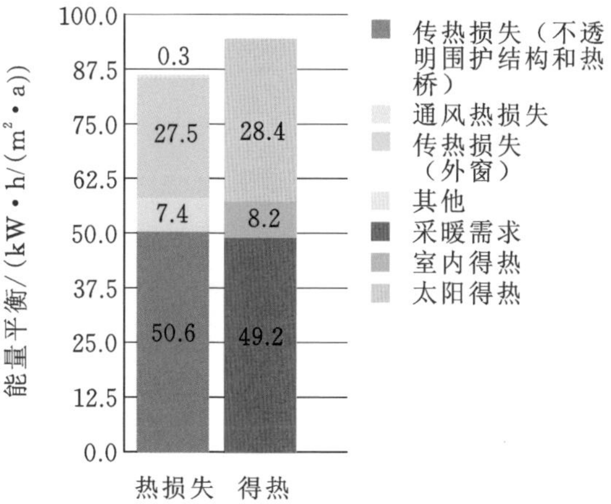 能量平衡/(kW·h/(m^2·a))：0.0、12.5、25.0、37.5、50.0、62.5、75.0、87.5、100.0 热损失：50.6、7.4、27.5、0.3；得热：49.2、8.2、28.4 图例：传热损失（不透明围护结构和热桥）、通风热损失、传热损失（外窗）、其他、采暖需求、室内得热、太阳得热	

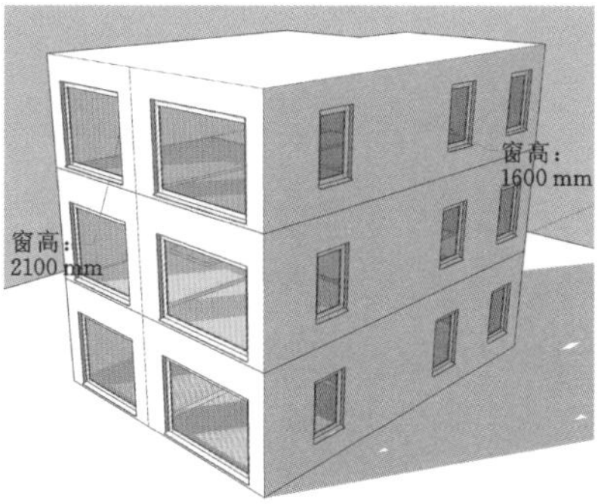

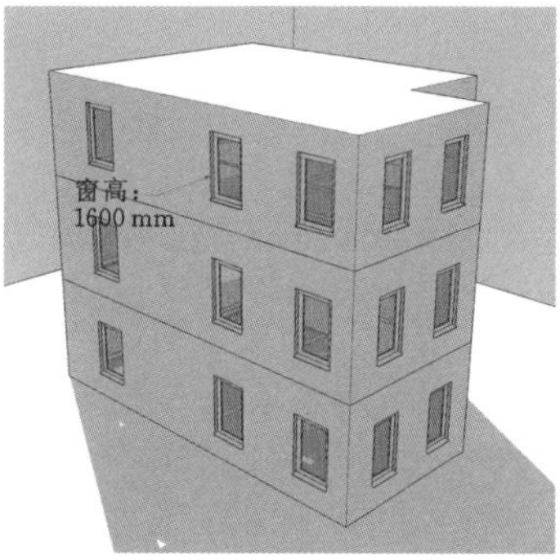

续表

基准评价	采暖需求计算值/（kW·h/（m²·a））	采暖需求目标（kW·h/（m²·a））			基准评价结果
		引导值	基准值	限值	
	49.2	44.3	47.6	54.7	满足限值要求，但不满足基准值要求，尝试继续优化
		×	×	○	

（数据来源：作者自绘）

注①详见附录 D 的图 D-3。

（3）备选方案三。

通过上述优化调整，方案的采暖需求已经比较接近基准值了。为了尝试是否能够达到基准值的要求并探索新的造型设计语言，备选方案三在备选方案二的基础上，进行如下综合调整。

• 将地下室通往地面层的楼梯间封闭，减少东立面与空气的接触面积，从而减少热损失，同时形成二层的平台，丰富居住空间体验。

• 进一步减少东向窗墙比（提高东向外窗的窗台高度使之成为高窗），从 0.15 降低至 0.14。

• 屋面造型与立面构架设计。根据设计策略敏感度排序，南向不宜设置遮阳构件，而东/西向设置遮阳构件则对采暖需求影响不大。因此，将屋面向墙体延伸形成了东向遮阳构架。一方面与阳台结合形成半室外缓冲空间，增加东立面层次并提高私密性；另外又可以减少夏季西晒。

• 屋面以女儿墙的高度变化形成单坡屋面的效果，主体仍是平屋面，便于布置屋面绿化、太阳能光伏板、太阳能集热器等设备。

基准评价结果显示，备选方案三采暖需求进一步降低至 45.5 kW·h/（m²·a），满足基准值（47.6 kW·h/（m²·a））要求（表 7-6）。与原方案相比，通过形体生成阶段的节能设计，建筑采暖需求从 61.7 kW·h/（m²·a）降低到 45.5 kW·h/（m²·a），节能率为 26.2%，外观设计简洁，选择备选方案三进入下阶段的设计。

表 7-6　备选方案三描述与基准评价结果

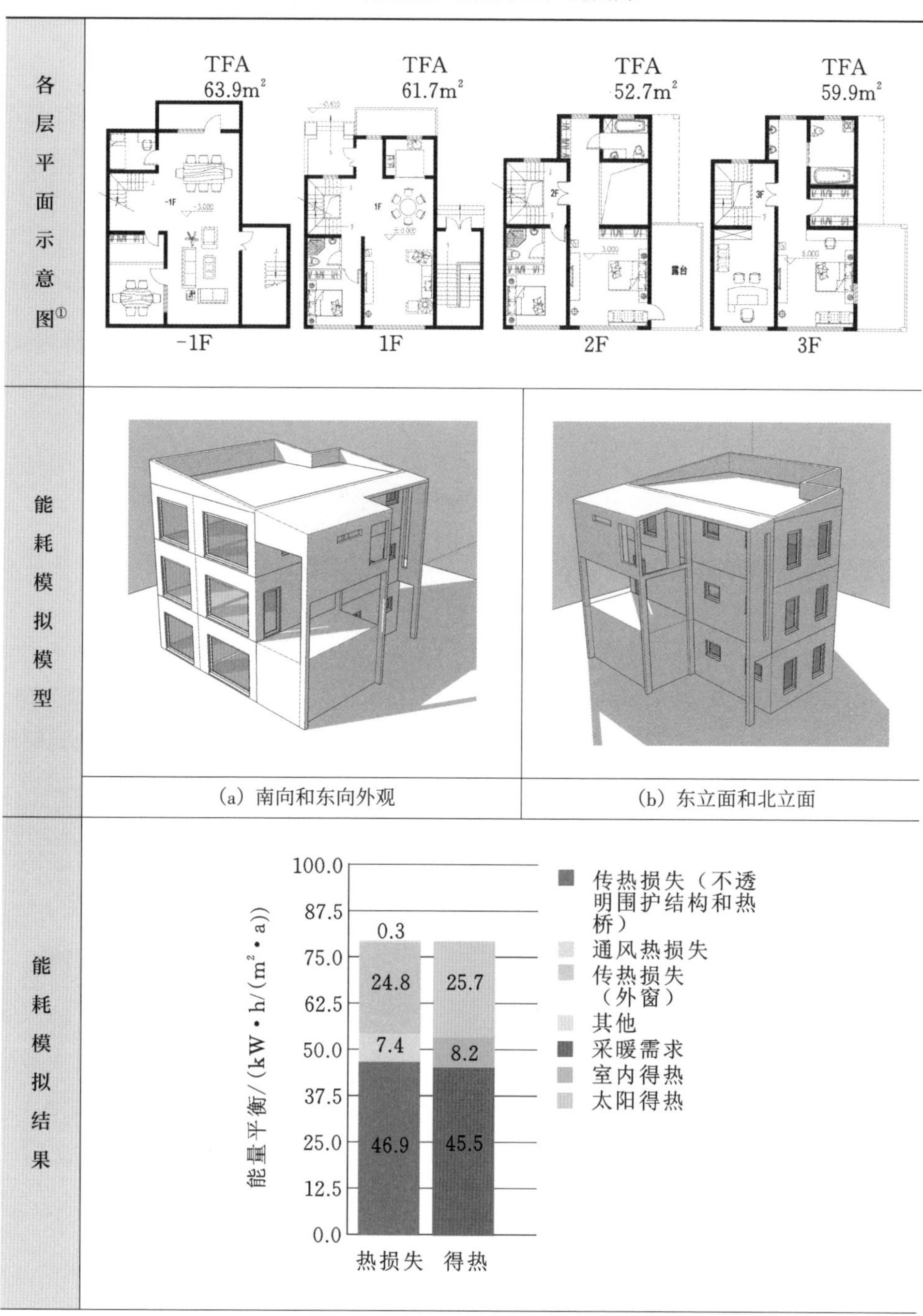

基准评价	采暖需求计算值	采暖需求目标/（kW·h/（m²·a））			基准评价结果
		引导值	基准值	限值	
	45.5	44.3	47.6	54.7	满足基准值要求，采暖需求显著降低，且造型合意，故暂停优化
		×	○	○	

（数据来源：作者自绘）

注①详见附录D的图D-4。

将上述分析体现到设计中，并对方案进行进一步细化，做出如下示例方案（图7-6）。

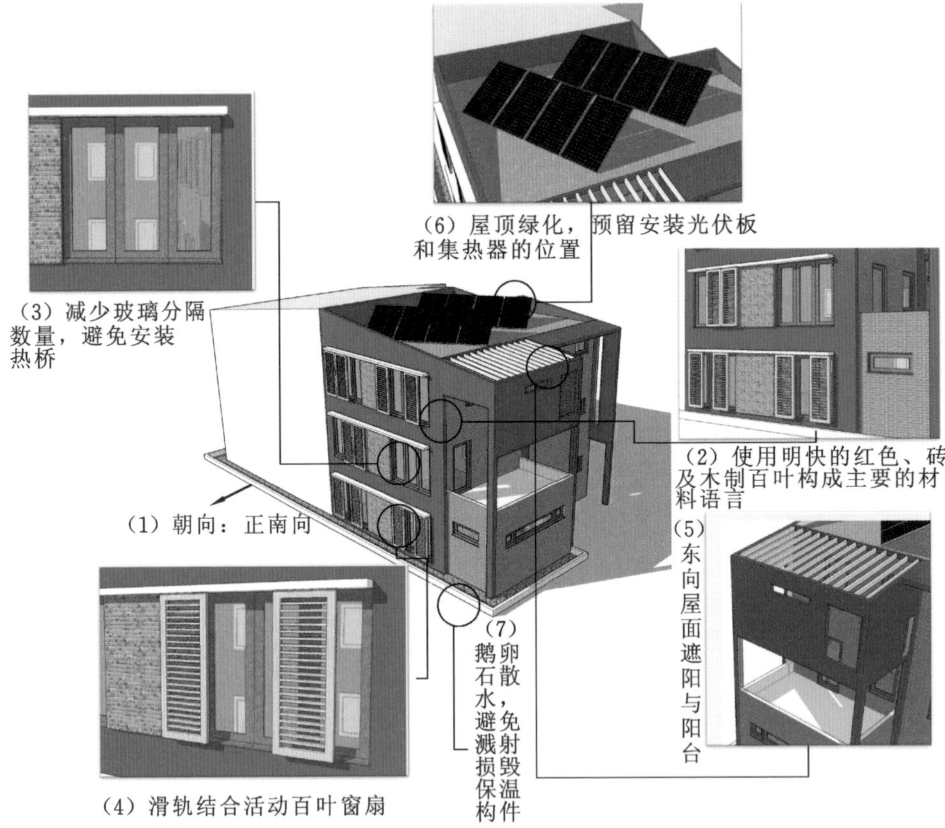

图7-6 寒冷地区被动式超低能耗低层居住建筑设计示例

（图片来源：作者自绘）

该方案的主要特色如下。

（1）采用正南向建筑布局方式。

（2）在建筑形象上，使用明快的色彩、砖及木制百叶构成主要的材料语言，并将屋面和墙面结合起来构图，活泼建筑形象。

（3）外窗出于减少安装热桥的考虑，在设计时就注意选用玻璃分隔数量少的外窗；开启扇使用下悬窗，起到柔和通风的作用。

（4）不同于高层住宅，低层住宅可以在活动外遮阳上做出更多的变化，这里选用滑轨结合活动百叶窗扇的方式，构成南向外窗的活动外遮阳。

（5）避免在南向出现过多的水平悬挑构件，在东向需要遮挡西晒，形成虚实结合的灰空间。

（6）充分利用屋面空间，设置屋顶绿化，并预留安装光伏板和集热器的位置。

（7）散水部位设置鹅卵石，避免雨水溅射损毁保温构件，影响建筑整体性能。

7.2.3 围护结构与 HVAC 系统优化与决策

1.确定能耗目标与目标值

通过形体生成阶段的节能潜力挖掘，方案采暖需求降低至 45.5 kW · h/（m^2 · a），较原方案节能 26%，但与被动式超低能耗建筑标准要求的 15 kW · h/（m^2 · a）仍有较大差距，需要通过综合完善阶段对围护结构和 HVAC 系统的综合设计来达到被动式超低能耗目标。

根据前文的研究成果，综合完善阶段采用的能耗目标与目标值如表 7-7 所示。其中制冷需求是根据天津气象数据，代入制冷需求方程“$3.5+2.0\times WDH_{20}+2.2\times DDH_{28}$”中计算得出。

表 7-7 综合完善阶段能耗目标与目标值

能耗目标		基准值	限值
采暖需求/（kW · h/（m^2 · a））		15	30
制冷需求/（kW · h/（m^2 · a））		20	35
舒适度	室内温度 /℃	冬 20/夏 26	
	超温频率/（%）	10	
	超湿频率/（%）	20（无机械制冷） 10（有机械制冷）	—

（数据来源：作者自绘）

2. 多方案比选与决策

（1）备选方案一。

以降低采暖需求为目标，对围护结构性能参数进行初步设计。根据设计策略敏感度排序，选择气密性、玻璃传热系数、外墙传热系数、玻璃太阳得热系数、热桥、窗框传热系数、屋面传热系数和工况作为设计策略，工况选择带全热回收的机械通风系统（显热回收效率 85%，潜热回收效率 65%），形成备选方案一（图 7-7，表 7-8）。

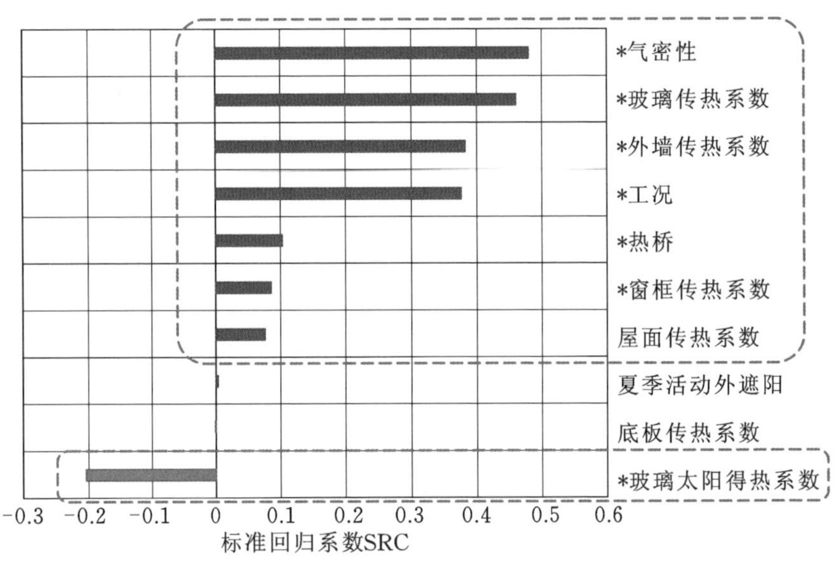

图 7-7　备选方案一对气密性、玻璃太阳得热系数等设计策略进行优化

（图片来源：作者自绘）

表 7-8　备选方案一基本信息

内容	性能参数
气密性/（h^{-1}）	0.4
玻璃传热系数/（W/（m^2·K））	0.6
外墙传热系数/（W/（m^2·K））	0.13
工况	全热回收的机械通风系统（显热回收效率 85%，潜热回收效率 65%，夏季旁通按温差控制）
热桥/（W/（m·K））	0

续表

内容	性能参数
窗框传热系数/（W/（m²·K））	1.0
屋面传热系数/（W/（m²·K））	0.2
夏季活动外遮阳系数	—
底板传热系数 /（W/（m²·K））	0.15
玻璃太阳得热系数	0.69

（数据来源：作者自绘）

将备选方案一设计信息导入 PHPP，计算得到采暖需求为 11.6 kW · h/（m² · a），制冷需求为 37 kW · h/（m² · a），超湿频率为 27%。 采暖需求满足基准值要求，但制冷需求和室内环境舒适度均不满足要求，继续优化（表 7-9）。

表 7-9 备选方案一基准评价结果

基准评价	采暖需求 /（kW·h/（m²·a））	制冷需求 /（kW·h/（m²·a））	超温频率（开制冷）/（%）	超湿频率 /（%）
计算值	11.6	37	0	27
能耗目标（基准值/限值）	15/30	20/35	10	10
	○/○[①]	×/×	○	×
基准评价结果	制冷需求和室内湿度不满足要求，继续优化			

（数据来源：作者自绘）

（2）备选方案二。

针对备选方案一制冷需求过高的问题，借助制冷需求设计策略敏感度排序进行设计优化。

根据制冷需求设计策略敏感度排序，夏季活动外遮阳系数是最敏感的设计策略，增设夏季活动遮阳会显著降低制冷需求。 选择玻璃太阳得热系数是第二敏感的设计策略，降低玻璃太阳得热系数会降低制冷需求，但玻璃太阳得热系数同时也是冬季采暖需求较为敏感的设计策略，一旦降低，采暖需求也会随之上升。 分析备选方案一，可知其采暖需求与基准值已经较为接近，再增加有超标的风险，故针对制冷需求过高的问题，仅选择增加夏季活动外遮阳，形成备选方案二（图 7-8，表 7-10）。

---

① ○表示满足要求，×表示不满足要求。 后同，不另说明。

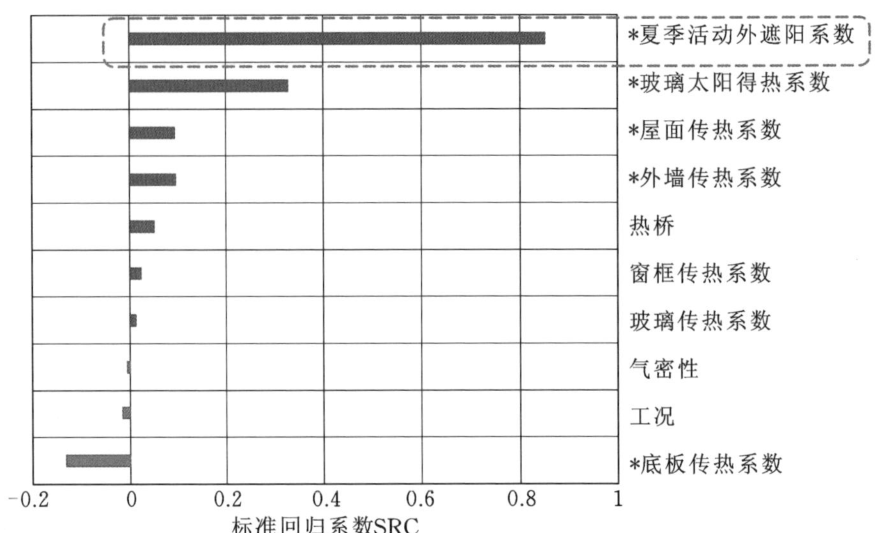

图 7-8 备选方案二对夏季活动外遮阳系数进行优化

（图片来源：作者自绘）

表 7-10 备选方案二基本信息

内容	性能参数
气密性/（h^{-1}）	0.4
玻璃传热系数/（W/（m^2·K））	0.6
外墙传热系数/（W/（m^2·K））	0.13
工况	全热回收的机械通风系统（显热回收效率 85%，潜热回收效率 65%，夏季旁通按温差控制）
热桥/（W/（m·K））	无
窗框传热系数/（W/（m^2·K））	1.0
屋面传热系数/（W/（m^2·K））	0.2
夏季活动外遮阳系数	10%
底板传热系数/（W/（m^2·K））	0.15
玻璃太阳得热系数	0.69

（数据来源：作者自绘）

基准评价结果显示，制冷需求显著降低，采暖需求略微提高，但均满足基准值要求；超湿问题仍然存在，尝试进一步优化（表 7-11）。

表 7-11　备选方案二基准评价结果

基准评价	采暖需求 /（kW·h/（m²·a））	制冷需求 /（kW·h/（m²·a））	超温频率（开制冷）/（%）	超湿频率 /（%）
计算值	13	15	0	27
能耗目标（基准值/限值）	15/30	20/35	10	10
	○/○	○/○	○	×
基准评价结果	室内湿度仍不满足要求，需要进一步优化			

（数据来源：作者自绘）

（3）备选方案三。

针对备选方案二出现的室内湿度过高的问题，备选方案三增加额外的除湿系统（表 7-12）。基准评价结果显示，湿度明显降低，室内热舒适达到要求（表 7-13）。

表 7-12　备选方案三基本信息

内容	性能参数
气密性/（h^{-1}）	0.4
玻璃传热系数/（W/（m²·K））	0.6
外墙传热系数/（W/（m²·K））	0.13
工况	全热回收的机械通风系统（显热回收效率 85%，潜热回收效率 65%，夏季旁通按温差控制，增加额外除湿设备）
热桥/（W/（m·K））	无
窗框传热系数/（W/（m²·K））	1.0
屋面传热系数/（W/（m²·K））	0.2
夏季活动外遮阳系数	10%
底板传热系数/（W/（m²·K））	0.15
玻璃太阳得热系数	0.69

（数据来源：作者自绘）

表 7-13　备选方案三基准评价结果

基准评价	采暖需求	制冷需求	超温频率（开制冷）/（%）	超湿频率/（%）
计算值	13	15	0	0
能耗目标（基准值/限值）	15/30	20/35	10	10
	○/○	○/○	○	○
基准评价结果	所有指标满足要求，暂停优化			

（数据来源：作者自绘）

综上，案例一的优化过程应用了本书在方法框架、能耗目标与目标值、能耗模拟软件选取、设计策略敏感度分析等方面的研究成果。在基于性能化设计循环的线性流程中，先后对建筑形体及围护结构与 HVAC 系统进行优化设计与决策。

针对案例一原方案，引入针对形体生成阶段的能耗目标与目标值，使用 DesignPH 对原方案的形体设计方案进行能耗模拟，并依据目标值判定原方案是否能够达标。根据基准评价结果并结合案例一的具体特点，优选敏感度高的设计策略形成备选方案，循环往复直至合意。在围护结构热工性能参数不变的情况下，得到的优化方案仅依靠形体设计就比原方案节能 26.2%。在综合完善阶段，对上一步优选出的形体方案进一步进行围护结构与 HVAC 系统优化设计。使用 PHPP 对设计方案进行更为详细的能耗核算，根据基准评价结果，优选敏感度高的设计策略形成备选方案，循环往复直至达到综合完善阶段的能耗目标值。

案例一的优化设计过程表明，在建筑方案设计阶段，以量化目标为导向可以进一步挖掘形体节能设计潜力，保证超低能耗目标的最终实现。研究得到的能耗目标值和设计策略敏感度排序对设计与决策起到一定的支持作用，有效提高了被动式超低能耗建筑的设计效率。

7.3　案例应用二：寒冷地区被动式超低能耗高层住宅优化设计

7.3.1　案例基本信息

项目位于寒冷地区城市天津，目标建筑是 1 栋 17 层板式高层住宅（标准层 2 梯

4 户）。原方案基本设计信息如表 7-14 所示，标准层平面图如图 7-9 所示。

表 7-14　案例二原方案基本设计信息

内容		设计信息
朝向		约 160°
层高		2.9 m
平面轮廓		SA/TFA = 1.12
窗墙比	南	0.5
	北	0.17
	西	0.05
	东	0.05
屋面样式		平屋面
外窗类型		普通窗
外遮阳		无

（数据来源：作者自绘）

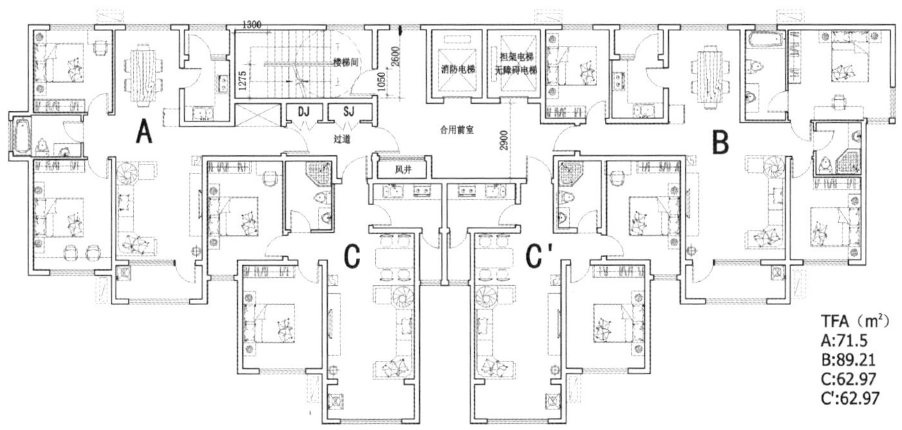

图 7-9　案例二原方案标准层平面图

（图片来源：作者自绘）

7.3.2　建筑形体优化与决策

1. 确定能耗目标与目标值

根据前文的研究成果，形体生成阶段能耗目标是降低采暖需求，确定形体生成阶段采暖需求目标值如表 7-15 所示。

表 7-15　形体生成阶段能耗目标与目标值

能耗目标	引导值	基准值	限值
采暖需求/（kW · h/（m² · a））	27.6	32.5	36.3

（数据来源：作者自绘）

在进行建筑形体优化设计研究时，建筑围护结构热工性能参数按照天津现行75%节能设计标准中的相关要求进行设置，以保证建筑室内热环境基本维持在较好的水平，从而可以使建筑师将关注点放在对形体的设计推敲上，不断对照能耗目标值对设计方案进行优化与修改，充分挖掘形体生成阶段的节能潜力，为后续围护结构和 HVAC 系统设计奠定良好的基础。

2. 原方案基准评价

根据原方案设计信息在 Sketchup 中建立模型，导入天津地区气象数据，使用 DesignPH 进行基准评价，发现该方案采暖需求为 35.8 kW · h/（m² · a），满足限值（<36.3 kW · h/（m² · a））要求，但与基准值仍有一定差距，有进一步优化的余地（表 7-16）。

表 7-16　原方案描述与基准评价结果

标准层平面图①	TFA（m²） A:71.5 B:89.21 C:62.97 C':62.97

续表

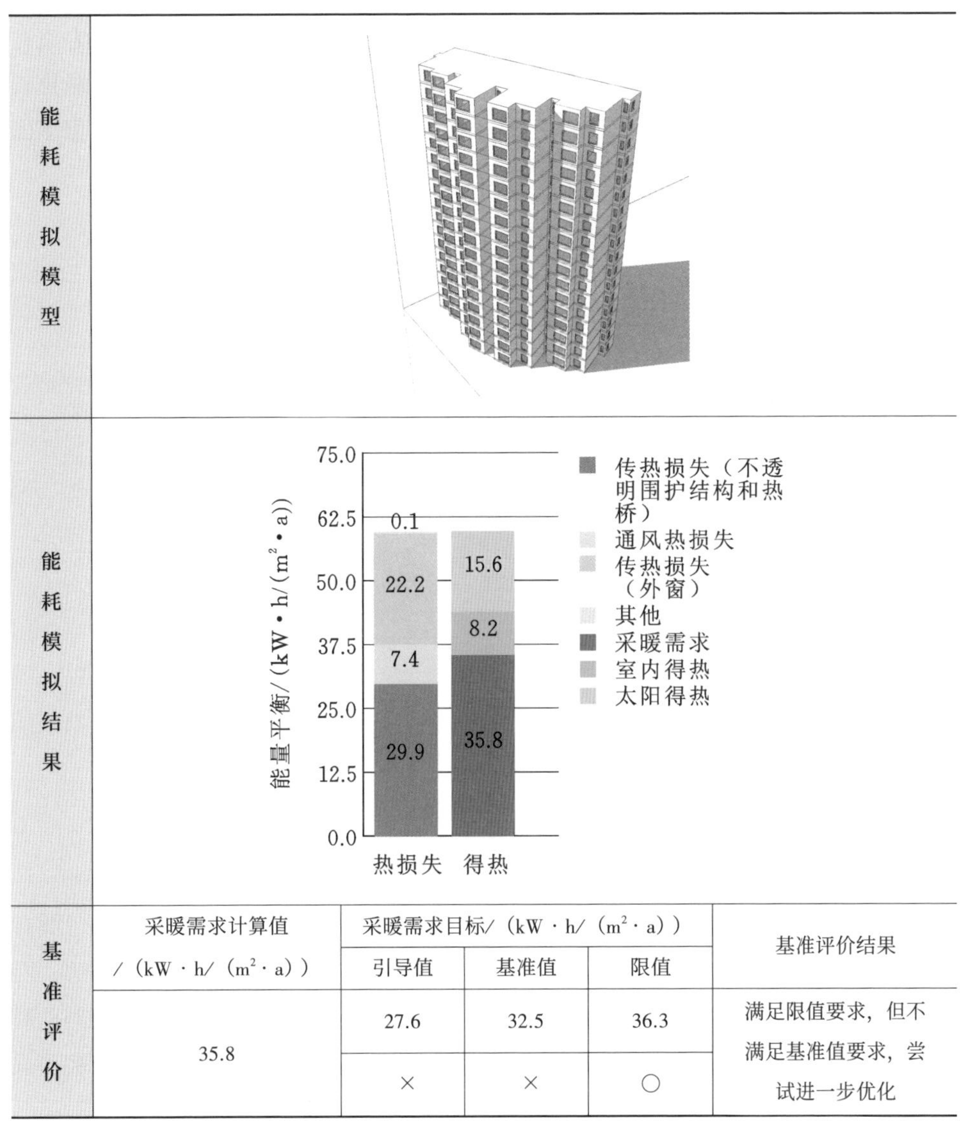

基准评价	采暖需求计算值/（kW·h/（m²·a））	采暖需求目标/（kW·h/（m²·a））			基准评价结果
		引导值	基准值	限值	
	35.8	27.6	32.5	36.3	满足限值要求，但不满足基准值要求，尝试进一步优化
		×	×	○	

（数据来源：作者自绘）

注①详见附录 E 的图 E-1。

3. 多方案比选与决策

根据设计策略敏感度排序，优先选取敏感性高的设计策略对方案进行调整。根据敏感度排序，降低寒冷地区高层居住建筑采暖需求的设计策略敏感度排序是：南向窗墙比>南向外窗类型>层高>平面轮廓>南向遮阳板悬挑长度>北向窗墙比>南向窗墙比×层高>屋面类型>朝向>北向窗墙比×层高>屋面悬挑长度。

结合原方案的设计信息并对照敏感度排列靠前的5项设计策略发现，原方案在南向窗墙比（0.5）、南向外窗类型（普通窗）、层高（2.9 m）和南向遮阳板悬挑长度（无悬挑）方面，均处于优水平或与优水平接近，继续优化的潜力不大。但平面轮廓凹凸较多，还有进一步优化设计的潜力和必要性（图7-10）。

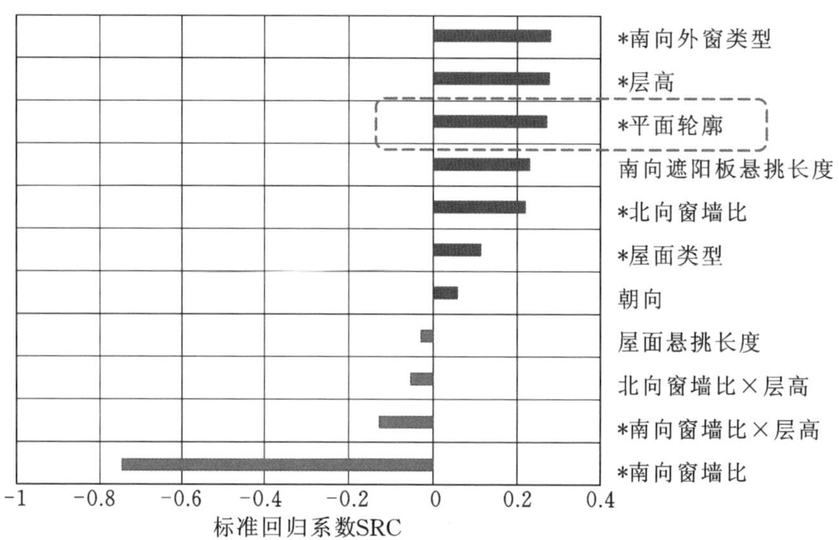

图7-10 结合敏感度排序与原方案信息，以平面轮廓作为优化重点

（图片来源：作者自绘）

居住建筑的平面轮廓既与平面功能布局紧密相关，又与居民的居住行为习惯有着较强的关联。例如，南向安排起居室、卧室等主要生活空间，北向安排书房、卫生间和厨房等辅助空间；套型整体以起居室为核心，通过走道联系各功能空间；对于户数较多的高层住宅，常以错缝形成采光通风窗。但是，这种布局在进行被动式超低能耗设计时也存在一些问题。

（1）错缝，尤其是深缝，会导致平面轮廓凹凸过多，增大传热损失与热桥发生的可能性。

（2）错缝采光的缝通常比较狭窄（案例中采光缝净宽2000 mm），而被动式超低能耗建筑一般外墙保温层厚度较大（我国示范项目中一般超过200 mm[253]，有做到250 mm[31]、270 mm[254]、300 mm[255]的）。在本案例中，按照200～300 mm的保温层厚度计算，考虑了两侧保温层厚度后，采光缝净宽为1400～1500 mm，缝长宽比约为1∶5，采光效果不佳。

(3) 此外，采光缝过窄，也容易导致开窗处墙体面积过小，使保温层无处粘贴，不利于保温层的连续。

综合上述分析并结合本案例的特点，将标准层平面轮廓作为案例二优化调整的重点。

(1) 备选方案一。

备选方案一首先保持端部户型不变，对中部户型布局进行调整，取消卫生间处的采光深缝以减少外轮廓凹凸。对备选方案一进行基准评价，发现采暖需求从 35.8 kW · h/（m^2 · a）降低至 30.6 kW · h/（m^2 · a），降幅为 14.5%。对照形体生成阶段采暖需求的能耗目标值可知，通过初步优化调整，备选方案一已达到了形体生成阶段采暖需求基准值要求，但不满足引导值要求（表 7-17）。

表 7-17　备选方案一描述与基准评价结果

标准层平面图①	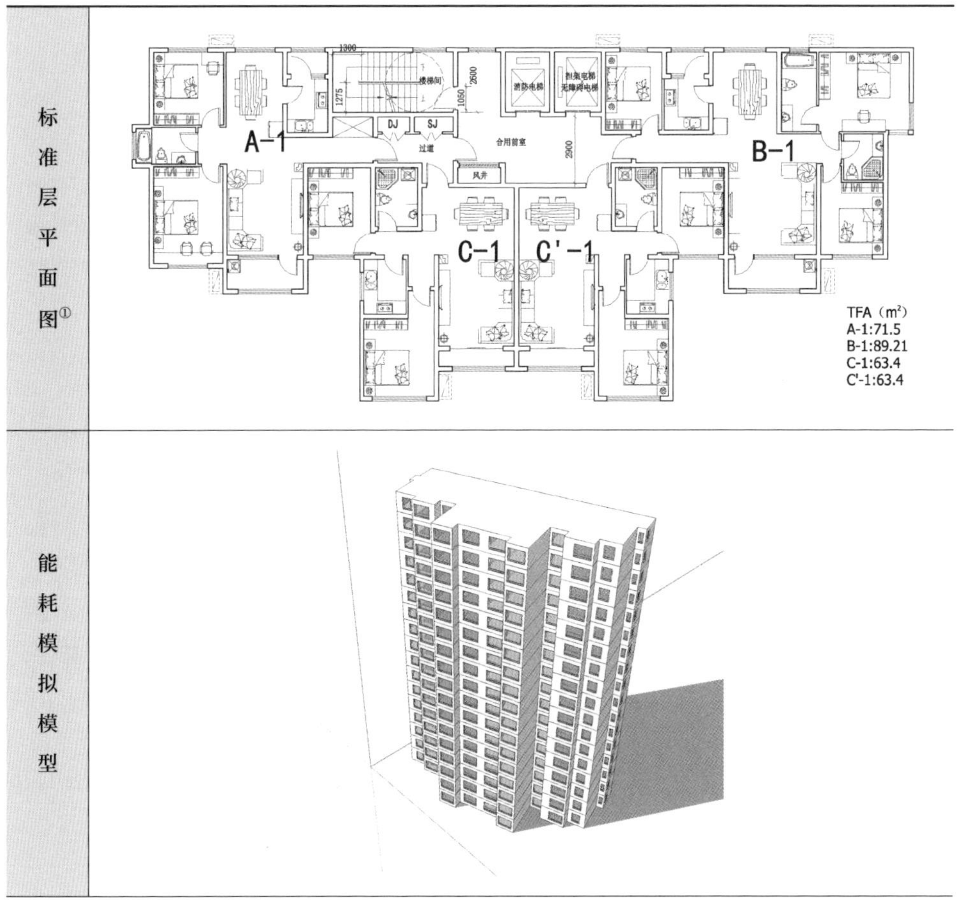
能耗模拟模型	

续表

能耗模拟结果

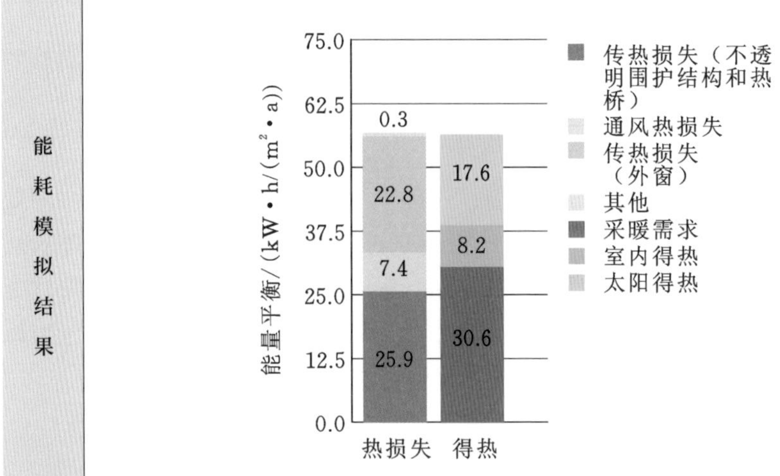

	采暖需求计算值 /（kW·h/（m²·a））	采暖需求目标/（kW·h/（m²·a））			基准评价结果
		引导值	基准值	限值	
基准评价	30.6	27.6	32.5	36.3	满足基准值要求，但不满足引导值要求，平面布局有进一步优化的潜力，故尝试进一步优化
		×	○	○	

（数据来源：作者自绘）

注①详见附录 E 的图 E-2。

在决定是否继续对备选方案一进行继续优化时，从以下两方面进行了分析：

• 从能耗角度，备选方案一虽然达到了基准值，但未达到引导值要求，有进一步优化的潜力。

• 从户型平面布局角度，备选方案一标准层的端部户型仍存在一些问题：A 户型卫生间处外凸，可以在满足面积和基本功能的前提下，通过平面布局调整抹平，减少传热面和热桥的发生；B 户型靠近电梯的卧室存在噪声干扰，宜改为书房；B 户型主卧室位于北侧，宜调整为南向主卧室。

综上，针对备选方案一存在的上述问题，决定对其进行进一步优化，在优化户型布局的同时注意保持平面外轮廓齐整，尝试是否可以达到引导值的要求。

（2）备选方案二。

在备选方案一的基础上，做出如下调整形成备选方案二。

• 对标准层端部户型布局进行布局调整，在调整时注意保持外轮廓简洁整齐。

• 取消备选方案一 B 户型北向主卧室，通过布局调整使主卧室位于南向，优化居住体验。

• 将备选方案一 B 户型临近电梯的卧室改为书房，避免噪音和震动干扰。

• 将客用卫生间做成干湿分离，优化居住体验。

• 适当缩小北向窗宽，进一步降低北向窗墙比。

使用 DesignPH 进行基准评价发现，备选方案二采暖需求为 30.5 kW · h/（m^2 · a）（表 7-18），满足基准值的要求，比备选方案一采暖需求降低 0.1 kW · h/（m^2 · a），且户型布局更为合理，是比备选方案一更佳的方案，但仍不满足引导值的要求。

表 7-18　备选方案二描述与基准评价结果

标准层平面图[①]	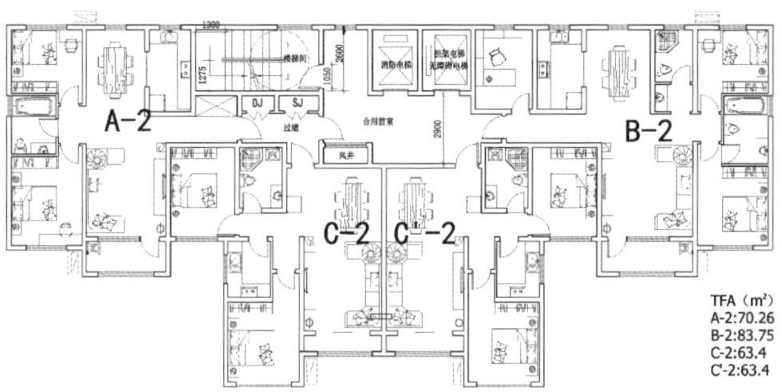
能耗模拟模型	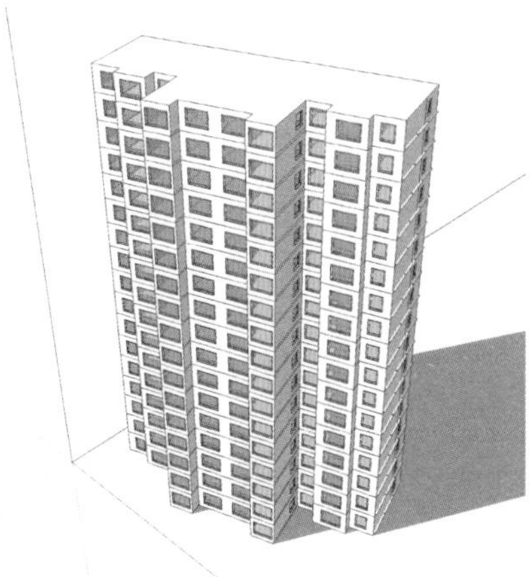

<table>
<tr><td>能耗模拟结果</td><td colspan="5">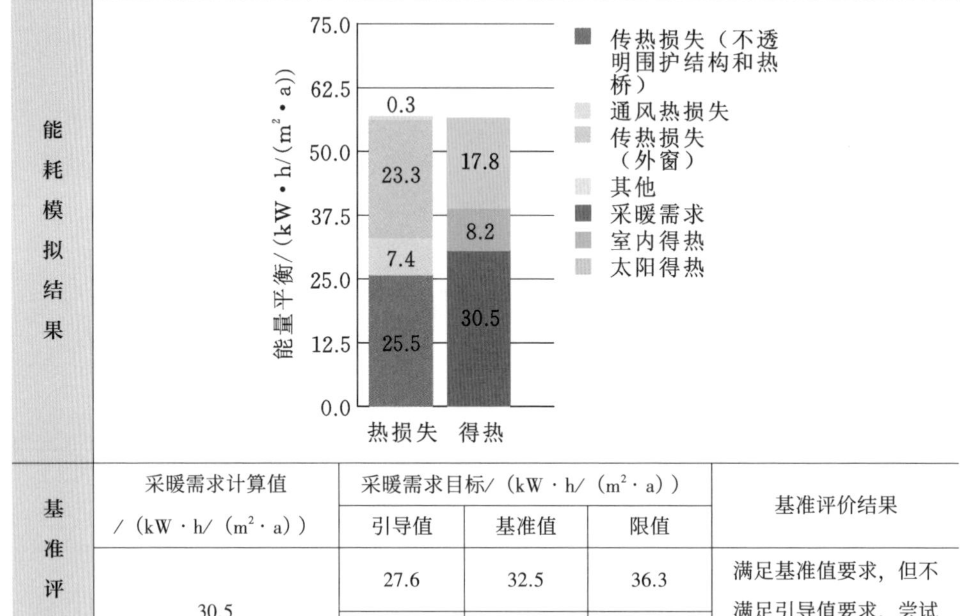
</td></tr>
<tr><td rowspan="4">基准评价</td><td rowspan="2">采暖需求计算值/（kW·h/（m²·a））</td><td colspan="3">采暖需求目标/（kW·h/（m²·a））</td><td rowspan="2">基准评价结果</td></tr>
<tr><td>引导值</td><td>基准值</td><td>限值</td></tr>
<tr><td rowspan="2">30.5</td><td>27.6</td><td>32.5</td><td>36.3</td><td rowspan="2">满足基准值要求，但不满足引导值要求，尝试进一步优化</td></tr>
<tr><td>×</td><td>○</td><td>○</td></tr>
</table>

（数据来源：作者自绘）

注①详见附录 E 的图 E-3。

优化至此可以发现，在现有平面布局的基础上要想达到引导值是较为困难的，为了得到满足引导值的形体设计方案，需要对户型进行更大的改变。

(3) 备选方案三。

在备选方案二的基础上，保持标准层交通核和端部户型不变，重点调整了中部户型：减少一个卧室，使其面积和凸出的进深缩小。使用 DesignPH 进行基准评价，得到备选方案三的采暖需求为 24.7 kW·h/（m²·a），达到引导值要求（表 7-19）。

表 7-19　备选方案三描述与基准评价结果

标准层平面图①	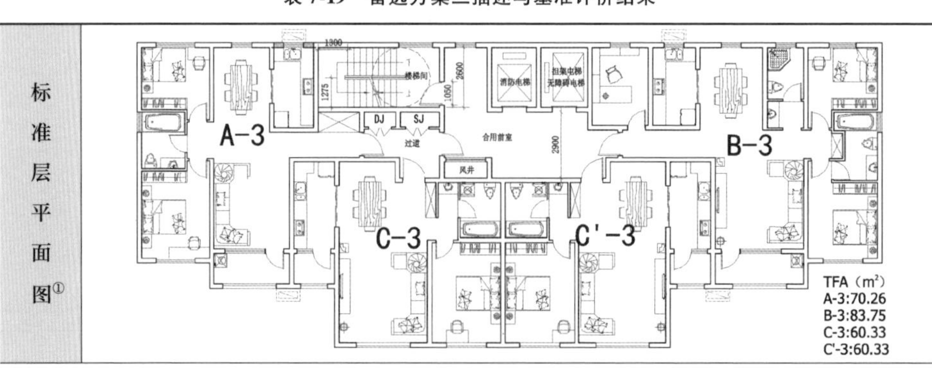

续表

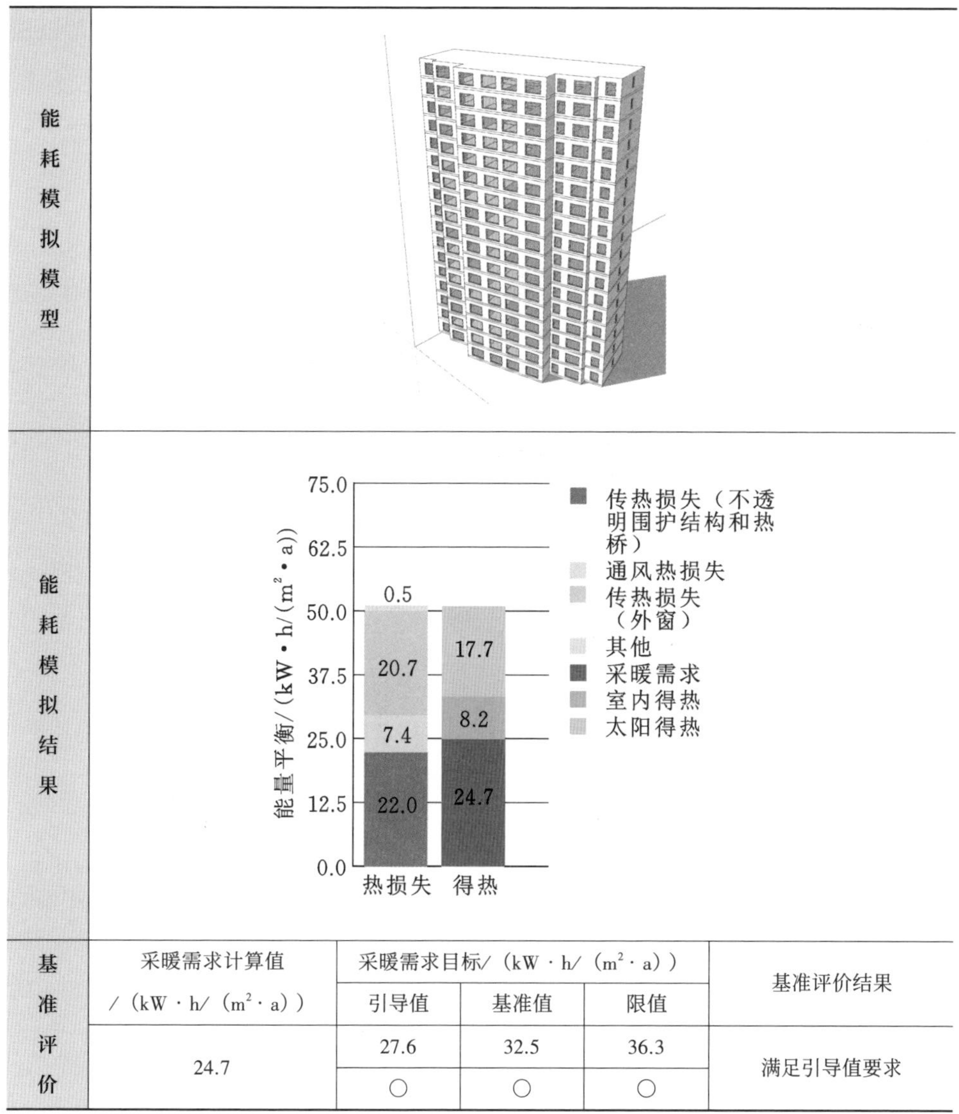

基准评价	采暖需求计算值/（kW·h/（m²·a））	采暖需求目标/（kW·h/（m²·a））			基准评价结果
		引导值	基准值	限值	
	24.7	27.6	32.5	36.3	满足引导值要求
		○	○	○	

（数据来源：作者自绘）

注①详见附录 E 的图 E-4。

综合分析 3 个备选方案，形体节能设计潜力均在每户采暖空间净面积（TFA）变动不大的前提下，得到逐步挖掘。其中，备选方案二和三是两个值得讨论的方案：从面积上来看，备选方案三中部户型净面积比备选方案二小了 3 m²；在功能级配上来看，备选方案二做出了两个卧室，备选方案三减少了一个卧室，但厨房、起居室和卫生间的面积增大，卫生间干湿分离，优化了使用体验；从能耗角度来看，备选方案二比原方案采暖需求降低 5.3 kW · h/（m^2 · a），节能率 14.8%。备选方案三比原方案采暖需求降低 11.1 kW · h/（m^2 · a），节能率 31%。本书从最大限度降低能耗的角度考虑，选择备选方案三进入下一阶段的设计。

将上述分析反映到设计中，对方案进行进一步细化，做出如下方案（图 7-11）。归纳该方案的主要特色如下。

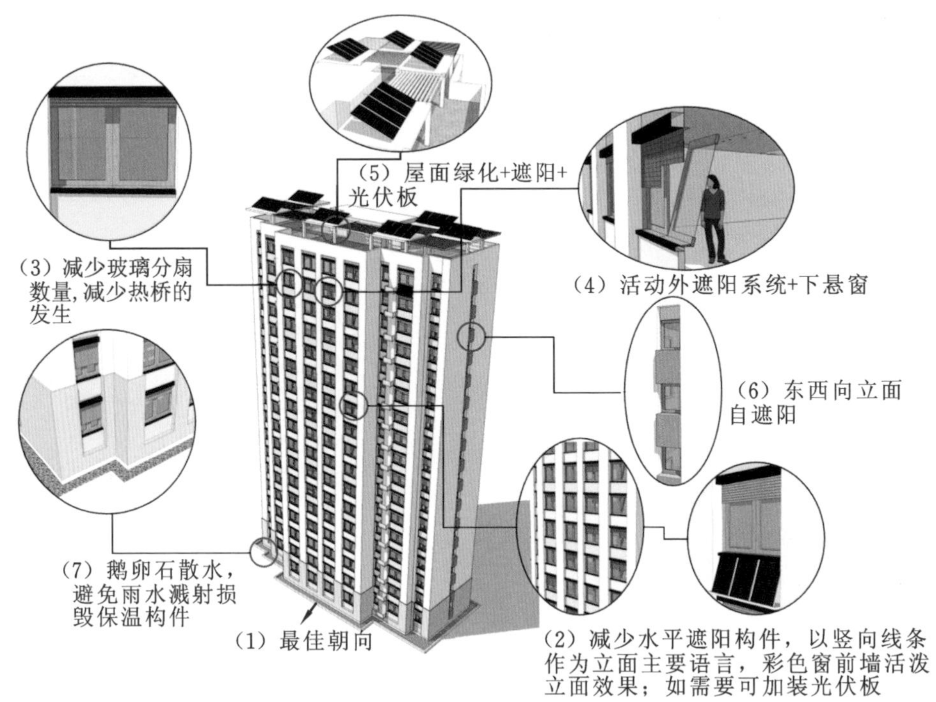

（5）屋面绿化+遮阳+光伏板
（3）减少玻璃分扇数量，减少热桥的发生
（4）活动外遮阳系统+下悬窗
（6）东西向立面自遮阳
（7）鹅卵石散水，避免雨水溅射损毁保温构件
（1）最佳朝向
（2）减少水平遮阳构件，以竖向线条作为立面主要语言，彩色窗前墙活泼立面效果；如需要可加装光伏板

图 7-11　寒冷地区被动式超低能耗高层居住建筑设计示例

（图片来源：作者自绘）

（1）按照天津地区最佳朝向安排建筑布局。

（2）在建筑形象上，由于设置水平遮阳构建将导致冬季采暖需求的增加，故避免出现水平悬挑构件，以竖向线条作为主要的立面语言。窗间墙部位做明快的色彩区分，活泼立面效果。窗间墙部位预留安装太阳能光伏板的位置。

（3）南向外窗出于减少安装热桥的考虑，在设计时就注意选择玻璃分隔数量少的外窗。

（4）考虑到高层住宅外遮阳安全性问题，使用外遮阳卷帘作为活动外遮阳。外窗开启扇为内开下悬窗，利于形成柔和的自然通风。

（5）充分利用屋面空间，设置屋面绿化和遮阳构架，形成娱乐空间的同时可以避免顶层过热。遮阳构架预留安装太阳能光伏板或集热器的位置，若有需要，可以进行安放。

（6）东西向外窗通过形体设计形成自遮阳。

（7）散水部位设置鹅卵石，避免雨水溅射损毁保温构件，影响建筑整体性能。

7.3.3 围护结构与 HVAC 系统优化与决策

1. 确定能耗目标与目标值

通过形体生成阶段的优化设计，方案采暖需求降低至 24.7 kW · h/（m^2 · a），相较原方案节能率达 31%，降低了综合完善设计阶段 HVAC 系统节能的设计压力。

下面将继续对设计方案进行综合完善，以达到表 7-20 中综合完善阶段能耗目标值要求。其中制冷需求是根据天津气象数据（CSWD），代入制冷需求方程“$3.5+2.0\times WDH_{20}+2.2\times DDH_{28}$”中计算得出。

表 7-20　综合完善阶段能耗目标与目标值

能耗目标		基准值	限值
采暖需求/（kW · h/（m^2 · a））		15	30
制冷需求/（kW · h/（m^2 · a））		20	35
舒适度	室内温度（℃）	冬 20/夏 26	
	超温频率/（%）	10	
	超湿频率/（%）	20（无机械制冷） 10（有机械制冷）	

（数据来源：作者自绘）

2. 多方案比选与决策

（1）备选方案一。

根据设计策略敏感度排序，选择气密性、玻璃传热系数、外墙传热系数、HVAC 系统工况、玻璃太阳得热系数、热桥、窗框传热系数和屋面传热系数作为设计策略，工况选择带全热回收的机械通风系统（显热回收效率 85%，潜热回收效率 65%），形成备选方案一（图 7-12，表 7-21）。

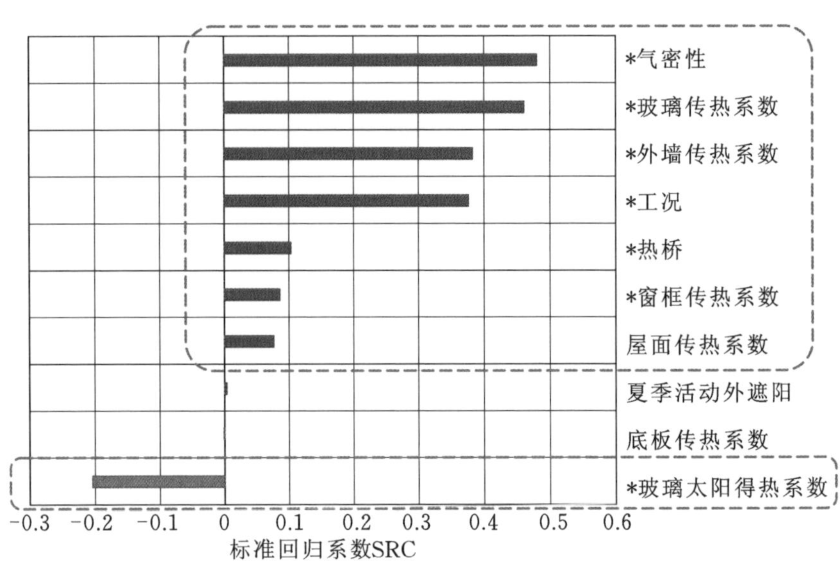

图 7-12　备选方案一对气密性等设计策略进行优化

（图片来源：作者自绘）

表 7-21　备选方案一基本信息

内容	性能参数
气密性/（h^{-1}）	0.4
玻璃传热系数/（W/（m^2·K））	0.6
外墙传热系数/（W/（m^2·K））	0.13
工况	全热回收的机械通风系统（显热回收效率 85%，潜热回收效率 65%，夏季旁通按温差控制）
热桥/（W/（m·K））	无
窗框传热系数/（W/（m^2·K））	1.0
屋面传热系数/（W/（m^2·K））	0.25
夏季活动外遮阳系数	—
底板传热系数/（W/（m^2·K））	0.15
玻璃太阳得热系数	0.69

（数据来源：作者自绘）

将设计信息导入 PHPP，计算得到采暖需求低至 0；但制冷需求为 42 kW·h/（m^2·a），超湿频率为 33%，不满足要求，尝试进一步优化（表 7-22）。

表 7-22　备选方案一基准评价结果

基准评价	采暖需求 /（kW·h/（m²·a））	制冷需求 /（kW·h/（m²·a））	超温频率（开制冷）/（%）	超湿频率 /（%）
计算值	0	42	0	33
能耗目标（基准值/限值）	15/30	20/35	10	10
	○/○	×/×	○	×
基准评价结果	制冷需求和室内湿度不满足要求，尝试进一步优化			

（数据来源：作者自绘）

(2) 备选方案二。

根据备选方案一出现的问题，在其基础上以降低制冷需求为目标进行优化设计。

根据制冷需求设计策略敏感度排序，夏季活动外遮阳系数与玻璃太阳得热系数对制冷需求的影响最为敏感。增设夏季活动遮阳或降低玻璃太阳得热系数均会降低制冷需求。针对本案，采暖需求非常低，降低制冷需求是更为主要的设计要点，因此，以增设夏季活动遮阳，并降低玻璃太阳得热系数形成备选方案二（图 7-13，表 7-23）。

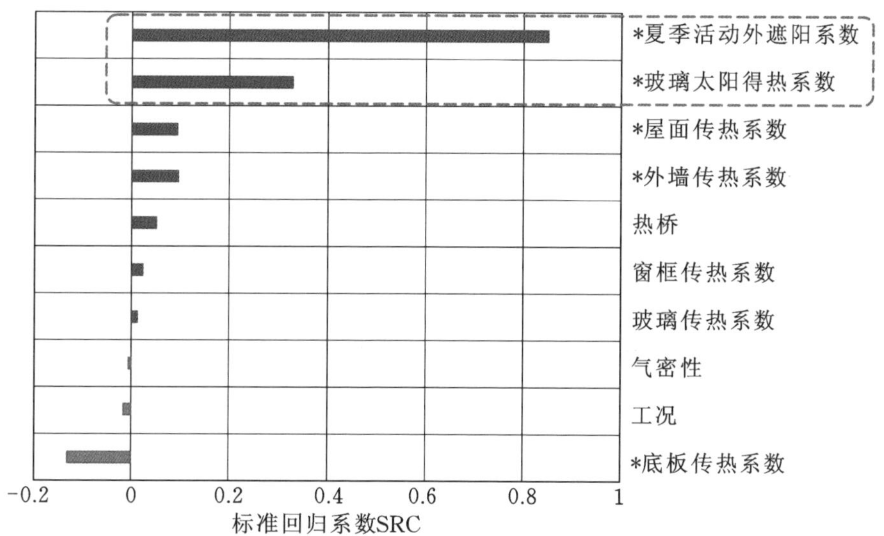

图 7-13　备选方案二对夏季活动外遮阳系数和玻璃太阳得热系数进行优化

（图片来源：作者自绘）

表 7-23　备选方案二基本信息

内容	性能参数
气密性/（h^{-1}）	0.4
玻璃传热系数/（W/（m^2·K））	0.6
外墙传热系数/（W/（m^2·K））	0.13
工况	全热回收的机械通风系统（显热回收效率 85%，潜热回收效率 65%，夏季旁通按温差控制）
热桥/（W/（m·K））	无
窗框传热系数/（W/（m^2·K））	1.0
屋面传热系数/（W/（m^2·K））	0.25
夏季活动外遮阳系数	10%
底板传热系数/（W/（m^2·K））	0.15
玻璃太阳得热系数	0.49

（数据来源：作者自绘）

将设计信息导入 PHPP，计算得到采暖需求为 1 kW·h/（m^2·a），略微增加；制冷需求为 18 kW·h/（m^2·a），显著降低，但超湿频率仍为 33%，不满足舒适度要求，尝试进一步优化（表 7-24）。

表 7-24　备选方案二基准评价结果

基准评价	采暖需求/（kW·h/（m^2·a））	制冷需求/（kW·h/（m^2·a））	超温频率（开制冷）/（%）	超湿频率/（%）
计算值	1	18	0	33
能耗目标（基准值/限值）	15/30	20/35	10	20
	○/○	○/○	○	×
基准评价结果	采暖需求略微提高，但仍显著低于基准值；制冷需求显著降低，满足基准值要求；但存在超湿问题。尝试进一步优化			

（数据来源：作者自绘）

(3) 备选方案三。

备选方案三以降低总用能需求为目标，对围护结构性能参数和 HVAC 系统开展进一步的优化设计。

根据总用能需求设计策略敏感度排序，降低寒冷地区高层居住建筑总用能需求的设计策略排序依次是：夏季活动外遮阳系数＞外墙传热系数＞气密性＞玻璃传热系数＞工况＞屋面传热系数＞热桥＞玻璃太阳得热系数＞底板传热系数＞窗框传热系数。

针对本案采暖需求显著低于制冷需求的特点，备选方案三在备选方案二的基础上，略微降低气密性水平（数值提高）、降低屋面传热系数并增加底板传热系数（图 7-14，表 7-25）。

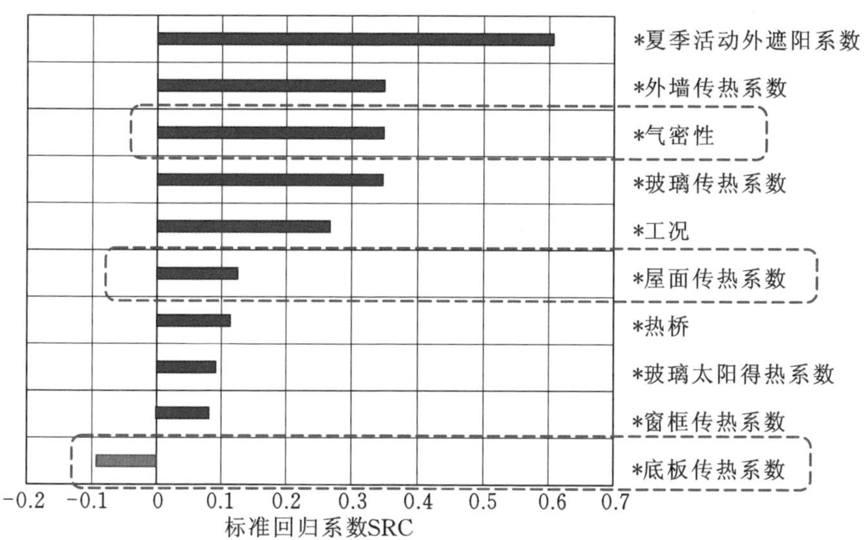

图 7-14 备选方案三对气密性、屋面传热系数和底板传热系数进行优化

（图片来源：作者自绘）

表 7-25 备选方案三基本信息

内容	性能参数
气密性/（h^{-1}）	0.6
玻璃传热系数/（W/（m^2·K））	0.6
外墙传热系数/（W/（m^2·K））	0.13
工况	全热回收的机械通风系统（显热回收效率 85%，潜热回收效率 65%，夏季旁通按温差控制）
热桥/（W/（m·K））	无
窗框传热系数/（W/（m^2·K））	1.0
屋面传热系数/（W/（m^2·K））	0.11
夏季活动外遮阳系数	10%
底板传热系数/（W/（m^2·K））	0.5
玻璃太阳得热系数	0.49

（数据来源：作者自绘）

将设计信息导入 PHPP 进行基准评价，结果显示，采暖制冷需求均满足基准值要求，在开启制冷的情况下室内超温频率在舒适度要求范围之内，但仍存在超湿问题，尝试进一步优化（表 7-26）。

表 7-26　备选方案三基准评价结果

基准评价	采暖需求/（kW·h/（m^2·a））	制冷需求/（kW·h/（m^2·a））	超温频率（开制冷）/（%）	超湿频率/（%）
计算值	2	18	0	32
能耗目标（基准值/限值）	15/30	20/35	10	10
	○/○	○/○	○	×
基准评价结果	采暖、制冷需求满足基准值要求，仍存在超湿问题，尝试进一步优化			

（数据来源：作者自绘）

（4）备选方案四。

通过上述优化设计流程，可以看到室内湿度过高是天津被动式超低能耗居住建筑存在的一个显著问题。针对这个问题，备选方案四尝试在室内增设了除湿设备，将设计信息导入 PHPP 进行基准评价结果显示，深化方案四采暖、制冷需求和室内环境舒适度均达到基准值要求，暂停优化（表 7-27，表 7-28）。

表 7-27　备选方案四基本信息

内容	性能参数
气密性/（h^{-1}）	0.6
玻璃传热系数/（W/（m^2·K））	0.6
外墙传热系数/（W/（m^2·K））	0.13
工况	全热回收的机械通风系统（显热回收效率 85%，潜热回收效率 65%，夏季旁通按温差控制）
热桥/（W/（m·K））	无
窗框传热系数/（W/（m^2·K））	1.0
屋面传热系数/（W/（m^2·K））	0.11
夏季活动外遮阳系数	10%
底板传热系数/（W/（m^2·K））	0.5
玻璃太阳得热系数	0.49

（数据来源：作者自绘）

表 7-28 备选方案四基准评价结果

基准评价	采暖需求 /（kW·h/（m²·a））	制冷需求 /（kW·h/（m²·a））	超温频率（开制冷）/（%）	超湿频率 /（%）
计算值	2	18	0	0
能耗目标	15/30	20/35	10	10
（基准值/限值）	○/○	○/○	○	○
基准评价结果	所有指标达到要求，暂停优化			

（数据来源：作者自绘）

综上，案例二在优化设计过程主要应用了本书在方法框架、能耗目标与目标值、能耗模拟软件选取、设计策略敏感度分析方面的研究成果。在基于性能化设计循环的线性流程中，先后对建筑形体及围护结构与 HVAC 系统进行优化设计与决策。

根据基准评价结果并结合案例二的具体特点，以平面轮廓作为形体优化调整的重点，循环往复基准评价过程直至合意。通过这一步的优化设计，得到的优化方案在围护结构热工性能参数不变的情况下，仅依靠平面轮廓的优化布局就比原方案节能 31%。在综合完善阶段，对上一步优选出的形体方案进行围护结构与 HVAC 系统优化设计。使用 PHPP 对设计方案进行更为详细的能耗核算，根据基准评价结果，优选敏感度高的设计策略形成备选方案，循环往复直至达到综合完善阶段的能耗目标值。

案例二的优化设计过程表明，应用本书研究得到的设计方法框架、能耗目标值和设计策略敏感度排序，对设计与决策起到一定的支持作用，有效提高了被动式超低能耗建筑的设计效率。

参考文献

[1] International Energy Agency. World Energy Outlook 2018[R]. Paris: Organization for Economic Cooperation & Devel, 2018.

[2] 彭琛，江亿.中国建筑节能路线图[M].北京：中国建筑工业出版社，2016：35.

[3] 国家发展改革委，国家能源局.能源发展“十三五”规划[R].北京.2016.

[4] MUELLER L，BERKER T.Passive House at the crossroads：The past and the present of a voluntary standard that managed to bridge the energy efficiency gap[J]. Energy policy，2013，60：586-593.

[5] Passive House Institute.The Passive House—historical review [EB/OL].Passivepedia, [2016-08-26].http：//passipedia.passiv.de/passipedia_en/basics/the_passive_house_-_historical_review.

[6] FEIST W.This will only work in a Passive House：Heating with nothing than fresh air [R].German：Passive House Institute，2006.

[7] iPHA. Active for more comfort：The Passive House [R]. German：Passive House Institute，2010.

[8] 贝特霍尔德·考夫曼，沃尔夫冈·费斯特.德国被动房设计和施工指南[M].北京：中国建筑工业出版社，2015：3.

[9] 刘秦见，王军，高原，等.可再生能源在被动式超低能耗建筑中的应用分析[J].建筑科学，2016，32（4）：25-29.

[10] Passive House Institute.What is a Passive House [EB/OL].Passivepedia，[2016-08-23].https：//passipedia.org/basics/what_is_a_passive_house.

[11] GRM格力姆幕墙顾问.工程名称：上海世博德国汉堡馆之一[EB/OL].上海：GRM格力姆幕墙顾问，[2018-08-16].http：//www.grimm-cn.com/ShowProduct.asp? ID=22.

[12] 网易新闻中心.“汉堡之家”让城市与自然和谐相处[EB/OL].上海：网易新闻，（2010-09-07）[2018-08-15].http：//news.163.com/10/0907/13/6FVTU63900014AED.html.

[13] 张小玲.中国被动式房屋的建设情况[EB/OL].北京：被动房网，[2018-08-16].http：//www.passivehouse.org.cn/al/.

[14] 中华人民共和国城乡和住房建设部.近零能耗建筑技术标准（征求意见稿）[S].北京：中国建筑工业出版社，2018.

[15] 张小玲.我国被动房发展现状及影响健康发展的制约因素[J].建设科技，2018（20）：45-48+52.

[16] 徐伟，孙德宇.《被动式超低能耗绿色建筑技术导则》编制思路及要点[J].工程建设标准化，2016（3）：47-51.

[17] DE WILDE P. Computational support for selection of energy saving building [D]. Netherlands：Delft University of Technology，2004.

[18] 林波荣，李紫微.面向设计初期的建筑节能优化方法[J].科学通报，2016，61（01）：113-121.

[19] Passive House Institute. The Passive House—definition [EB/OL]. Passivepedia, [2016-08-26].https：//www.passipedia.org/basics/the_passive_house_-_definition.

[20] 中国建筑标准设计研究院.被动式低能耗建筑-严寒和寒冷地区居住建筑（图集）16J908-8[S].北京：中国计划出版社，2016.

[21] 河北省住房和城乡建设厅.被动式低能耗居住建筑节能设计标准 DB13（J）T177—2015[S].北京：中国建筑工业出版社，2015.

[22] 徐伟，孙德宇.中国被动式超低能耗建筑能耗指标研究[J].动感（生态城市与绿色建筑），2015（1）：37-41.

[23] 住房城乡建设部.被动式超低能耗绿色建筑技术导则（试行）（居住建筑）[EB/OL].北京：中华人民共和国住房和城乡建设部，2015-11-10[2018-08-15]. http：//www.mohurd.gov.cn/wjfb/201511/t20151113_225589.html.

[24] 张小玲.我国被动式房屋的发展现状[J].建设科技，2015（15）：16-23+27.

[25] 对于“被动房”建筑的思考[EB/OL].360 个人图书馆，2015-02-18[2018-08-15].http：//www.360doc.com/content/15/0218/15/6763316_449313060.shtml.

[26] Very Low-Energy House Concepts in North European Countries[EB/OL].NorthPass, 2012-05-25 [2018-08-15]. https：//ec. europa. eu/energy/intelligent/projects/sites/iee-projects/files/projects/documents/northpass_low_energy_house_concepts_en.pdf.

[27] CHRISTOPHER MOORE. German Experiences to obtain Energy Efficiency Gains in Cities through Green Buildings [EB/OL]. Beijing：GIZ Gmbh in cooperation with Wuppertal Institute for Climate，Environment and Energy，2012-09 [2018-08-15]. http：//www. bigee. net/media/filer _ public/2016/04/25/m2 _ textbook _ green-building-en_1.pdf.

[28] KIRSTEN ENGELUND THOMSEN. European national strategies to move towards very

low energy buildings [EB/OL]. Danmark: Danish Building Research Institute, Aalborg University, 2008-07 [2018-08-15]. https://sbi. dk/Assets/European-national-strategies-to-move-towards-very-low-energy-buildings/2008-03-13-3730310829.pdf.

[29] DIETMAR SCHUWER, JOHANNA KLOSTERMANN, CHRISTOPHER MOORE, et al. Strategic Approach: The Strategic Approach to improving energy efficiency in buildings [R].bigEE, 2012.

[30] 中华人民共和国建设部. 绿色建筑评价标准 GB/T 50378-2014 [S]. 北京: 中国建筑工业出版社, 2014.

[31] 中华人民共和国建设部. 严寒和寒冷地区居住建筑节能设计标准 JGJ26-2010 [S]. 北京: 中国建筑工业出版社, 2010.

[32] 庄惟敏.建筑策划与设计[M].北京: 中国建筑工业出版社, 2016: 9.

[33] WARREN P. IEA-BCS ANNEX 30 Final Report: Bring Simulation into Application [R].Paris: International Energy Agency, 2008.

[34] 泓汐.建筑设计的周期你知道吗[J].人民周刊, 2017 (3): 83-83.

[35] 庄惟敏, 苗志坚.多学科融合的当代建筑策划方法研究——模糊决策理论的引入[J].建筑学报, 2015 (3): 14-18.

[36] 中华人民共和国建设部. 民用建筑热工设计规范 GB 50176—93[S]. 北京: 中国计划出版社, 1993.

[37] 中华人民共和国建设部. 建筑气候区划标准 GB 50178—93[S]. 北京: 中国计划出版社, 1993.

[38] 刘立.基于能耗模拟的寒冷地区高层办公建筑节能整合设计研究[D].天津: 天津大学, 2017.

[39] 周正楠.对欧洲“被动房”建筑的介绍与思考[J].建筑学报, 2009 (05): 10-13.

[40] 彭梦月.被动房在中国北方地区及夏热冬冷地区应用的可行性研究[J].建设科技, 2011 (05): 48-50+54.

[41] 房涛, 高辉, 郭娟利, 等.德国被动房对我国建筑节能发展的启示——以寒冷地区居住建筑为例[J].新建筑, 2013 (04): 37-40+36.

[42] 周正楠.北京大兴被动式实验农宅设计与实测分析[J].建筑学报, 2015 (3): 93-97.

[43] 任军, 王重, 丘地宏, 等.超低能耗既有建筑绿色改造的实验——天友绿色设计中心改造设计[J].建筑学报, 2013 (07): 91-93.

[44] 伍小亭.超低能耗绿色建筑设计方法思考与案例分析——以中新天津生态城公屋

展示中心为例[J].建设科技，2014（22）：58-65.
[45] KAKLAUSKAS A，RUTE J，ZAVADSKAS E K，et al. Passive House model for quantitative and qualitative analyses and its intelligent system [J]. Energy & Buildings，2015，50（7）：7-18.
[46] 杨柳，杨晶晶，宋冰，等.被动式超低能耗建筑设计基础与应用[J].科学通报，2015（18）：1698-1710.
[47] 赵新洁.被动式超低能耗建筑设计基础与应用实践[J].门窗，2016（09）：49.
[48] 程程.浅谈被动式超低能耗建筑设计基础与应用[J].建材与装饰，2016（12）：108-109.
[49] 万晓彬，庞昊.被动式超低能耗建筑设计基础与应用研究[J].建材与装饰，2018（18）：82-83.
[50] 卢求.德国被动房超低能耗建筑技术体系[J].动感（生态城市与绿色建筑），2015（01）：29-36.
[51] 宋琪.被动式建筑设计基础理论与方法研究[D].西安：西安建筑科技大学，2015.
[52] 王学宛，张时聪，徐伟，等.超低能耗建筑设计方法与典型案例研究[J].建筑科学，2016，32（04）：44-53.
[53] 尹梦泽.北方地区被动式超低能耗建筑适应性设计方法探析[D].济南：山东建筑大学，2016.
[54] 张春鹏.德国被动式超低能耗建筑设计及保障体系探究[D].济南：山东建筑大学，2016.
[55] 陈强.山东地区被动式超低能耗建筑节能研究[D].济南：山东建筑大学，2016.
[56] 陈强，王崇杰，李洁.寒冷地区被动式超低能耗建筑关键技术研究[J].山东建筑大学学报，2016，31（01）：19-26.
[57] TRUONG H，GARVIE A M. Chifley Passive House：A Case Study in Energy Efficiency and Comfort[J].Energy Procedia，2017，121：214-221.
[58] CAUSONE F，PIETROBON M，PAGLIANO L，et al. A high performance home in the Mediterranean climate：from the design principle to actual measurements [J]. Energy Procedia，2017，140：67-79.
[59] 路统宇.河南寒冷地区被动式超低能耗居住建筑研究[D].郑州：郑州大学，2018.
[60] 田力男，高波，赵青.浅析被动式低能耗建筑的区域性建设——青岛绿色建设科技城的实践和标准化探索[J].建设科技，2018（18）：6.

[61] FEIST W, SCHNIEDERS J.Energy efficiency-a key to sustainable housing[J].The European Physical Journal Special Topics, 2009, 176 (1): 141-153.

[62] SCHNIEDERS J, FEIST W, RONGEN L.Passive Houses for different climate zones [J].Energy & Buildings, 2015, 105: 71-87.

[63] 张正普.被动房技术在苏南地区村镇住宅中的应用研究[D].南京：东南大学，2016.

[64] DAN D, TANASA C, STOIAN V, et al.Passive house design—An efficient solution for residential buildings in Romania[J].Energy for Sustainable Development, 2016, 32: 99-109.

[65] 张帅.严寒B区被动式低能耗多层居住建筑围护结构优化设计研究[D].长春：长春工程学院，2016.

[66] 王丽敏.西宁地区带太阳能新风系统的某被动式超低能耗建筑案例研究[D].昆明：昆明理工大学，2016.

[67] 詹峤圣.基于轻钢体系湿热地区被动房屋外墙设计研究[D].广州：华南理工大学，2017.

[68] TRONCHIN L, MANFREN M, JAMES P A B. Linking design and operation performance analysis through model calibration: Parametric assessment on a Passive House building[J].Energy, 2018, 165: 26-40.

[69] 邹芳睿，宋昆，郭而郛，等.基于天津地区的被动式超低能耗建筑指标体系研究[J].建筑科学，2018 (6): 8.

[70] 邓丰，朱凯.上海高层住宅被动式超低能耗设计策略研究[J].住宅科技，2018，38 (02): 40-45.

[71] 张文勇.响应面优化算法在被动式低能耗建筑设计中的应用[J].科学技术与工程，2018，18 (21): 282-287.

[72] DALBEM R, DA CUNHA E G, VICENTE R, et al.Optimisation of a social housing for south of Brazil: From basic performance standard to passive house concept[J]. Energy, 2019, 167: 1278-1296.

[73] 刘洋.秦皇岛“在水一方”被动式房屋示范项目研究与实践[J].建设科技，2012 (17): 78-79+81.

[74] 刘兆新，姜莹.中德合作“被动式低能耗建筑”示范项目——哈尔滨“辰能·溪树庭院”节能技术应用[J].建设科技，2013 (09): 26-27.

[75] 陈毅华.中德被动式房屋超低能耗建筑示范项目技术研究——日照新型建材住宅[J].动感（生态城市与绿色建筑），2015 (01): 97-101.

[76] 肖莉.金维度——首个全系认证被动式独栋风景别墅区[J].建设科技，2015（15）：91-91.

[77] 刘洋.济南汉峪海风·海德堡被动式超低能耗绿色建筑示范项目实践研究[J].建设科技，2018（17）：73-77.

[78] 马伊硕.威海海源公园一战华工纪念馆被动式低能耗建筑设计[J].建设科技，2018（17）：63-72.

[79] 邓刚.建筑设计决策初析[J].新建筑，1997（1）：51-53.

[80] 李琳.城市设计视野中的高层建筑[D].南京：东南大学，2004.

[81] FLAGER F，WELLE B，BANSAL P，et al.Multidisciplinary process integration and design optimization of a classroom building[J].Journal of Information Technology in Construction（ITcon），2009，14（38）：595-612.

[82] 清华大学 DeST 开发组.建筑环境系统模拟分析方法——DeST[M].北京：中国建筑工业出版社，2006.

[83] 陈锋.建筑环境系统设计中的全工况分析方法[D].北京：清华大学，1999.

[84] 赵园春.建筑设计中的决策研究[J].山西建筑，2009，35（24）：32-33.

[85] 刘贵利.城市规划决策学[M].南京：东南大学出版社，2010.

[86] 姚佳丽，刘煜，郭立伟.基于《绿色建筑评价标准》的建筑设计决策控制要素研究——以住宅建筑为例[J].绿色建筑，2011（1）：33-38.

[87] 任娟，刘煜，郑罡.基于 BIM 平台的绿色办公建筑早期设计决策观念模型[J].华中建筑，2012（12）：45-48.

[88] 杨文杰.性能化建筑方案优化设计的概念、目标和技术[J].南方建筑，2013（1）：62-67.

[89] SONG Y，SUN J，LI J，et al.Towards net zero energy building：Collaboration-based sustainable design and practice of the Beijing waterfowl pavilion[J].Energy Procedia，2014，57：1773-1782.

[90] BERNAL M，HAYMAKER J R，EASTMAN C.On the role of computational support for designers in action[J].Design Studies，2015，41：163-182.

[91] 高蓓超.绿色建筑方案设计评价与决策体系研究[D].南京：南京林业大学，2015.

[92] 曲大刚.建筑性能驱动设计流程研究[D].哈尔滨：哈尔滨工业大学，2015.

[93] 廖亮，陈天地，尹金秋，等.绿色建筑的性能化设计——实践建筑师与工程师的融合[J].动感（生态城市与绿色建筑），2016（1）：83-91.

[94] JOHN HAYMAKER J，BERNAL M，TYRONE MARSHALL T M，et al.Design space

construction: a framework to support collaborative, parametric decision making[J]. ITcon, 2018 (23): 157-178.

[95] DE WILDE P. Computational support for selection of energy saving building [D]. Nether lands: Delft University of Technology, 2004.

[96] HYGH J S, DECAROLIS J F, HILL D B, et al. Multivariate regression as an energy assessment tool in early building design[J]. Building and Environment, 2012, 57: 165-175.

[97] 李晓俊.基于能耗模拟的建筑节能整合设计方法研究[D].天津: 天津大学, 2013.

[98] WHANG S W, KIM S. Determining sustainable design management using passive design elements for a zero emission house during the schematic design[J]. Energy and Buildings, 2014, 77: 304-312.

[99] ASADI S, AMIRI S S, MOTTAHEDI M. On the development of multi-linear regression analysis to assess energy consumption in the early stages of building design [J]. Energy and Buildings, 2014, 85: 246-255.

[100] PUDLEINER D, COLTON J. Using sensitivity analysis to improve the efficiency of a Net-Zero Energy vaccine warehouse design[J]. Building and Environment, 2015, 87: 302-314.

[101] 杨鸿玮.基于性能表现的既有建筑绿色化改造设计方法与预测模型[D].天津: 天津大学, 2016.

[102] HESTER J, GREGORY J, KIRCHAIN R. Sequential early-design guidance for residential single-family buildings using a probabilistic metamodel of energy consumption[J]. Energy and Buildings, 2017, 134: 202-211.

[103] TABARY L. CA-SIS—a design tool for thermal studies with gradual access [C]. Proceedings of the 5th International IBPSA Conference. Prague, Czech Republic, 1997: 41-48.

[104] ELLIS M W, MATHEWS E H. A new simplified thermal design tool for architects [J]. Building and environment, 2001, 36 (9): 1009-1021.

[105] ATTIA S, GRATIA E, ANDRÉ DE HERDE, et al. Simulation-based decision support tool for early stages of zero-energy building design [J]. Energy and Buildings, 2012, 49 (none).

[106] PALONEN M, HAMDY M, HASAN A. MOBO: A new software for multi-objective building performance optimization. Chambéry: The 13th International Conference of

the International Building Performance Simulation Association, 2013.

[107] ROUDSARI M S, PAK M. LADYBUG: A parametric environmental plugin for grasshopper to help designers create an environmentally-conscious design [C]. Chambéry: The 13th International Conference of the International Building Performance Simulation Association, 2013.

[108] CHEN H, LI Z, WANG X, et al. A graph-and feature-based building space recognition algorithm for performance simulation in the early design stage [J]. Building Simulation, 2017, 11 (2): 1-12.

[109] 黄秋平，马伟骏，范一飞，等.德国“被动房”中国本土化设计实现探讨[J].绿色建筑，2012，4（03）：19-23.

[110] 丁枫斌，于正杰，吕占志.被动式超低能耗建筑在青岛地区的实施研究——以青岛中德生态园被动房示范项目为例[J].建设科技，2014（21）：48-50+52.

[111] 刘洋.秦皇岛“在水一方”被动式房屋示范项目研究与实践[J].建设科技，2012（17）：78-79+81.

[112] 郝翠彩，田树辉，国贤发，等.被动式超低能耗公共建筑在寒冷地区的实践——河北省建筑科技研发中心示范工程[J].建设科技，2014（19）：61-63.

[113] 牛犇.大连博朗金维度被动房项目能耗分析[J].建设科技，2016（17）：27-29.

[114] 陶进，王杨洋，任楠楠.吉林城建学院超低能耗建筑示范项目研究[J].建筑科学，2017（6）.

[115] 马伊硕.威海海源公园一战华工纪念馆被动式低能耗建筑设计[J].建设科技，2018（17）：63-72.

[116] 贝特霍尔德·考夫曼，沃尔夫冈·费斯特.德国被动房设计和施工指南[M].北京：中国建筑工业出版社，2015：122.

[117] HOPFE C J, MCLEOD R S. The Passivhaus Designer's Manual [M]. London: Routledge, 2015: 43.

[118] 贝特霍尔德·考夫曼，沃尔夫冈·费斯特.德国被动房设计和施工指南[M].北京：中国建筑工业出版社，2015：130.

[119] HOPFE C J, MCLEOD R S. The Passivhaus Designer's Manual [M]. London: Routledge, 2015: 41.

[120] MCLEOD R S, HOPFE C J, KWAN A. An investigation into future performance and overheating risks in Passivhaus dwellings [J]. Building & Environment, 2013, 70 (15): 189-209.

[121] FEIST W, PFLUGER R, SCHNIEDERS J, et al. Passive House Planning

Package, version 8 （2013）：Energy balance and Passive House Design Tool[R]. Darmstadt：Passive House Institute, 2013.

[122] Passive House Institute. PHPP-validated and proven in practice [EB/OL]. Passivepedia, [2019-03-26].https：//passipedia.org/planning/calculating_energy_efficiency/phpp_-_the_passive_house_planning_package/phpp_-_validated_and_proven_in_practice.

[123] Passive House Institute. Certification [EB/OL]. Passivepedia, [2016-08-26]. https：//www.passipedia.org/certification.

[124] Wolfgang Feist.Passive House in Chinese Climate[EB/OL].Germany：Passivhaus Institut, 2016-04[2018-08-15]. https：//phichina. com/sites/phichina. com/files/documents/Bericht_ChinaKlima_EN_Kurzversion_161102_mit_cover% 28CN%2BEN%29.pdf.

[125] SCHNIEDERS J, HERMELINK A.CEPHEUS results：measurements and occupants' satisfaction provide evidence for Passive Houses being an option for sustainable building[J].Energy Policy, 2006, 34（2）：151-171.

[126] HENK KAAN. Passive Houses Worldwide：International Development [C]. Proceedings passiefhuis-symposium, 2006.

[127] 清华大学建筑节能研究中心.中国建筑节能年度发展研究报告2017[M].北京：中国建筑工业出版社，2017：162.

[128] 徐伟.中国被动式超低能耗建筑技术体系研究[J].建设科技，2015 （23）：15-16.

[129] 索斯藤·许策，周正楠.东亚地区的“被动房”建筑：欧洲经验在韩国和中国应用[J].世界建筑，2011（03）：108-111.

[130] 马伊硕.金隅西砂被动式低能耗公租房项目已进入实质性工作阶段[EB/OL].被动房网，[2019-03-26]. http：//www. passivehouse. org. cn/zixun/xwzx/605. html.

[131] 潘悦，王凌云.高层装配式建筑的超低能耗技术应用——以焦化厂公租房为例[J].动感（生态城市与绿色建筑），2017（01）：91-95.

[132] WALL M.Energy-efficient terrace houses in Sweden：Simulations and measurements [J].Energy & Buildings, 2006, 38（6）：627-634.

[133] JANSON U. Passive Houses in Sweden：From Design to Evaluation of Four Demonstration Projects[D].Sweden：Lund University, 2010.

[134] I.RIDLEY, A.CLARKE, J.BERE, H.ALTAMIRANO, S.LEWIS, M.DURDEV,

A.FARR，et al.Themonitored performance of the first new London dwelling certified to the Passive House standard，Energy Build.63 （2013）67-78.

[135] I.RIDLEY，J.BERE，A.CLARKE，Y.SCHWARTZ，A.FARR，et al.The side by side in usemonitored performance of two passive and low carbon Welsh houses[J].EnergyBuild,82 （2014）13-26.

[136] 绿色建筑研习社.高碑店被动式专家楼室内环境测试[EB/OL].被动房之家，[2018-08-15].http：//www.gba.org.cn/nd.jsp？ id=453#_np=113_351.

[137] 丁枫斌，张贵贤，于永刚，等.大型被动式建筑气密性测试——以中德生态园被动房技术体验中心项目为例[J].建设科技，2016（17）：34-35+38.

[138] 郝翠彩，王富谦，刘少亮.寒冷地区被动房能耗模拟值与实际值[EB/OL].被动房之家，[2018-08-15].http：//www.gba.org.cn/nd.jsp？ id=463#fai_12_top&_np=114_352.

[139] FOLLENTE G C.Developments in performance-based building codes and standards[J].Forest Products Journal，2000，50（1）：12-21.

[140] Passive House Institute. The Passive House—definition [EB/OL]. Passivepedia，[2016-08-26].https：//www.passipedia.org/basics/the_passive_house_-_definition.

[141] 张神树，高辉.德国低/零能耗建筑实例解析[M].北京：中国建筑工业出版社,2007.

[142] 卢求.德国新型建筑节能理念与应用[J].建筑学报，2004，03：46-47.

[143] KURNITSKI M V J，ALLARD F，BRAHAM D，et al.How to define nearly net zero energy buildings nZEB[J].Rehva Journal，2011，48（3）.

[144] PAN W，GARMSTON H.Building regulations in energy efficiency：Compliance in England and Wales[J].Energy Policy，2012，45（2）：594-605.

[145] Department for Communities and Local Government. Code for Sustainable Homes Technical Guide November 2010 [R].London：Crown，2010.

[146] Energy Research Partnership. Heating buildings Reducing energy demand and greenhouse gas emissions[R].2016.

[147] AECB. AECB News：The AECB Building Standard （previously called Silver standard）self certification system[EB/OL].[2018-08-15].https：//www.aecb.net/aecb-silver-standard-self-certification-system/.

[148] AECB.Publication：The AECB Silver and Gold Energy Performance Standards[EB/OL].[2018-08-15].https：//www.aecb.net/publications/the-aecb-silver-and-gold-energy-performance-standards/.

[149] KARIN B.National Roadmaps for promotion of very low-energy house concepts[R]. Northpass Report.uploadable in www.northpass.eu, 2012: 10.

[150] SKARAN A M.Typologies and energy demand modelling of the Norwegian building stock—Part 2 Apartment blocks built after 1980 [D].Norway: Norwegian University of Science and Technology Faculty of Engineering Science and Technology Department of Energy and Process Engineering, 2013.

[151] Direktoratet for byggkvalitet. Byggteknisk forskrift (TEK17) [EB/OL]. Norway: Direktoratet for byggkvalitet. [2018-08-17]. https://dibk.no/byggereglene/byggteknisk-forskrift-tek17/14/14-2/.

[152] FASCHEVSKY S.Policy Framework-Energy Efficiency in Buildings in Norway[EB/OL]. [2018-08-17]. http://abconsulting-bg.com/training/wp-content/uploads/sites/4/2016/04/1_Norwegian_policy_EE_buildings.pdf.

[153] KURNITSKI J. Cost Optimal and Nearly Zero-Energy Buildings (nZEB) [M]. London: Springer, 2013: 37.

[154] AGENCY I E.Energy Policies of IEA Countries: Norway 2001[R].2002.

[155] 彭梦月.欧洲超低能耗建筑和被动房标准体系[J].建设科技, 2014 (21): 43-47.

[156] KORSNES S. The climatic challenge of designing a prefabricated catalogue house meeting the criteria of the Norwegian passive house standard [EB/OL]. Norway: Passivhus Norden, 2013 [2018-08-16]. http://www.laganbygg.se/UserFiles/Presentations/42._Session_12_S.Korsnes.pdf.

[157] STORVOLLENG R K. Typologies and energy demand modelling of the Norwegian building stock—Part 3 Single Family dwellings built before 1956 [D]. Norway: Norwegian University of Science and Technology Faculty of Engineering Science and Technology Department of Energy and Process Engineering, 2013.

[158] BORG A. Relationships Between Measured and Calculated Energy Demand in the Norwegian Dwelling Stock [D]. Norway: Norwegian University of Science and Technology Faculty of Engineering Science and Technology Department of Energy and Process Engineering, 2015.

[159] NIEBOER N, TSENKOVA S, GRUIS V, et al. Energy efficiency in housing management: policies and practice in eleven countries[M].London: Rougtledge, 2012: 130.

[160] NIEBOER N, TSENKOVA S, GRUIS V, et al. Energy efficiency in housing

management: policies and practice in eleven countries[M].London: Rougtledge, 2012: 134.

[161] BEYELER F, BEGLINGER N, RODER U. Minergie: The Swiss Sustainable Building Standard[J].Innovations Technology Governance Globalization, 2009, 4 (4): 241-244.

[162] Minergie. Du nouveau au secrétariat general [EB/OL]. Switherland: Minergie Newsletter, (2017-02) [2018-08-16]. https: //www. minergie. ch/fr/news/news-fr/minergie-newsletter-2-2017/.

[163] Minergie.Baustandard Minergie: Der Standard für Komfort und Energieeffizienz[R]. Switherland: Minergie Schweiz, 2017.

[164] HALL M, GEISSLER A, BURGER B.Two Years of Experience with a Net Zero Energy Balance—Analysis of the Swiss MINERGIE-A® Standard [J]. Energy Procedia, 2014, 48: 1282-1291.

[165] Minergie. Minergie Übersicht Neuerungen, Stand 24. 02. 2017 [EB/OL]. Switherland: Minergie, [2018-08-17].https: //www. sz. ch/public/upload/assets/27589/170224_Minergie_Aenderungstabelle_V3.pdf.

[166] Minergie. La certification Minergie-P[EB/OL].Switherland: Minergie Certifier: Minergie-P, [2018-08-25].https: //www.minergie.ch/fr/certifier/minergie-p/.

[167] Minergie. La certification Minergie-P[EB/OL].Switherland: Minergie Certifier: Minergie-P, [2018-08-25].https: //www.minergie.ch/fr/certifier/minergie-p/.

[168] 住房和城乡建设部.《民用建筑能耗标准》GBT 51161—2016.[S].北京：中国建筑工业出版社，2016.

[169] 德国能源署，住房和城乡建设部科技发展促进中心，住房和城乡建设部建筑节能中心.中国建筑节能简明读本[M].北京：中国建筑工业出版社，2009.

[170] 天津市城乡建设委员会.《天津市居住建筑节能设计标准》DB29—1—2013.[S].天津：天津建筑工程技术研究所，2012.

[171] 北京市建筑设计研究院.《北京居住建筑节能设计标准》DB11/891—2012.[S].北京：北京市城乡规划标准化办公室，2012.

[172] 河南省建筑科学研究院有限公司.《河南省居住建筑节能设计标准（寒冷地区）》DBJ41/062—2012.[S].河南：河南省住房和城乡建设厅，2012.

[173] 山东省建设发展研究院.《山东省居住建筑节能设计标准》DB 37/5026—2014.[S].北京：中国建材工业出版社，2015.

[174] 被动房网."在水一方"[EB/OL].北京：被动房网，[2018-08-17].http: //

www.passivehouse.org.cn/al/hldq/.
[175] 孙峙峰，金汐，张时聪，等.被动式超低能耗绿色建筑评价标识的探索与实践[J].建设科技，2017（1）：77-79.
[176] 被动房网.BEED 软件简介[EB/OL].北京：被动房网，[2018-08-16].http：//www.passivehouse.org.cn/beed/jj/.
[177] 天正软件.天正被动式超低能耗建筑分析软件[EB/OL].北京：天正软件产品中心，[2018-08-16].http：//www.tangent.com.cn/cpzhongxin/lvjian/1002.html.
[178] 绿建节能方向标.被动房政府补贴已经高过增量成本，要奖励细则的赶紧看过来[EB/OL].搜狐焦点北京站：2017-07-22[2019-03-26].https：//house.focus.cn/zixun/21409fb738c23f75.html.
[179] 孙峙峰，张时聪，金汐.国家标准《近零能耗建筑技术标准》审查会召开[J].暖通空调，2018，48（11）：130.
[180] lenvis.近零能耗建筑技术标准（征求意见稿）[EB/OL]. Book118：2018-08-25[2019-03-26].https：//house.focus.cn/zixun/21409fb738c23f75.html.
[181] IEA. Integrated Design Process A Guideline for Sustainable and Solar-Optimised Building Design [R].Berlin：Zug，2003.
[182] SPEKKINK D.Final report on performance based design of buildings （Domain 3）[R].PeBBu Network.Rotterdam，the Netherlands：CIBdf—International Council for Research and Innovation in Building and Construction，2005.
[183] KALAY Y E. Performance-based design[J]. Automation in Construction，1999，8（4）：395-409.
[184] CONTE E，MONNO V. Beyond the buildingcentric approach：A vision for an integrated evaluation of sustainable buildings[J].Environmental Impact Assessment Review，2012，34：31-40.
[185] GIELINGH，W.F.General AEC reference model （GARM）an aid for the integration of application specific product definition models. Conceptual modelling of buildings [C].Sweden：W74+W78 workshop，1988，165-178.
[186] SPEKKINK D.Final report on performance based design of buildings （Domain 3）[R].PeBBu Network.Rotterdam，the Netherlands：CIBdf—International Council for Research and Innovation in Building and Construction，2005.
[187] HATTIS D B，BECKER R.Comparison of the systems approach and the Nordic model and their melded application in the development of performance-based building codes and standards[J].Journal of testing and evaluation，2001，29（4）：413-422.

[188] BECKER R. Fundamentals of performance-based building design [J]. Building Simulation, 2008, 1 (4): 356-371.

[189] 张伶伶，李存东.建筑创作思维的过程与表达[M].北京：中国建筑工业出版社，2001：5.

[190] 中南建筑设计院.建筑工程设计文件编制深度规定[M].北京：中国计划出版社，2016.

[191] CROSS N.Expertise in design：an overview[J].Design Studies，2004，25（5）：427-441.

[192] ANDRESEN I. A Multi-Criteria Decision-Making Method for Solar Building Design [D].Norway：Fakultet for Arkitektur Og Billedkunst，2000.

[193] 清华大学建筑节能研究中心. 中国建筑节能年度发展研究报告 2018[M]. 北京：中国建筑工业出版社，2018：18.

[194] RIETBERGEN M G，BLOK K.Setting SMART targets for industrial energy use and industrial energy efficiency[J].Energy Policy，2010，38（8）：4339-4354.

[195] 田蕾.建筑环境性能综合评价体系研究[M].南京：东南大学出版社，2009.

[196] RIETBERGEN M G，BLOK K.Setting SMART targets for industrial energy use and industrial energy efficiency[J].Energy Policy，2010，38（8）：4339-4354.

[197] 徐伟.中国近零能耗建筑发展[R].第十三届国际绿色建筑与建筑节能大会暨新技术与产品博览会，2017.

[198] 程大金，伊恩·M.夏皮罗. 图解绿色建筑[M].刘丛红，译.天津：天津大学出版社，2016：238.

[199] AUGENBROE G.The role of simulation in performance based building.In Hensen，J. and R. LambertsBuilding performance simulation for design and operation [M]. Abingdon：Spon Press，2011：15-36.

[200] 刘洋.居住建筑能耗动态模拟研究与能耗计算软件的开发[D].天津：天津大学，2004.

[201] 陈华，涂光备，陈红兵.建筑能耗模拟的研究和进展[J].洁净与空调技术，2003（3）：5-9.

[202] ØSTERGÅRD T，JENSEN R L，MAAGAARD S E.Building simulations supporting decision making in early design-a review [J]. Renewable and Sustainable Energy Reviews，2016，61：187-201.

[203] ATTIA S，GRATIA E，HERDE A D，et al.Simulation-based decision support tool

for early stages of zero-energy building design[J].Energy and Buildings, 2012, 49 (none).

[204] DE WILDE P.Computational support for selection of energy saving building [D]. Nether lands: Delft University of Technology, 2004.

[205] WINKLER M, ANTRETTER F, RADON J. Critical discussion of a shading calculation method for low energy building and passive house design[J].Energy Procedia, 2017, 132: 33-38.

[206] Energy balances with the Passive House Planning Package;Protocol Volume No.13 of the Research Group for Cost-effective Passive Houses, first edition, Passive House Institute, Darmstadt 1998.

[207] Passivpedia.PHPP[EB/OL].Germany: Passive House Institute, [2018-11-07]. https://passipedia.org/planning/calculating_energy_efficiency/phpp_-_the_passive_house_planning_package/phpp_-_validated_and_proven_in_practice.

[208] GOU S, NIK V M, SCARTEZZINI J L, et al.Passive design optimization of newly-built residential buildings in Shanghai for improving indoor thermal comfort while reducing building energy demand[J].Energy and Buildings, 2018, 169: 484-506.

[209] LOGA T, DIEFENBACH N, STEIN B, et al.Typology approach for building stock energy assessment[J].Main Results of the TABULA project.Darmstadt, 2012.

[210] ATTIA S, EVRARD A.Benchmark Models for Air Conditioned Residential Buildings in Hot Humid Climate[C].Proceedings of the 13th Conference of International Building Performance Simulation Association.Chambery, 2013.

[211] YANG T, ZHANG X. Benchmarking the building energy consumption and solar energy trade-offs of residential neighborhoods on Chongming Eco-Island, China[J]. Applied Energy, 2016, 180: 792-799.

[212] TORCELLINI P, DERU M, GRIFFITH B, et al. DOE commercial building benchmark models[C].ACEEE Summer Study on Energy Efficiency in Buildings. Pacific Grove, California, USA, 2008.

[213] FIELD K, DERU M, STUDER D.Using DOE commercial reference buildings for simulation studies[C].SimBuild 2010.New York, USA, 2010.

[214] LIU L, WU D, LI X, et al.Effect of geometric factors on the energy performance of high-rise office towers in Tianjin, China[J].Building Simulation, 2017, 10 (5): 1-17.

[215] 金海燕，任宏.中外城市住宅高度形态比较研究[J].城市问题，2012（1）：

2-8.
[216] 李洪侠.城镇基本住房保障体系研究[D].北京：财政部财政科学研究所，2012.
[217] KAIN J，QUIGLEY J.Measuring the Value of Housing Quality[J].Publications of the American Statistical Association，1970，65（330）：532-548.
[218] 搜狐焦点. 英伦假日别墅白金汉宫 234 m^2[EB/OL]. 搜狐焦点网：2019-03-20[2019-03-20].https：//tj.focus.cn/loupan/32113/huxing/1471645.html.
[219] 房天下. 津门熙湖洋房标准层 130 平米户型[EB/OL]. 房天下，2019-03-20[2019-03-20].https：//jinmenxihu.fang.com/photo/d_house_161919274.htm.
[220] 搜狐焦点.115 平米-3 室 2 厅 2 卫[EB/OL]. 搜狐焦点网：2019-03-20[2019-03-20].https：//tj.focus.cn/loupan/31562/huxing/1211081.html.
[221] 房天下. 一期高层 4 号楼 2-25 层标准层户型[EB/OL]. 房天下，2019-03-20[2019-03-20]. https：//yujingbandaohd022. fang. com/photo/d _ house _ 111629469.htm.
[222] SHAVIV，EDNA AND PELEG，URIEL J.An Integrated KB-CAAD System for the Design of Solar and Low Energy Buildings[J].1992.
[223] RODRIGUEZ-UBINAS E，MONTERO C，PORTEROS M，et al.Passive design strategies and performance of Net Energy Plus Houses[J].Energy & Buildings，2014，83：10-22.
[224] 曹国庆，涂光备，杨斌.水平遮阳方式在住宅建筑南窗遮阳应用上的探讨[J].太阳能学报，2006，27（1）：96-100.
[225] 杨斌.天津地区住宅建筑南向墙遮阳板构型设计及节能潜力分析[D].天津：天津大学，2003.
[226] 简毅文，王苏颖，江亿.水平和垂直遮阳方式对北京地区西窗和南窗遮阳效果的分析[J].西安建筑科技大学学报（自然科学版），2001，33（3）：212-217.
[227] YOUNES C，SHDID C A，BITSUAMLAK G.Air infiltration through building envelopes：A review[J].Journal of Building Physics，2012，35（3）：267-302.
[228] CAFFEY G E.Residential air infiltration[G].Ashrae Transactions，35（3）：267-302.
[229] PERSILY A K.Understanding air infiltration in homes[D].Center for energy and environmental studies，Priceton University，1982.
[230] 刘东，陈沛霖，张云坤.建筑环境与暖通空调节能[J].节能技术，2001（2）：17-19.
[231] 丰晓航，燕达，彭琛，等.建筑气密性对住宅能耗影响的分析[J].暖通空调，

2014, 44（2）: 5-14.

[232] HOPFE C J, MCLEOD R S. The Passivhaus Designer's Manual [M]. London: Routledge, 2015: 61.

[233] 贝特霍尔德·考夫曼，沃尔夫冈·费斯特.德国被动房设计和施工指南[M].北京：中国建筑工业出版社，2015：93.

[234] LIU J, CHEN H, LIU J, et al. An energy performance evaluation methodology for individual office building with dynamic energy benchmarks using limited information [J]. Applied Energy, 2017, 206: 193-205.

[235] LIU J, WANG J, LI G, et al. Evaluation of the energy performance of variable refrigerant flow systems using dynamic energy benchmarks based on data mining techniques[J]. Applied Energy, 2017, 208.

[236] ENERGY STAR®. Performance Ratings Technical Methodology for K-12 School [S], 2009.

[237] ANNA CAROLINA M, ANDREW C, RICHARD B, et al. Benchmarking small power energy consumption in office buildings in the United Kingdom: A review of data published in CIBSE Guide F[J]. Building Services Engineering Research and Technology, 2013, 34（1）: 73-86.

[238] HERNANDEZ P, BURKE K, LEWIS J P. Development of energy performance benchmarks and building energy ratings for non-domestic buildings: an example for Irish primary schools[J]. Energy and Buildings, 2008, 40（3）: 249-254.

[239] 张锡虎，贺克瑾.解读北京建筑节能新标准——《居住建筑节能设计标准》[J].暖通空调，2004，34（10）.

[240] 程大金，伊恩·M.夏皮罗. 图解绿色建筑[M].刘丛红，译.天津：天津大学出版社，2017：70-75.

[241] LIU J, CHEN H, LIU J, et al. An energy performance evaluation methodology for individual office building with dynamic energy benchmarks using limited information [J]. Applied Energy, 2017, 206: 193-205.

[242] 朱能，朱天利，仝丁丁，等.我国建筑能耗基准线确定方法探讨[J].暖通空调，2015（3）：59-64.

[243] 赵路辉.天津市学校建筑能耗基准线研究[D].天津：天津大学，2014：34.

[244] HOPFE C J, MCLEOD R S. The Passivhaus Designer's Manual [M]. London: Routledge, 2015: 9.

[245] BUSCH L. Standards: Recipes for reality[M]. London: Mit Press, 2011.

[246] 贝特霍尔德·考夫曼，沃尔夫冈·费斯特.德国被动房设计和施工指南[M].北京：中国建筑工业出版社，2015：127.
[247] 彭琛，江亿.中国建筑节能路线图[M].北京：中国建筑工业出版社，2016：12.
[248] 彭琛，江亿.中国建筑节能理念思辨[M].北京：中国建筑工业出版社，2016：266-267.
[249] TIAN W.A review of sensitivity analysis methods in building energy analysis[J]. Renewable & Sustainable Energy Reviews，2013，20（4）：411-419.
[250] 郭晓杰.中国已婚女性劳动力供给影响因素分析——基于标准化系数研究方法[J].人口与经济，2012（05）：47-51.
[251] 王海燕，杨方廷，刘鲁.标准化系数与偏相关系数的比较与应用[J].数量经济技术经济研究，2006（09）：150-155.
[252] 秦皇岛“在水一方”示范工程——本文摘自住房和城乡建设部科技发展促进中心《中德被动式超低能耗绿色建筑秦皇岛示范项目总结》[J].中国住宅设施，2014（05）：76-81.
[253] 孙建慧.中德被动式低能耗建筑示范项目——秦皇岛“在水一方”住宅楼技术研究[J].建设科技，2012（8）：56-58.
[254] 刘兆新，姜莹.中德合作“被动式低能耗建筑”示范项目——哈尔滨“辰能·溪树庭院”节能技术应用[J].建设科技，2013（09）：26-27.

附　录

附录 A　寒冷与国外类似气候条件地区被动式超低能耗居住建筑案例库

表 A-1　寒冷与国外类似气候条件地区被动式超低能耗居住建筑设计案例库与策略归纳

分类	序号	案例名称	案例图片	案例特点	形体生成阶段	综合完善阶段	
						围护结构	HVAC 系统
≤3 层	1	大连金维度低密度住区		仿欧建筑的造型造成施工难度增加	1）从北向南地势逐次降低规划台地景观；合理确定建筑间距； 2）朝向优化：东南/西南 3）利用景观、庭院、绿化等措施增加日照、夏季通风	屋面：0.1 外墙：0.11 底板：0.1 外窗（$U_g/U_f/U_w$/SHGC）：N/A/N/A/1.0/0.35[1] 外门：N/A 气密性：0.3	通风：N/A 热源：N/A 末端：N/A 生活热水：N/A

注① N/A 指无选项。

续表

分类	序号	案例名称	案例图片	案例特点	形体生成阶段	综合完善阶段	
						围护结构	HVAC 系统
≤3层	2	青岛中德生态园被动房住宅推广示范小区项目（3F 部分）		亚洲最大被动式住宅示范小区	1）朝向优化 2）体形紧凑	屋面：0.11～0.12 外墙：0.27 底板：N/A 外窗（$U_g/U_f/U_w$/SHGC）：N/A/N/A/0.8/N/A 外门：2.0 气密性：N/A	通风：MVHR 热源：地源热泵 末端：散热片 生活热水：地源热泵
	3	北京涿州被动房		—	1）体形系数紧凑； 2）增加南向窗墙比，减少其他朝向窗墙比； 3）无热桥阳台	屋面：0.104 外墙：0.104 底板：0.12 外窗（$U_g/U_f/U_w$/SHGC）：0.53/N/A/N/A/0.53 外门：N/A 气密性：0.2	通风： 热源：N/A 末端：N/A 生活热水：N/A

续表

分类	序号	案例名称	案例图片	案例特点	形体生成阶段	综合完善阶段	
						围护结构	HVAC 系统
≤3层	4	ORAVARI NTEEN PASSIIVI TALOT，赫尔辛基		立面半室外空间，丰富造型的同时起到遮阳作用	1）朝向优化； 2）体形系数紧凑； 3）增加南向窗墙比，减少其他朝向窗墙比； 4）立面半室外空间防止夏季过热同时增加住宅私密性	屋面：0.053 外墙：0.076 底板：0.087 外窗（$U_g/U_f/U_w$/SHGC）：0.34/N/A/0.57/0.42 外门：0.28 气密性：0.2	通风：MVHR， $\eta=92\%$（地埋管预热） 热源：热泵 末端：地板采暖 生活热水：太阳能集热+热泵
	5	Hanau 住宅，德国		—	1）朝向优化； 2）体形系数紧凑； 3）增加南向窗墙比，减少其他朝向窗墙比	屋面：0.093 外墙：0.122～0.128 底板：0.159 外窗（$U_g/U_f/U_w$/SHGC）：0.6/N/A/N/A/N/A 外门：1.0 气密性：0.6	通风：MVHR， $\eta=92\%$（地埋管预热） 热源：热泵 末端：地板采暖/制冷 生活热水：热泵

续表

分类	序号	案例名称	案例图片	案例特点	形体生成阶段	综合完善阶段	
						围护结构	HVAC 系统
≤3层	6	Dofen 住宅，德国		带有角度的入口和外窗；地下水管道预热新风	1）朝向优化； 2）体形系数紧凑； 3）增加南向窗墙比，减少其他朝向窗墙比； 4）外窗外门凹入自遮阳，同时活泼建筑造型	屋面：0.1 外墙：0.1 底板：0.082 外窗（$U_g/U_f/U_w$/SHGC）：0.61/N/A/N/A/0.64 外门：0.61 气密性：0.6	通风：MVHR， $\eta=92\%$（地埋管预热） 热源：燃气冷凝锅炉、太阳能集热 末端：散热片、新风加热 生活热水：燃气冷凝锅炉、太阳能集热
	7	BEARDEN PLACE，美国		联排住宅，通过内院获得日照和通风；PV 板立面集成	1）朝向优化； 2）增加南向窗墙比，减少其他朝向窗墙比； 3）增设内庭院，提升自然采光与通风； 4）太阳能光伏板集成立面遮阳设计	屋面：0.073 外墙：0.109 底板：0.118 外窗（$U_g/U_f/U_w$/SHGC）：0.74/1.25/N/A/0.56 外门：N/A 气密性：N/A	通风：N/A 热源：N/A 末端：N/A 生活热水：N/A

续表

分类	序号	案例名称	案例图片	案例特点	形体生成阶段	综合完善阶段	
						围护结构	HVAC 系统
≤3层	8	Leyburn 住宅，英国		世界首个使用木结构和稻草砖建造的超低能耗建筑	1）朝向优化； 2）增加南向窗墙比，减少其他朝向窗墙比； 3）活动外遮阳	屋面：0.092 外墙：0.087 底板：0.082 外窗（$U_g/U_f/U_w$/SHGC）：N/A/N/A/0.72/N/A 外门：N/A 气密性：0.3	通风：MVHR，$\eta=94\%$ 热源：燃料，电 末端：火炉、电热毛巾架 生活热水：太阳能集热
4～8层	9	河北天山熙湖二期住宅小区被动房项目		外窗位置预留保温层厚度	1）朝向优化； 2）体形系数紧凑； 3）增加南向窗墙比，减少其他朝向窗墙比； 4）外窗位置预留保温层厚度	屋面：0.14 外墙：0.15 底板：0.14 外窗（$U_g/U_f/U_w$/SHGC）：N/A/N/A/1.0/0.46 外门：1.0 气密性：N/A	通风：MVHR（厨房油烟机与补风联动） 热源：热泵 末端：MVHR 生活热水：MVHR

续表

分类	序号	案例名称	案例图片	案例特点	形体生成阶段	综合完善阶段	
						围护结构	HVAC 系统
4～8层	10	河北涿州新华幕墙厂宿舍楼		—	1）朝向优化； 2）体形系数紧凑； 3）增加南向窗墙比，减少其他朝向窗墙比	屋面：0.069 外墙：0.097 底板：0.085 外窗（$U_g/U_f/U_w$/SHGC）：0.62/N/A/0.84/0.54 外门：N/A 气密性：0.2	通风：集中通风系统，温湿独立控制换热器； 热源：地源热泵 末端：地板采暖/制冷 生活热水：地源热泵
	11	日照新型建材住宅示范区27#楼		—	1）朝向优化； 2）体形系数紧凑； 3）增加南向窗墙比，减少其他朝向窗墙比	屋面：0.12 外墙：0.15 底板：0.12 外窗（$U_g/U_f/U_w$/SHGC）：N/A/N/A/0.95/0.46 外门：0.97 气密性：0.43	通风：MVHR， η = 75%（分户式） 热源：热泵 末端：MVHR 生活热水：带电辅热的太阳能平板集热器

续表

分类	序号	案例名称	案例图片	案例特点	形体生成阶段	综合完善阶段	
						围护结构	HVAC 系统
4～8层	12	青岛中德生态园被动房住宅推广示范小区项目（7F 部分）		亚洲最大被动式住宅示范小区	1）朝向优化； 2）增加南向窗墙比，减少其他朝向窗墙比	屋面：0.11 外墙：0.16～0.24 底板：0.35 外窗（$U_g/U_f/U_w$/SHGC）：N/A/N/A/0.8/N/A 外门：0.8 气密性：N/A	通风：MVHR 热源：地源热泵 末端：散热片 生活热水：地源热泵
	13	德国博音街零碳排放公寓		南向大阳台与活动遮阳	1）朝向优化； 2）体形系数紧凑； 3）南向大阳台及可调节百叶遮阳系统；无热桥阳台； 4）户型设计注重可变性； 5）屋顶绿化	屋面：0.11 外墙：0.12 底板：0.12 外窗（$U_g/U_f/U_w$/SHGC）：0.64/0.74/N/A/0.61 外门：1.1 气密性：0.27	通风：MVHR， η = 75%（半中央式通风系统，地埋管预热） 热源：热电联产（天然气），燃气锅炉备用 末端：N/A 生活热水：屋面平板太阳能集热器与热电联产

续表

分类	序号	案例名称	案例图片	案例特点	形体生成阶段	综合完善阶段	
						围护结构	HVAC 系统
4～8层	14	PIUSPLATZ 住宅，德国		开放平面布局；无障碍设计	1）朝向优化； 2）体形系数紧凑； 3）南向无热桥阳台	屋面：0.095 外墙：0.11 底板：0.10 外窗（$U_g/U_f/U_w$/SHGC）：0.6/1.08/0.85/0.47 外门：0.8 气密性：N/A	通风：MVHR，$\eta=91\%$ 热源：N/A 末端：N/A 生活热水：N/A
	15	加拿大近零能耗公寓		适应台地地形，从北往南逐级下降	1）体形系数紧凑； 2）屋檐悬挑遮阳； 3）屋顶绿化	屋面：N/A 外墙：N/A 底板：N/A 外窗（$U_g/U_f/U_w$/SHGC）：N/A 外门：N/A 气密性：N/A	通风：MVHR 热源：N/A 末端：新风加热 生活热水：N/A

续表

分类	序号	案例名称	案例图片	案例特点	形体生成阶段	综合完善阶段	
						围护结构	HVAC 系统
4～8层	16	Alter Güterbahnhof，德国		围合式布局	1）体形系数紧凑； 2）无热桥阳台； 3）活动外遮阳	屋面：0.098 外墙：0.149 底板：0.132 外窗（$U_g/U_f/U_w$/SHGC）：0.5/0.97/0.78/0.48 外门：1.0 气密性：0.3	通风：MVHR， $\eta=91\%$（集中式） 热源：太阳能+区域供暖 末端：散热片 生活热水：区域供暖
	17	Campus Viva in Heidelberg 学生公寓，德国		围合式布局，预留未来太阳能利用及地下室电动汽车连接点	1）体形系数紧凑； 2）屋面 66% 绿化	屋面：0.096 外墙：0.126 底板：0.319 外窗（$U_g/U_f/U_w$/SHGC）：0.6/N/A/0.807/0.48 外门：1.3 气密性：0.5	通风：MVHR（6 个机组） 热源：区域供暖 末端：散热片 生活热水：区域供暖

续表

分类	序号	案例名称	案例图片	案例特点	形体生成阶段	综合完善阶段	
						围护结构	HVAC 系统
4～8层	18	Wohnen & Arbeiten，德国		德国第一栋被动式公寓，真空厕所+沼气池	1）朝向优化；通过模拟调整建筑与前方树木的距离； 2）体形系数紧凑； 3）悬挑遮阳自遮阳； 4）立面绿化； 5）无热桥阳台	屋面：0.1 外墙：0.13 底板：0.16 外窗（$U_g/U_f/U_w$/SHGC）：0.8/N/A/N/A/N/A 外门：N/A 气密性：0.6	通风：MVHR 热源：热电联产 末端：散热片 生活热水：热电联产+太阳能
	19	Dresden 公寓，德国		—	1）朝向优化； 2）体形系数紧凑； 3）增加南向窗墙比	屋面：N/A 外墙：N/A 底板：N/A 外窗（$U_g/U_f/U_w$/SHGC）：N/A 外门：N/A 气密性：N/A	通风：N/A 热源：N/A 末端：N/A 生活热水：N/A

续表

分类	序号	案例名称	案例图片	案例特点	形体生成阶段	综合完善阶段	
						围护结构	HVAC 系统
4～8层	20	Georg-Elser-Straße 联排住宅，德国		—	1）朝向优化； 2）体形系数紧凑； 3）南向窗墙比大； 4）悬挑阳台自遮阳	屋面：0.087 外墙：0.138 底板：0.199 外窗（$U_g/U_f/U_w$/SHGC）：0.6/N/A/0.79/0.56 外门：N/A 气密性：0.4	通风：MVHR 热源：燃气锅炉 末端：新风加热 生活热水：太阳能集热（75%）
	21	河北高碑店被动式专家公寓楼（资料多）		—	1）朝向优化； 2）体形系数紧凑； 3）严格划分被动区与非被动区	屋面：0.17 外墙：0.14 底板：0.16 外窗（$U_g/U_f/U_w$/SHGC）：0.64/N/A/0.81/0.41 外门：0.78 气密性：0.55	通风：MVHR，$\eta=81\%$（分户，厨、卫、浴单独排风，厨补风） 热源：热泵 末端：MVHR 生活热水：太阳能集热板

续表

分类	序号	案例名称	案例图片	案例特点	形体生成阶段	综合完善阶段	
						围护结构	HVAC 系统
9～13层	22	秦皇岛在水一方 C15#楼		中国首栋超低能耗建筑	1）朝向优化； 2）体形系数紧凑； 3）无热桥阳台； 4）散水处理	屋面：0.10 外墙：0.13 底板：0.12 外窗（$U_g/U_f/U_w$/SHGC）：0.63/0.9/N/A/N/A 外门：0.8 气密性：0.2～0.53	通风：MVHR， $\eta \geq 75\%$（分户，厨房灶台处就近补风，补风量等于抽油烟机排风量） 热源：热泵 末端：新风加热 生活热水：分户式太阳能热水
14层以上	23	天津生态城公屋二期		—	1）朝向优化； 2）体形系数紧凑； 3）主入口加设了门斗； 4）优化室内空间布局，考虑冷热源及新风机系统的布置空间； 5）东西南向外窗采用电动卷闸可调节外遮阳，北向居住空间设手动百叶内遮阳	屋面：0.15 外墙：0.15 底板：0.3 外窗（$U_g/U_f/U_w$/SHGC）：N/A/N/A/0.8/0.4 外门：N/A 气密性：N/A	通风：MVHR， $\eta \geq 80\%$（分户，厨、卫、浴单独排风，厨补风） 热源：热泵 末端：新风机组联合热泵式 VRV 风管机 生活热水：屋顶板式太阳能热水集热器

续表

分类	序号	案例名称	案例图片	案例特点	形体生成阶段	综合完善阶段	
						围护结构	HVAC 系统
14层以上	24	北京朝阳区垡头焦化厂公租房 17#，21#，22#楼		朝向先天不利；高层对保温材料风压和厚度的安全性考虑	1）体形系数紧凑； 2）阳台自遮阳与活动外遮阳结合； 3）无热桥阳台	屋面：0.15 外墙：0.2 底板：0.2 外窗（U_g/U_f/U_w/SHGC）：N/A/N/A/1/0.3～0.45 外门：N/A 气密性：N/A	通风：MVHR（分户） 热源：热泵 末端：MVHR 生活热水：N/A
	25	青海省海东市乐都区丽水湾被动式超低能绿色建筑		处于太阳能富集区，项目充分利用太阳能可再生资源	1）优化建筑朝向； 2）建筑设计紧凑； 3）南立面太阳能一体化设计	屋面：0.15 外墙：0.15 底板：0.15 外窗（U_g/U_f/U_w/SHGC）：0.513/1.0/0.78～0.9/0.492 外门：N/A 气密性：N/A	通风：MVHR（空气式集中预热分户新风加热） 热源：太阳能新风+热水+采暖复合系统 末端：太阳能新风+热水+采暖复合系统

（数据来源：作者自绘）

附录 B 形体生成阶段回归正交试验安排

表 B-1 形体生成阶段回归正交试验安排表(典型模型 A)

试验序号	1	2	3	4	5	6	7	8	9	10	11	12	13	14	15	采暖需求/(kW·h/(m^2·a))
	朝向	层高	平面轮廓	窗墙比/南	窗墙比/北	层高×窗墙比/南	层高×窗墙比/北	窗墙比/东西	屋面类型	层高×窗墙比/东西	屋面悬挑长度	南向外窗类型	遮阳板悬挑长度/南	遮阳板悬挑长度/东西	空列	
1	180	3.3	优化前	0.65	0.4	2.145	1.32	0.4	坡	1.32	0.5	飘窗	0.5	0.5	1	54.7
2	180	3.3	优化前	0.65	0.4	2.145	1.32	0.2	平	0.66	0	普通窗	0	0	−1	45.1
3	180	3.3	优化前	0.3	0.2	0.99	0.66	0.4	坡	1.32	0.5	普通窗	0	0	−1	52.6
4	180	3.3	优化前	0.3	0.2	0.99	0.66	0.2	平	0.66	0	飘窗	0.5	0.5	1	59
5	180	2.8	优化后	0.65	0.4	1.82	1.12	0.4	坡	1.12	0	飘窗	0.5	0	−1	47.6
6	180	2.8	优化后	0.65	0.4	1.82	1.12	0.2	平	0.56	0.5	普通窗	0	0.5	−1	35.2
7	180	2.8	优化后	0.3	0.2	0.84	0.56	0.4	坡	1.12	0	普通窗	0	0.5	1	44.3
8	180	2.8	优化后	0.3	0.2	0.84	0.56	0.2	平	0.56	0.5	飘窗	0.5	0	−1	44.5
9	162.5	3.3	优化后	0.65	0.2	2.145	0.66	0.4	平	1.32	0	飘窗	0	0.5	−1	44.4

续表

试验序号	1	2	3	4	5	6	7	8	9	10	11	12	13	14	15	采暖需求/（kW·h/（m^2·a））
	朝向	层高	平面轮廓	窗墙比/南	窗墙比/北	层高×窗墙比/南	层高×窗墙比/北	窗墙比/东西	屋面类型	层高×窗墙比/东西	屋面悬挑长度	南向外窗类型	遮阳板悬挑长度/南	遮阳板悬挑长度/东西	空列	
10	162.5	3.3	优化后	0.65	0.2	2.145	0.66	0.2	坡	0.66	0.5	普通窗	0.5	0	1	43.4
11	162.5	3.3	优化后	0.3	0.4	0.99	1.32	0.4	平	1.32	0	普通窗	0.5	0	1	56.4
12	162.5	3.3	优化后	0.3	0.4	0.99	1.32	0.2	坡	0.66	0.5	飘窗	0	0.5	-1	58.6
13	162.5	2.8	优化前	0.65	0.2	1.82	0.56	0.4	平	1.12	0.5	飘窗	0	0	1	42.6
14	162.5	2.8	优化前	0.65	0.2	1.82	0.56	0.2	坡	0.56	0	普通窗	0.5	0.5	-1	36.9
15	162.5	2.8	优化前	0.3	0.4	0.84	1.12	0.4	平	1.12	0.5	普通窗	0.5	0.5	-1	52.9
16	162.5	2.8	优化前	0.3	0.4	0.84	1.12	0.2	坡	0.56	0	飘窗	0	0	1	52.6

（数据来源：作者自绘）

表 B-2 形体生成阶段回归正交试验安排表(典型模型 B)

试验序号	1	2	3	4	5	6	7	8	9	10	11	12	13	14	15	采暖需求/(kW·h/(m²·a))
	朝向	层高	平面轮廓	窗墙比/南	窗墙比/北	层高×窗墙比/南	层高×窗墙比/北	空列	屋面类型	空列	屋面悬挑长度	南向外窗类型	遮阳板悬挑长度/南	空列	空列	
1	180	3.3	优化前	0.65	0.4	2.145	1.32	1	坡	1	0.5	飘窗	0.5	1	1	34.1
2	180	3.3	优化前	0.65	0.4	2.145	1.32	-1	平	-1	0	普通窗	0	-1	-1	27.1
3	180	3.3	优化前	0.3	0.2	0.99	0.66	1	坡	1	0.5	普通窗	0	-1	-1	37.9
4	180	3.3	优化前	0.3	0.2	0.99	0.66	-1	平	-1	0	飘窗	0.5	1	1	43.1
5	180	2.8	优化后	0.65	0.4	1.82	1.12	1	坡	-1	0	飘窗	0.5	-1	-1	32.5
6	180	2.8	优化后	0.65	0.4	1.82	1.12	-1	平	1	0.5	普通窗	0	1	-1	21.9
7	180	2.8	优化后	0.3	0.2	0.84	0.56	1	坡	-1	0	普通窗	0	1	1	29
8	180	2.8	优化后	0.3	0.2	0.84	0.56	-1	平	1	0.5	飘窗	0.5	-1	-1	32.5
9	162.5	3.3	优化后	0.65	0.2	2.145	0.66	1	平	1	0	飘窗	0	1	-1	23.4
10	162.5	3.3	优化后	0.65	0.2	2.145	0.66	-1	坡	-1	0.5	普通窗	0.5	-1	1	23.9
11	162.5	3.3	优化后	0.3	0.4	0.99	1.32	1	平	1	0	普通窗	0.5	-1	1	37.1
12	162.5	3.3	优化后	0.3	0.4	0.99	1.32	-1	坡	-1	0.5	飘窗	0	1	-1	35.7

续表

试验序号	1	2	3	4	5	6	7	8	9	10	11	12	13	14	15	采暖需求/（kW·h/（m^2·a））
	朝向	层高	平面轮廓	窗墙比/南	窗墙比/北	层高×窗墙比/南	层高×窗墙比/北	空列	屋面类型	空列	屋面悬挑长度	南向外窗类型	遮阳板悬挑长度/南	空列	空列	
13	162.5	2.8	优化前	0.65	0.2	1.82	0.56	1	平	−1	0.5	飘窗	0	−1	1	25.7
14	162.5	2.8	优化前	0.65	0.2	1.82	0.56	−1	坡	1	0	普通窗	0.5	1	−1	26.7
15	162.5	2.8	优化前	0.3	0.4	0.84	1.12	1	平	−1	0.5	普通窗	0.5	1	−1	36.1
16	162.5	2.8	优化前	0.3	0.4	0.84	1.12	−1	坡	1	0	飘窗	0	−1	1	38.6

（数据来源：作者自绘）

表 B-3 形体生成阶段回归正交试验安排表(典型模型 C)

试验序号	1	2	3	4	5	6	7	8	9	10	11	12	13	14	15	采暖需求/(kW·h/(m²·a))
	朝向	层高	平面轮廓	窗墙比/南	窗墙比/北	层高×窗墙比/南	层高×窗墙比/北	空列	屋面类型	空列	屋面悬挑长度	南向外窗类型	遮阳板悬挑长度/南	空列	空列	
1	180	3.3	优化前	0.65	0.4	2.145	1.32	1	坡	1	0.5	飘窗	0.5	1	1	33.9
2	180	3.3	优化前	0.65	0.4	2.145	1.32	−1	平	−1	0	普通窗	0	−1	−1	27.6
3	180	3.3	优化前	0.3	0.2	0.99	0.66	1	坡	1	0.5	普通窗	0	−1	−1	37.4
4	180	3.3	优化前	0.3	0.2	0.99	0.66	−1	平	−1	0	飘窗	0.5	1	1	41
5	180	2.8	优化后	0.65	0.4	1.82	1.12	1	坡	−1	0	飘窗	0.5	−1	−1	32.1
6	180	2.8	优化后	0.65	0.4	1.82	1.12	−1	平	1	0.5	普通窗	0	1	−1	23.3
7	180	2.8	优化后	0.3	0.2	0.84	0.56	1	坡	−1	0	普通窗	0	1	1	30.3
8	180	2.8	优化后	0.3	0.2	0.84	0.56	−1	平	1	0.5	飘窗	0.5	−1	−1	34.5
9	162.5	3.3	优化后	0.65	0.2	2.145	0.66	1	平	1	0	飘窗	0	1	−1	26.4
10	162.5	3.3	优化后	0.65	0.2	2.145	0.66	−1	坡	−1	0.5	普通窗	0.5	−1	1	26.2
11	162.5	3.3	优化后	0.3	0.4	0.99	1.32	1	平	1	0	普通窗	0.5	−1	1	35.5
12	162.5	3.3	优化后	0.3	0.4	0.99	1.32	−1	坡	−1	0.5	飘窗	0	1	−1	40.2

续表

试验序号	1	2	3	4	5	6	7	8	9	10	11	12	13	14	15	采暖需求/（kW·h/（m^2·a））
	朝向	层高	平面轮廓	窗墙比/南	窗墙比/北	层高×窗墙比/南	层高×窗墙比/北	空列	屋面类型	空列	屋面悬挑长度	南向外窗类型	遮阳板悬挑长度/南	空列	空列	
13	162.5	2.8	优化前	0.65	0.2	1.82	0.56	1	平	−1	0.5	飘窗	0	−1	1	25.5
14	162.5	2.8	优化前	0.65	0.2	1.82	0.56	−1	坡	1	0	普通窗	0.5	1	−1	26.1
15	162.5	2.8	优化前	0.3	0.4	0.84	1.12	1	平	−1	0.5	普通窗	0.5	1	−1	36.3
16	162.5	2.8	优化前	0.3	0.4	0.84	1.12	−1	坡	1	0	飘窗	0	−1	1	36.9

（数据来源：作者自绘）

表 B-4　形体生成阶段回归正交试验安排表(典型模型 D)

试验序号	1	2	3	4	5	6	7	8	9	10	11	12	13	14	15	采暖需求/(kW·h/(m^2·a))
	朝向	层高	平面轮廓	窗墙比/南	窗墙比/北	层高×窗墙比/南	层高×窗墙比/北	空列	屋面类型	空列	屋面悬挑长度	南向外窗类型	遮阳板悬挑长度/南	空列	空列	
1	180	3.3	优化前	0.65	0.4	2.145	1.32	1	坡	1	0.5	飘窗	0.5	1	1	35.6
2	180	3.3	优化前	0.65	0.4	2.145	1.32	−1	平	−1	0	普通窗	0	−1	−1	29.8
3	180	3.3	优化前	0.3	0.2	0.99	0.66	1	坡	1	0.5	普通窗	0	−1	−1	35.3
4	180	3.3	优化前	0.3	0.2	0.99	0.66	−1	平	−1	0	飘窗	0.5	1	1	38.6
5	180	2.8	优化后	0.65	0.4	1.82	1.12	1	坡	−1	0	飘窗	0.5	−1	−1	29.8
6	180	2.8	优化后	0.65	0.4	1.82	1.12	−1	平	1	0.5	普通窗	0	1	−1	24.4
7	180	2.8	优化后	0.3	0.2	0.84	0.56	1	坡	−1	0	普通窗	0	1	1	28.4
8	180	2.8	优化后	0.3	0.2	0.84	0.56	−1	平	1	0.5	飘窗	0.5	−1	−1	31.3
9	162.5	3.3	优化后	0.65	0.2	2.145	0.66	1	平	1	0	飘窗	0	1	−1	27.8
10	162.5	3.3	优化后	0.65	0.2	2.145	0.66	−1	坡	−1	0.5	普通窗	0.5	−1	1	27.8
11	162.5	3.3	优化后	0.3	0.4	0.99	1.32	1	平	1	0	普通窗	0.5	−1	1	36.7
12	162.5	3.3	优化后	0.3	0.4	0.99	1.32	−1	坡	−1	0.5	飘窗	0	1	−1	37.6

续表

试验序号	1	2	3	4	5	6	7	8	9	10	11	12	13	14	15	采暖需求/(kW·h/(m^2·a))
	朝向	层高	平面轮廓	窗墙比/南	窗墙比/北	层高×窗墙比/南	层高×窗墙比/北	空列	屋面类型	空列	屋面悬挑长度	南向外窗类型	遮阳板悬挑长度/南	空列	空列	
13	162.5	2.8	优化前	0.65	0.2	1.82	0.56	1	平	−1	0.5	飘窗	0	−1	1	28.2
14	162.5	2.8	优化前	0.65	0.2	1.82	0.56	−1	坡	1	0	普通窗	0.5	1	−1	27.6
15	162.5	2.8	优化前	0.3	0.4	0.84	1.12	1	平	−1	0.5	普通窗	0.5	1	−1	34.6
16	162.5	2.8	优化前	0.3	0.4	0.84	1.12	−1	坡	1	0	飘窗	0	−1	1	35.1

（数据来源：作者自绘）

附录 C　综合完善阶段回归正交试验安排

表 C-1　综合完善阶段回归正交试验安排表(典型模型 A)

试验序号	1	2	3	4	5	6	7	8	9	10	11	用能需求/(kW·h/(m^2·a))								
	z_1 屋面传热系数	空列	z_2 底板传热系数	z_3 夏季活动外遮阳	z_4 玻璃传热系数	z_5 窗框传热系数	z_6 玻璃SHGC	z_7 气密性	z_8 热桥	z_9 外墙传热系数	空列	工况一			工况二			工况三		
												采暖	制冷	总	采暖	制冷	总	采暖	制冷	总
1	0.25	1	0.5	100%	1.7	1.8	0.69	4.25	有	0.45	1	53.8	60.5	114.3	55.5	62.7	118.2	53.7	50.5	104.2
2	0.25	1	0.5	100%	1.7	1.0	0.49	0.4	无	0.13	−1	25.5	40.2	65.7	27.1	42.5	69.6	39.1	38	77.1
3	0.25	1	0.15	10%	0.6	1.8	0.69	4.25	无	0.13	−1	18.5	29.4	47.9	19.9	31.7	51.6	30.9	29.6	60.5
4	0.25	−1	0.5	10%	0.6	1.8	0.49	0.4	有	0.45	−1	28.3	21.4	49.7	29.9	23.6	53.5	42	22.2	64.2
5	0.25	−1	0.15	100%	0.6	1.0	0.69	0.4	有	0.13	1	6.2	64	70.2	7.2	66.3	73.5	16.2	56.2	72.4
6	0.25	−1	0.15	10%	1.7	1.0	0.49	4.25	无	0.45	1	53.4	26	79.4	55	28.2	83.2	67.9	27.1	95
7	0.11	1	0.15	10%	1.7	1.8	0.49	0.4	有	0.13	1	30	19	49	31.3	21.1	52.4	43.6	19.9	63.5
8	0.11	1	0.15	100%	0.6	1.0	0.49	4.25	有	0.45	−1	35.7	45.5	81.2	27.3	47.8	75.1	49.7	43.6	93.3

续表

试验序号	1	2	3	4	5	6	7	8	9	10	11	用能需求/（kW·h/（m²·a））								
	z_1 屋面传热系数	空列	z_2 底板传热系数	z_3 夏季活动外遮阳	z_4 玻璃传热系数	z_5 窗框传热系数	z_6 玻璃SHGC	z_7 气密性	z_8 热桥	z_9 外墙传热系数	空列	工况一			工况二			工况三		
												采暖	制冷	总	采暖	制冷	总	采暖	制冷	总
9	0.11	1	0.5	10%	0.6	1.0	0.69	0.4	无	0.45	1	11.4	26.2	37.6	12.6	28.5	41.1	22.7	26.1	48.8
10	0.11	−1	0.15	100%	1.7	1.8	0.69	0.4	无	0.45	−1	30.1	58.8	88.9	31.6	61	92.6	43.4	54.8	98.2
11	0.11	−1	0.5	10%	1.7	1.0	0.69	4.25	有	0.13	−1	33.8	27.2	61	35.3	19.5	54.8	47.3	28	75.3
12	0.11	−1	0.5	100%	0.6	1.8	0.49	4.25	无	0.13	1	24.8	42.3	67.1	26.3	44.6	70.9	38.4	40.2	78.6

（数据来源：作者自绘）

表 C-2　综合完善阶段回归正交试验安排表(典型模型 B)

试验序号	1	2	3	4	5	6	7	8	9	10	11	用能需求/(kW·h/(m^2·a))								
	z_1 屋面传热系数	空列	z_2 底板传热系数	z_3 夏季活动外遮阳	z_4 玻璃传热系数	z_5 窗框传热系数	z_6 玻璃SHGC	z_7 气密性	z_8 热桥	z_9 外墙传热系数	空列	工况一			工况二			工况三		
												采暖	制冷	总	采暖	制冷	总	采暖	制冷	总
1	0.25	1	0.5	100%	1.7	1.8	0.69	4.25	有	0.45	1	39.6	49.5	89.1	41.6	52.2	93.8	57.1	48.2	105.3
2	0.25	1	0.5	100%	1.7	1.0	0.49	0.4	无	0.13	−1	12.7	35.8	48.5	14.5	38.6	53.1	28.9	34	62.9
3	0.25	1	0.15	10%	0.6	1.8	0.69	4.25	无	0.13	−1	12.7	27.5	40.2	14.4	30.3	44.7	28.3	28.2	56.5
4	0.25	−1	0.5	10%	0.6	1.8	0.49	0.4	有	0.45	−1	17.9	22.1	40	19.8	24.9	44.7	34.6	23	57.6
5	0.25	−1	0.15	100%	0.6	1.0	0.69	0.4	有	0.13	1	1.7	52.2	53.9	2.6	55	57.6	12.9	45.8	58.7
6	0.25	−1	0.15	10%	1.7	1.0	0.49	4.25	无	0.45	1	39.2	25.9	65.1	41.3	28.7	70	51.7	27.5	79.2
7	0.11	1	0.15	10%	1.7	1.8	0.49	0.4	有	0.13	1	16	20.6	36.6	17.9	23.4	41.3	32.7	21.6	54.3
8	0.11	1	0.15	100%	0.6	1.0	0.49	4.25	有	0.45	−1	27.6	40.2	67.8	29.6	43	72.6	45	39.3	84.3
9	0.11	1	0.5	10%	0.6	1.0	0.69	0.4	无	0.45	1	6.5	25.3	31.8	7.9	28	35.9	20.5	25.4	45.9
10	0.11	−1	0.15	100%	1.7	1.8	0.69	0.4	无	0.45	−1	19.1	49	68.1	20.9	51.8	72.7	35.3	45.9	81.2
11	0.11	−1	0.5	10%	1.7	1.0	0.69	4.25	有	0.13	−1	22.7	25.8	48.5	24.6	28.6	53.2	39.4	27.2	66.6
12	0.11	−1	0.5	100%	0.6	1.8	0.49	4.25	无	0.13	1	17.5	37.6	55.1	19.4	40.4	59.8	34.3	36.4	70.7

(数据来源：作者自绘)

表 C-3　综合完善阶段变量回归正交试验安排表(典型模型 C)

试验序号	1	2	3	4	5	6	7	8	9	10	11	用能需求/（kW·h/（m^2·a））								
	z_1 屋面传热系数	空列	z_2 底板传热系数	z_3 夏季活动外遮阳	z_4 玻璃传热系数	z_5 窗框传热系数	z_6 玻璃SHGC	z_7 气密性	z_8 热桥	z_9 外墙传热系数	空列	工况一			工况二			工况三		
												采暖	制冷	总	采暖	制冷	总	采暖	制冷	总
1	0.25	1	0.5	100%	1.7	1.8	0.69	4.25	有	0.45	1	36.3	63.9	100.2	38.5	67	105.5	55.4	61.5	116.9
2	0.25	1	0.5	100%	1.7	1.0	0.49	0.4	无	0.13	−1	11.4	46.1	57.5	13.3	49.2	62.5	28.9	43.2	72.1
3	0.25	1	0.15	10%	0.6	1.8	0.69	4.25	无	0.13	−1	8.2	28.6	36.8	9.7	31.7	41.4	23.6	29.7	53.3
4	0.25	−1	0.5	10%	0.6	1.8	0.49	0.4	有	0.45	−1	14.1	23.4	37.5	16.1	26.5	42.6	32	24.7	56.7
5	0.25	−1	0.15	100%	0.6	1.0	0.69	0.4	有	0.13	1	0.6	69.9	70.5	1.1	73	74.1	9.9	60.1	70
6	0.25	−1	0.15	10%	1.7	1.0	0.49	4.25	无	0.45	1	37.7	26.8	64.5	39.9	30	69.9	57.4	28.9	86.3
7	0.11	1	0.15	10%	1.7	1.8	0.49	0.4	有	0.13	1	16.1	21.5	37.6	18.1	24.7	42.8	34.3	23.2	57.5
8	0.11	1	0.15	100%	0.6	1.0	0.49	4.25	有	0.45	−1	23.9	50.1	74	26	53.3	79.3	42.8	48.4	91.2
9	0.11	1	0.5	10%	0.6	1.0	0.69	0.4	无	0.45	1	3.4	27	30.4	5	30.2	35.2	17	27.6	44.6
10	0.11	−1	0.15	100%	1.7	1.8	0.69	0.4	无	0.45	−1	17.6	63.9	81.5	19.5	67.1	86.6	35	59.5	94.5
11	0.11	−1	0.5	10%	1.7	1.0	0.69	4.25	有	0.13	−1	20.2	27.5	47.7	22.2	30.6	52.8	38	29.3	67.3
12	0.11	−1	0.5	100%	0.6	1.8	0.49	4.25	无	0.13	1	15.2	48.1	63.3	17.2	51.2	68.4	33.3	45.9	79.2

（数据来源：作者自绘）

表 C-4　综合完善阶段变量回归正交试验安排表(典型模型 D)

试验序号	1	2	3	4	5	6	7	8	9	10	11	用能需求/（kW·h/（m^2·a））								
	z_1 屋面传热系数	空列	z_2 底板传热系数	z_3 夏季活动外遮阳	z_4 玻璃传热系数	z_5 窗框传热系数	z_6 玻璃SHGC	z_7 气密性	z_8 热桥	z_9 外墙传热系数	空列	工况一			工况二			工况三		
												采暖	制冷	总	采暖	制冷	总	采暖	制冷	总
1	0.25	1	0.5	100%	1.7	1.8	0.69	4.25	有	0.45	1	36.3	49.6	85.9	38.5	52.7	91.2	55.4	48.6	104
2	0.25	1	0.5	100%	1.7	1.0	0.49	0.4	无	0.13	−1	10	36.8	46.8	11.9	39.8	51.7	27.5	35	62.5
3	0.25	1	0.15	10%	0.6	1.8	0.69	4.25	无	0.13	−1	10.1	27	37.1	11.9	30	41.9	26.8	28.1	54.9
4	0.25	−1	0.5	10%	0.6	1.8	0.49	0.4	有	0.45	−1	14.2	22.9	37.1	16.2	26	42.2	32.2	23.9	56.1
5	0.25	−1	0.15	100%	0.6	1.0	0.69	0.4	有	0.13	1	0.8	51.8	52.6	1.4	54.9	56.3	11.9	45.5	57.4
6	0.25	−1	0.15	10%	1.7	1.0	0.49	4.25	无	0.45	1	36.9	25.9	62.8	39.1	28.9	68	56.4	27.9	84.3
7	0.11	1	0.15	10%	1.7	1.8	0.49	0.4	有	0.13	1	14.5	21	35.5	16.5	24	40.5	32.6	22.3	54.9
8	0.11	1	0.15	100%	0.6	1.0	0.49	4.25	有	0.45	−1	26	40.5	66.5	28.2	43.6	71.8	45	40	85
9	0.11	1	0.5	10%	0.6	1.0	0.69	0.4	无	0.45	1	5.1	26	31.1	6.5	29.1	35.6	20.1	26.3	46.4
10	0.11	−1	0.15	100%	1.7	1.8	0.69	0.4	无	0.45	−1	19.7	48.8	68.5	19.9	51.8	71.7	35.7	46	81.7
11	0.11	−1	0.5	10%	1.7	1.0	0.69	4.25	有	0.13	−1	21.1	26.3	47.4	23.1	29.4	52.5	39.3	28	67.3
12	0.11	−1	0.5	100%	0.6	1.8	0.49	4.25	无	0.13	1	14.9	38.9	53.8	16.9	41.9	58.8	33.1	37.8	70.9

（数据来源：作者自绘）

附录 D　平面图（案例一）

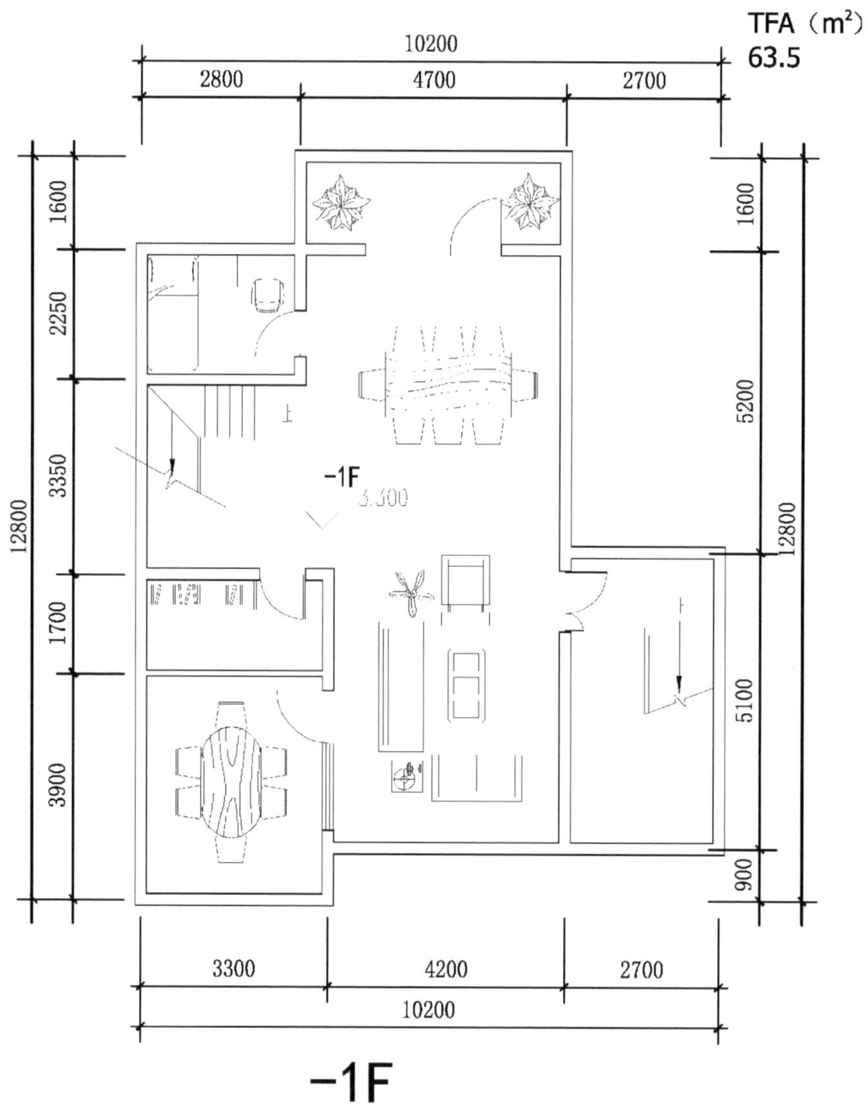

图 D-1　原方案各层平面图（1 ：200）

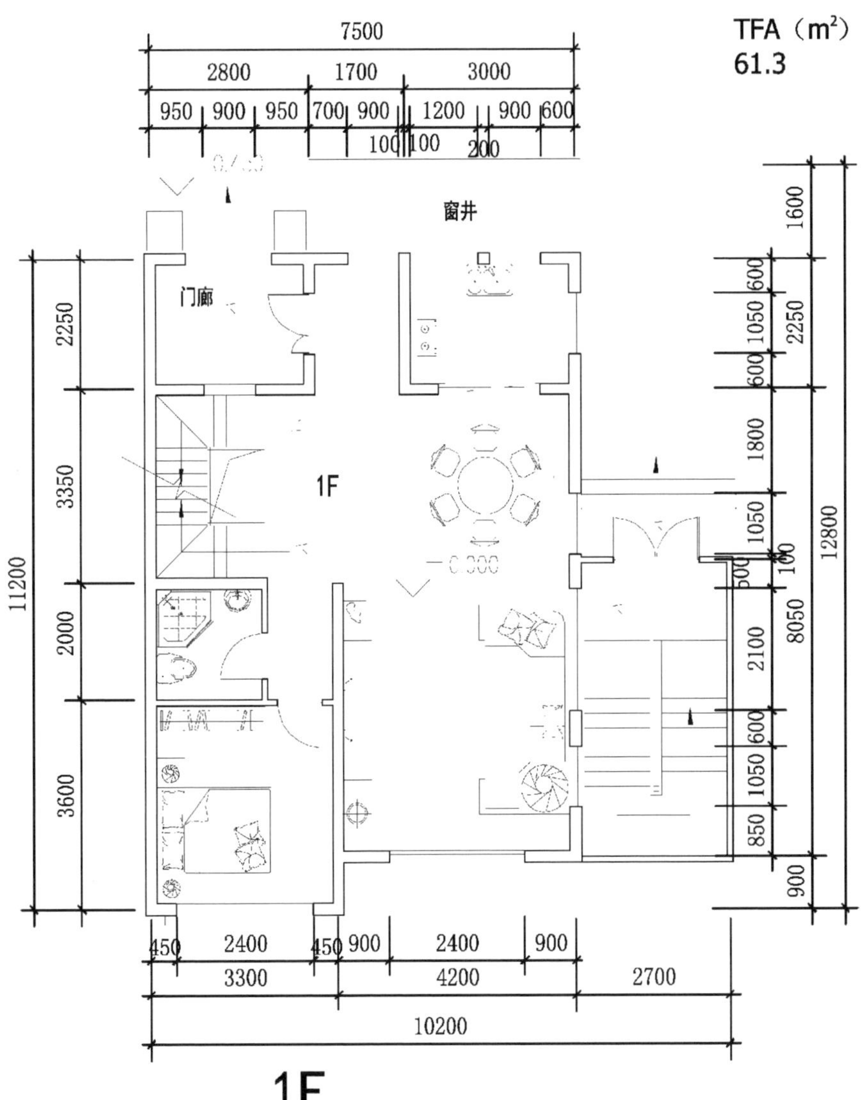

7500
2800
1700
3000
950
900
950
700
900
1200
900
600
100
100
200
TFA（m²）
61.3
窗井
门廊
1F
2250
3350
2000
3600
11200
1600
600
1050
600
2250
1800
1050
100
500
2100
600
1050
850
8050
900
12800
450
2400
450
900
2400
900
3300
4200
2700
10200
1F

续图 D-1

TFA（m²）
52.3

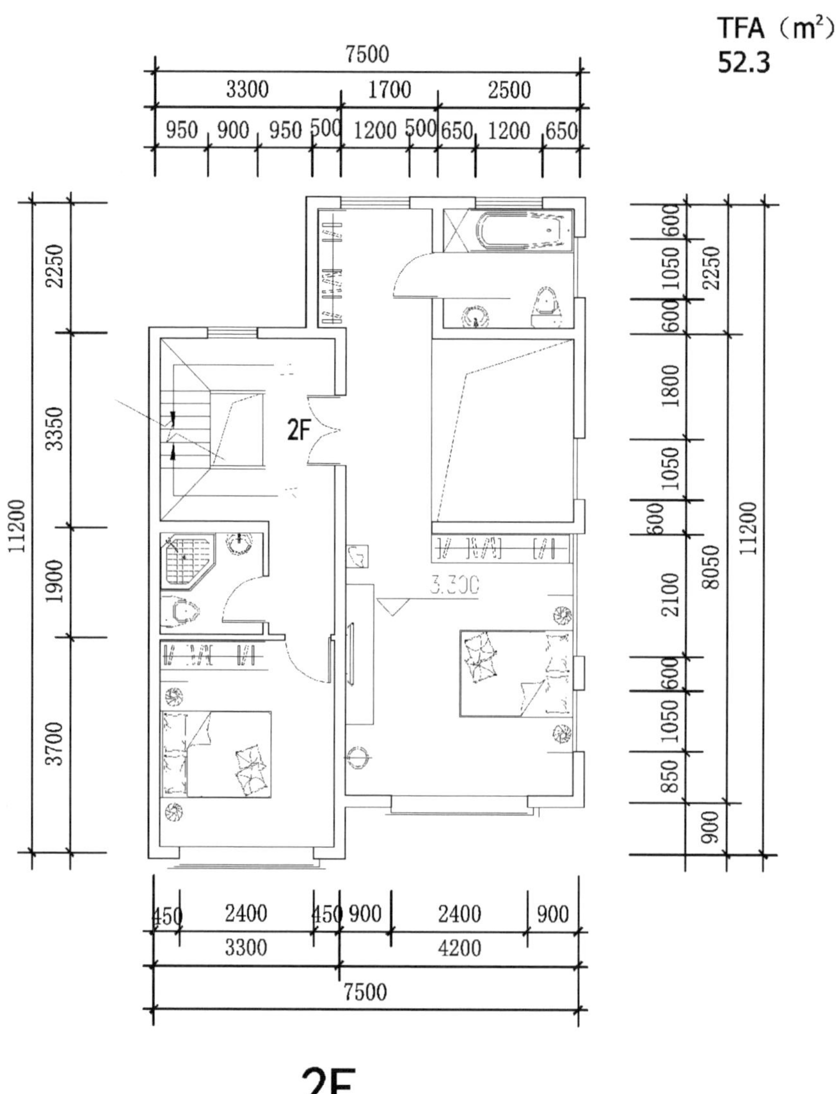

2F

续图 D-1

TFA（m²）
59.5

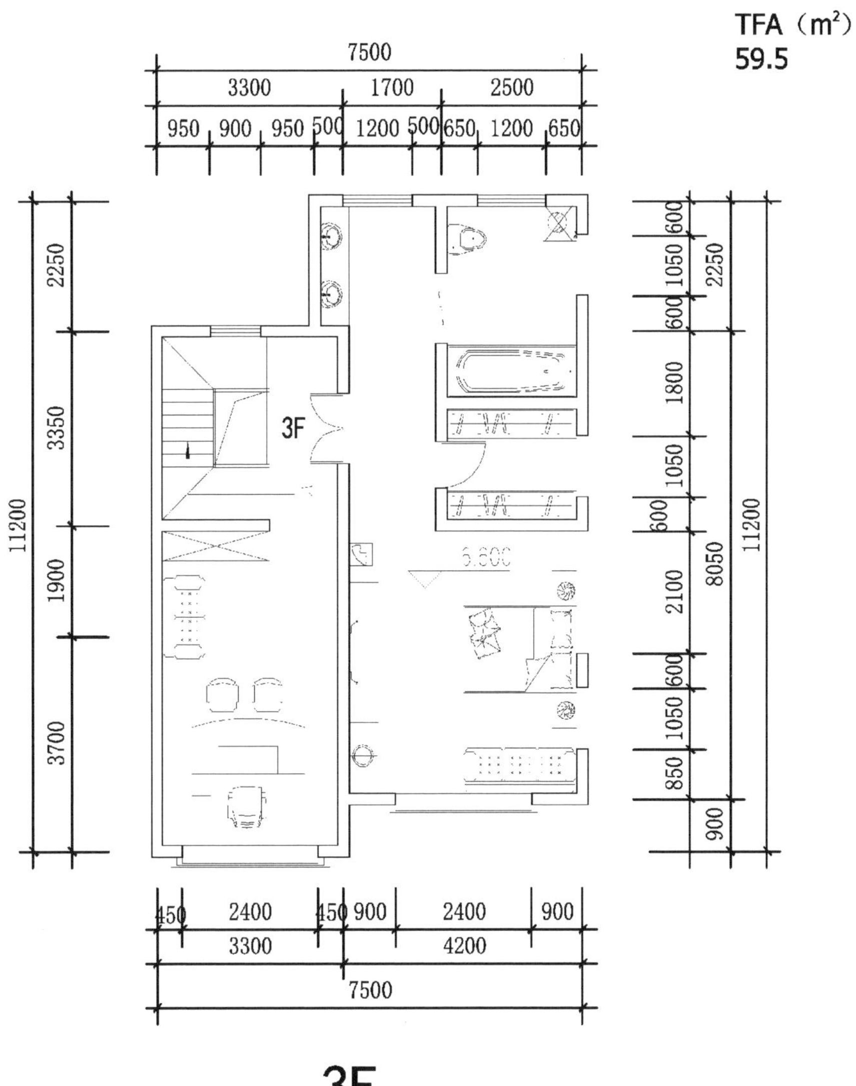

3F

续图 D-1

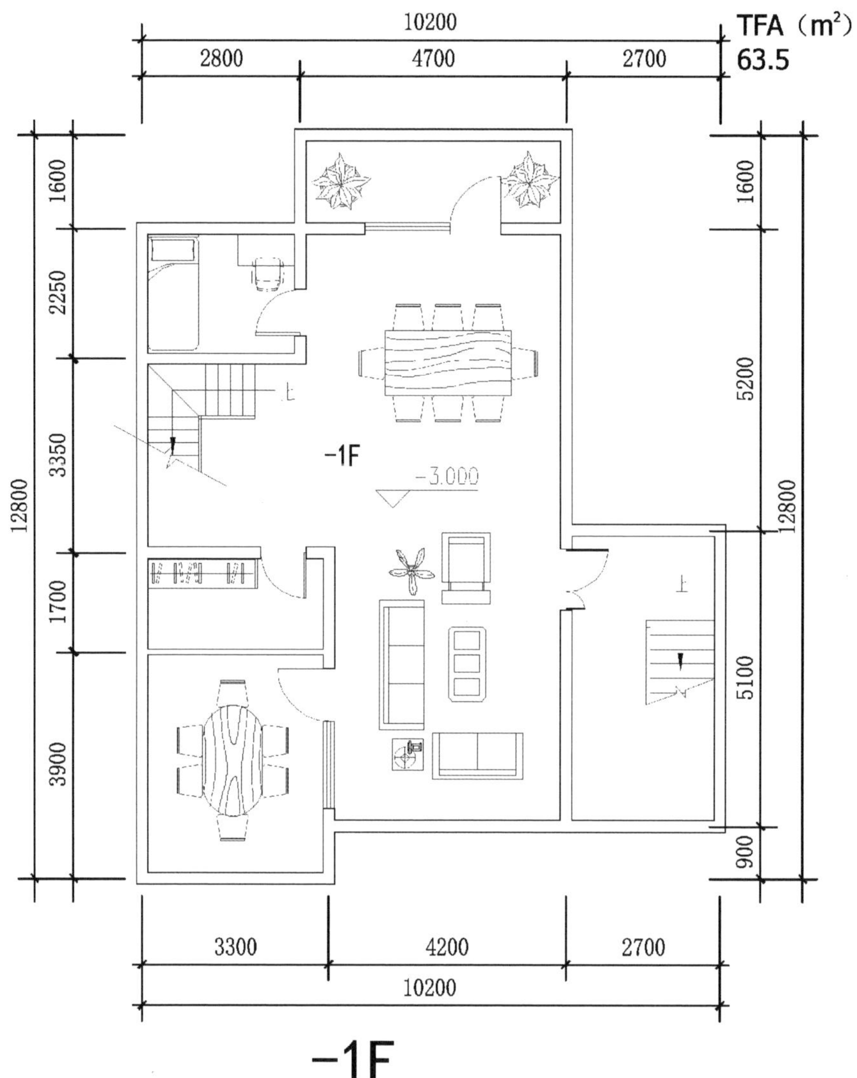

-1F

图 D-2　备选方案一各层平面图（1 ：200）

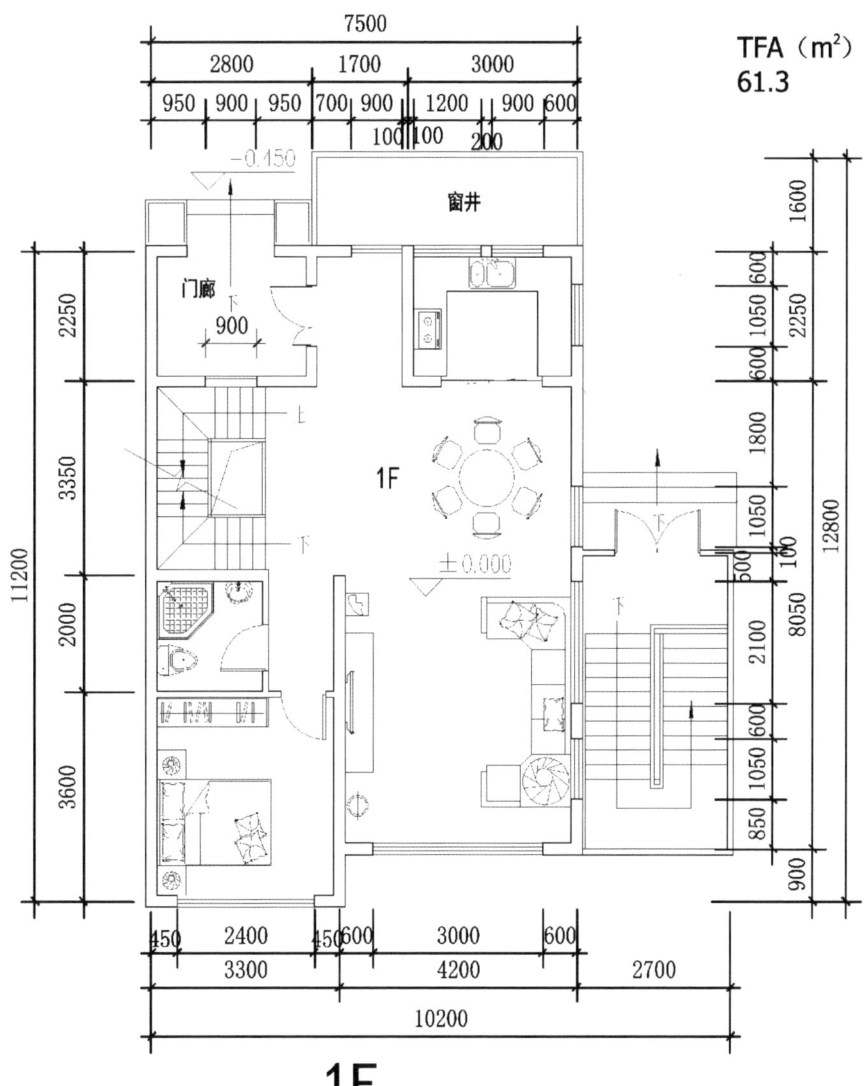
TFA（m²）
61.3
7500
2800
1700
3000
950
900
950
700
900
1200
900
600
100
100
200
-0.150
窗井
门廊
下
900
上
下
1F
±0.000
下
下
1600
600
1050
600
2250
1800
1050
100
500
2100
600
1050
850
900
8050
12800
2250
3350
2000
3600
11200
450
2400
450
600
3000
600
3300
4200
2700
10200
1F

续图 D-2

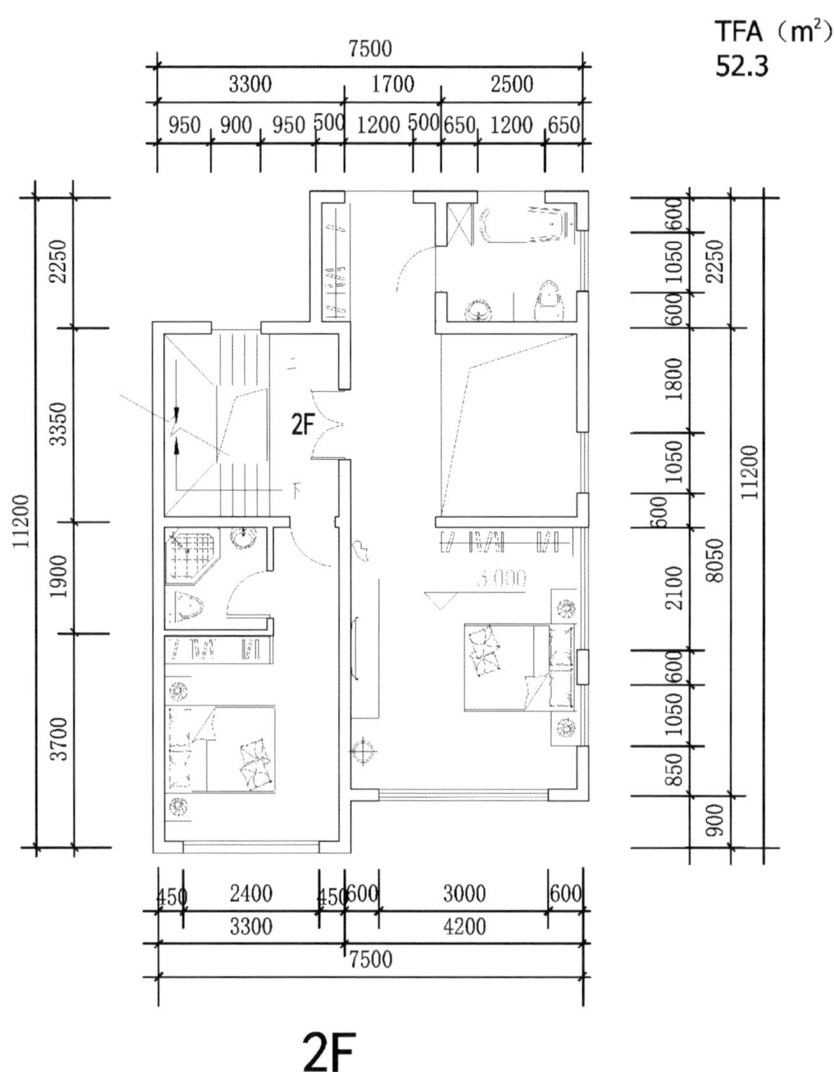

TFA（m²）
52.3
7500
3300 1700 2500
950 900 950 500 1200 500 650 1200 650
2250
3350
1900
3700
11200
600 1050 600 1800 1050 600 2100 600 1050 850 900
2250
8050
11200
2F
下
450 2400 450 600 3000 600
3300 4200
7500
2F

续图 D-2

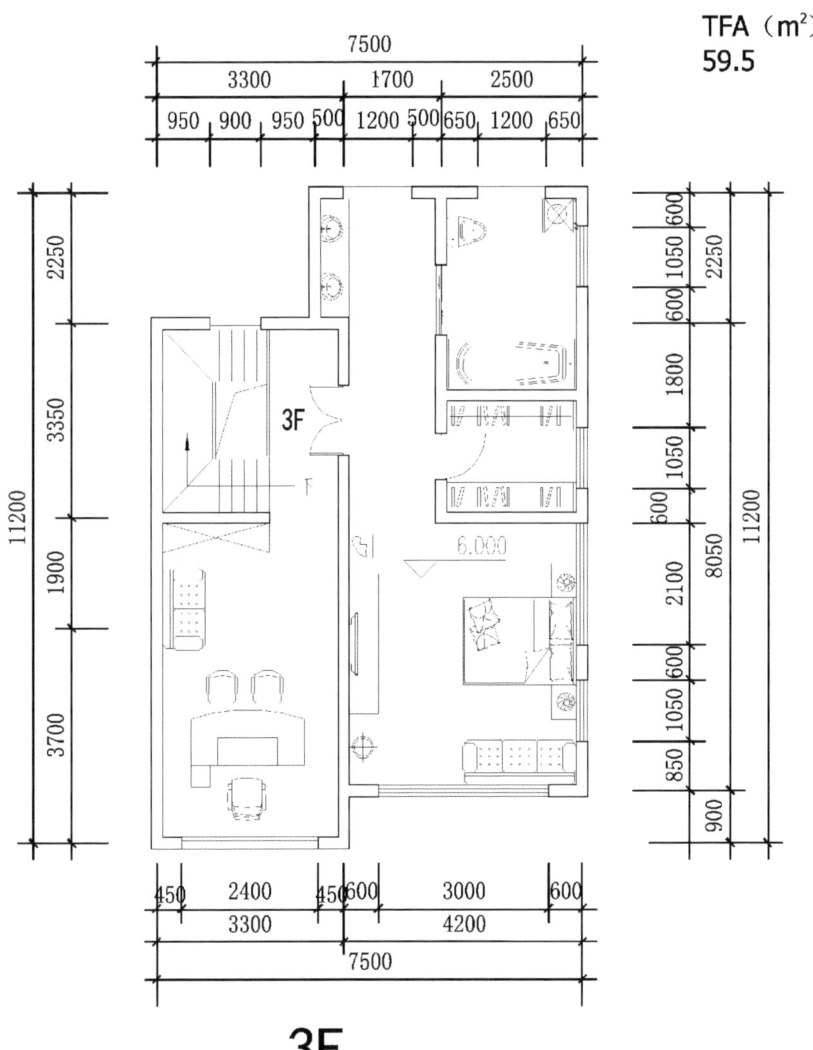
TFA（m²）
59.5
7500
3300
1700
2500
950
900
950
500
1200
500
650
1200
650
2250
3350
1900
3700
11200
600
1050
600
1800
1050
600
2100
600
1050
850
900
2250
8050
11200
3F
6.000
450
2400
450
600
3000
600
3300
4200
7500
3F

续图 D-2

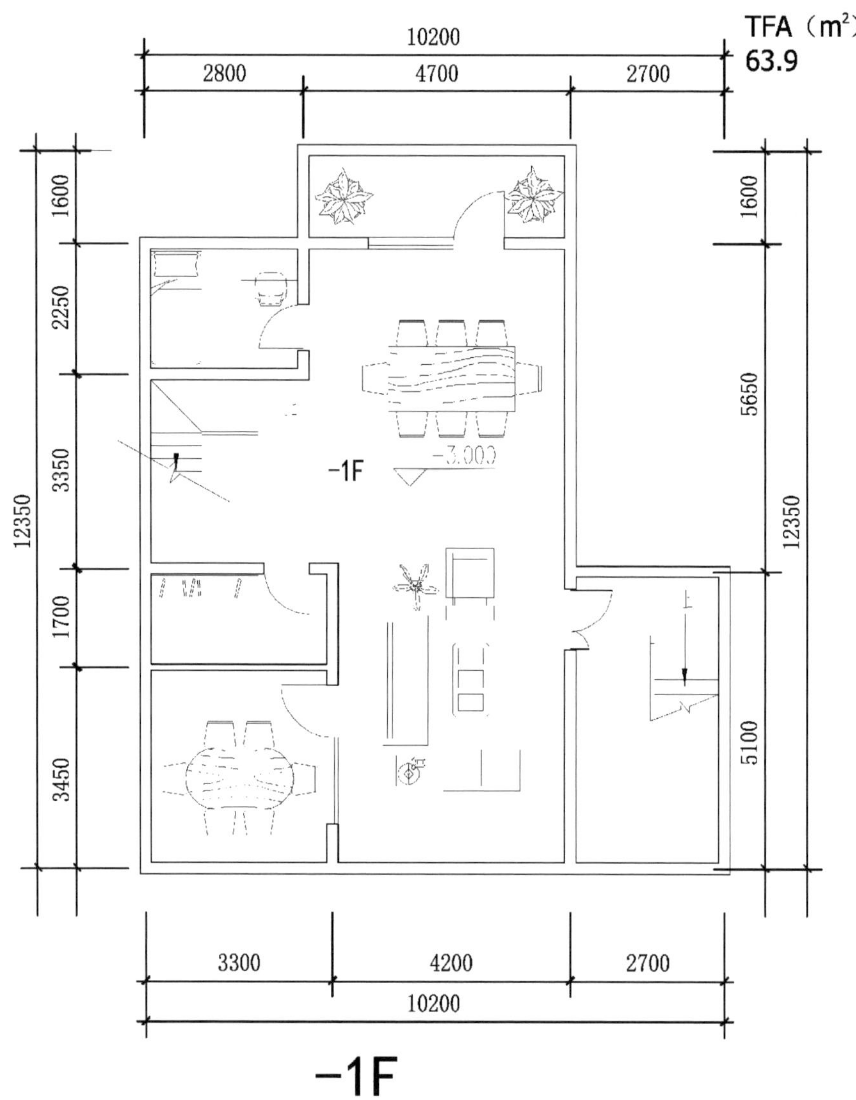

图 D-3　备选方案二各层平面图（1 ：200）

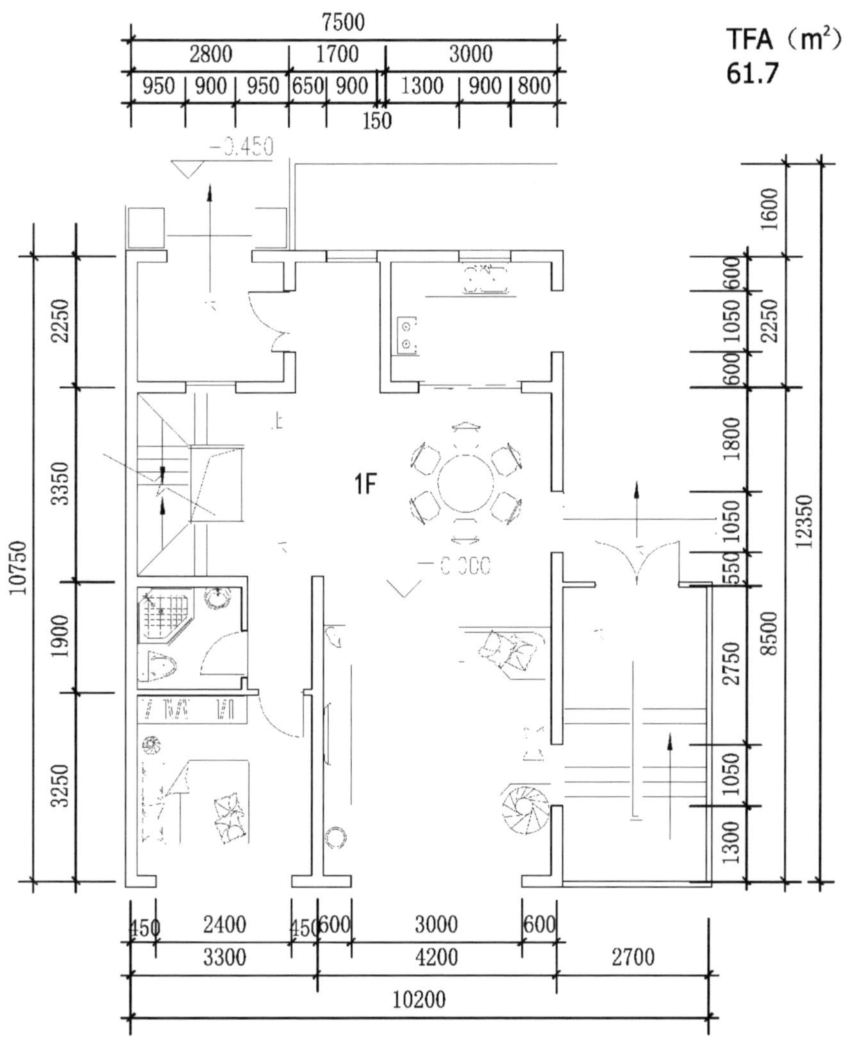
7500
2800
1700
3000
950
900
950
650
900
1300
900
800
150
TFA（m²）
61.7
-0.450
1600
2250
600
1050
600
1800
1050
550
2750
1050
1300
12350
8500
10750
3350
1900
3250
1F
±0.000
450
2400
450
600
3000
600
3300
4200
2700
10200

1F

续图 D-3

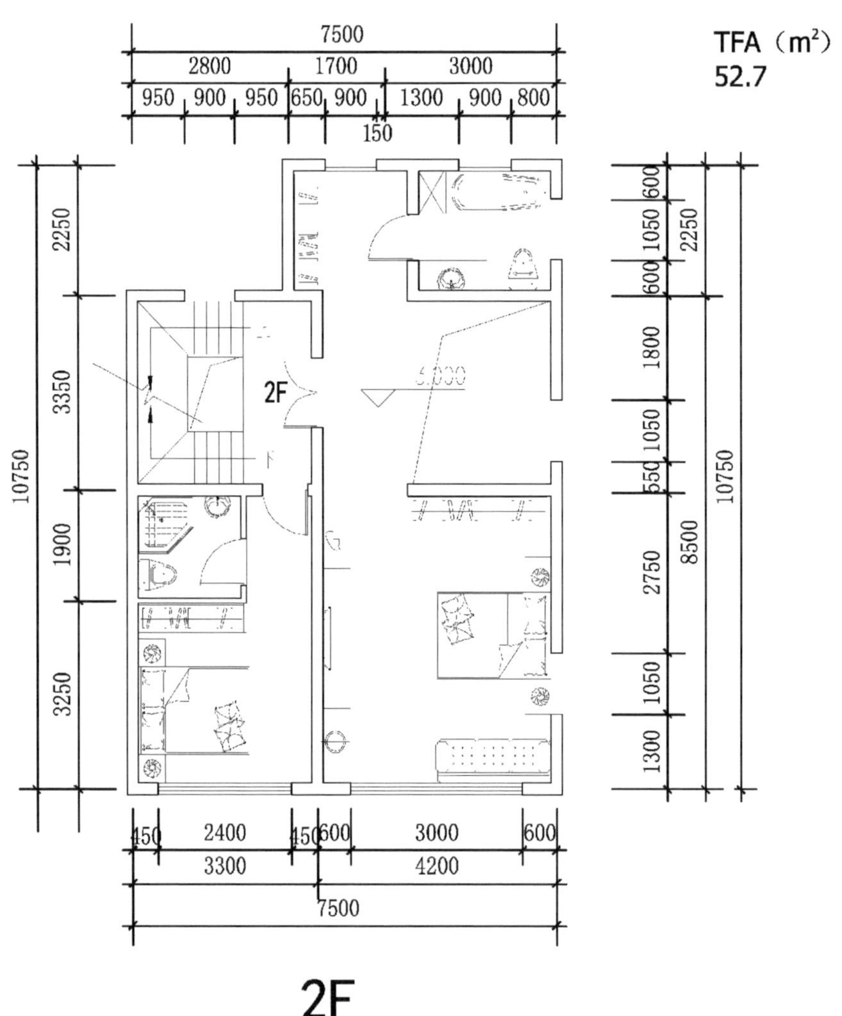
TFA（m²）
52.7
7500
2800
1700
3000
950
900
950
650
900
1300
900
800
150
2250
3350
1900
3250
10750
600
1050
600
1800
1050
550
2750
1050
1300
2250
8500
10750
2F
450
2400
450
600
3000
600
3300
4200
7500
2F

续图 D-3

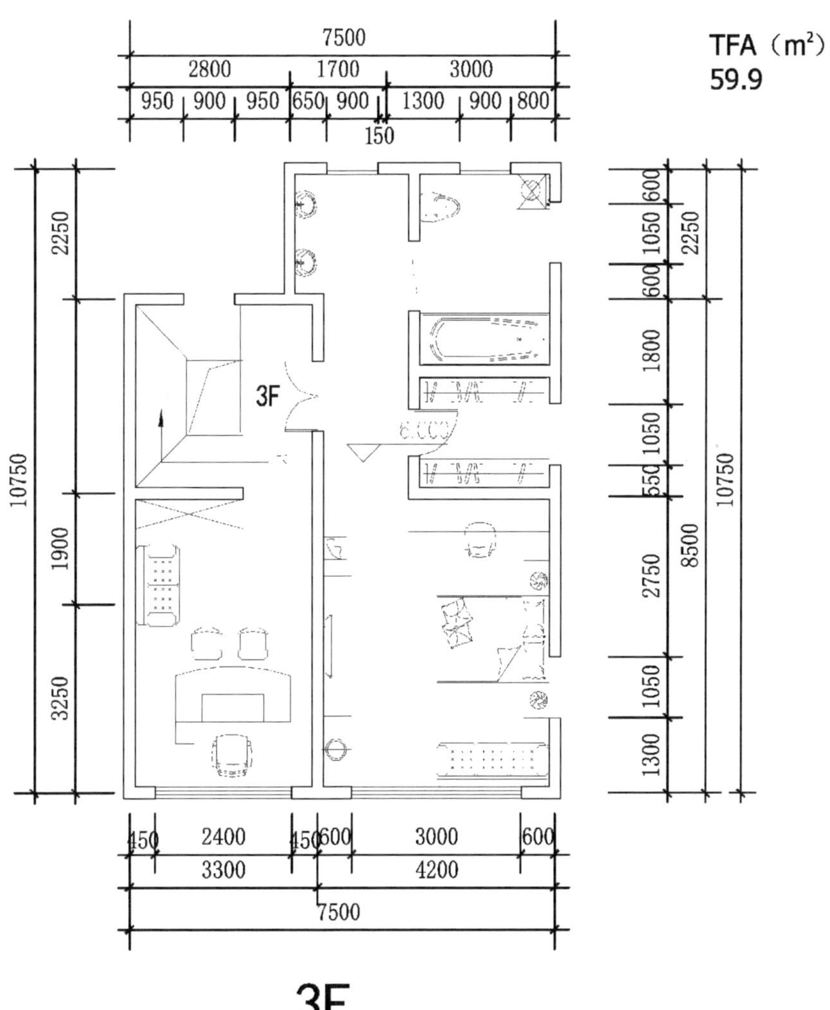

续图 D-3

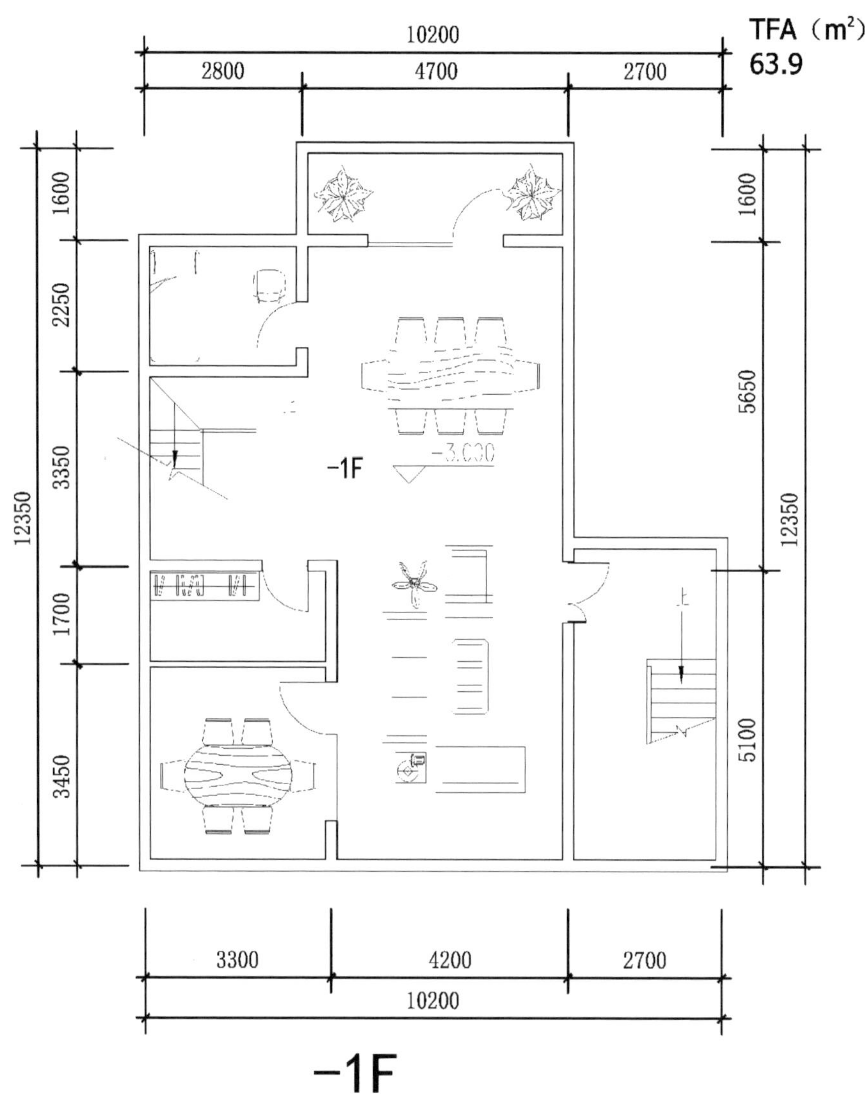

图 D-4　备选方案三各层平面图（1 ：200）

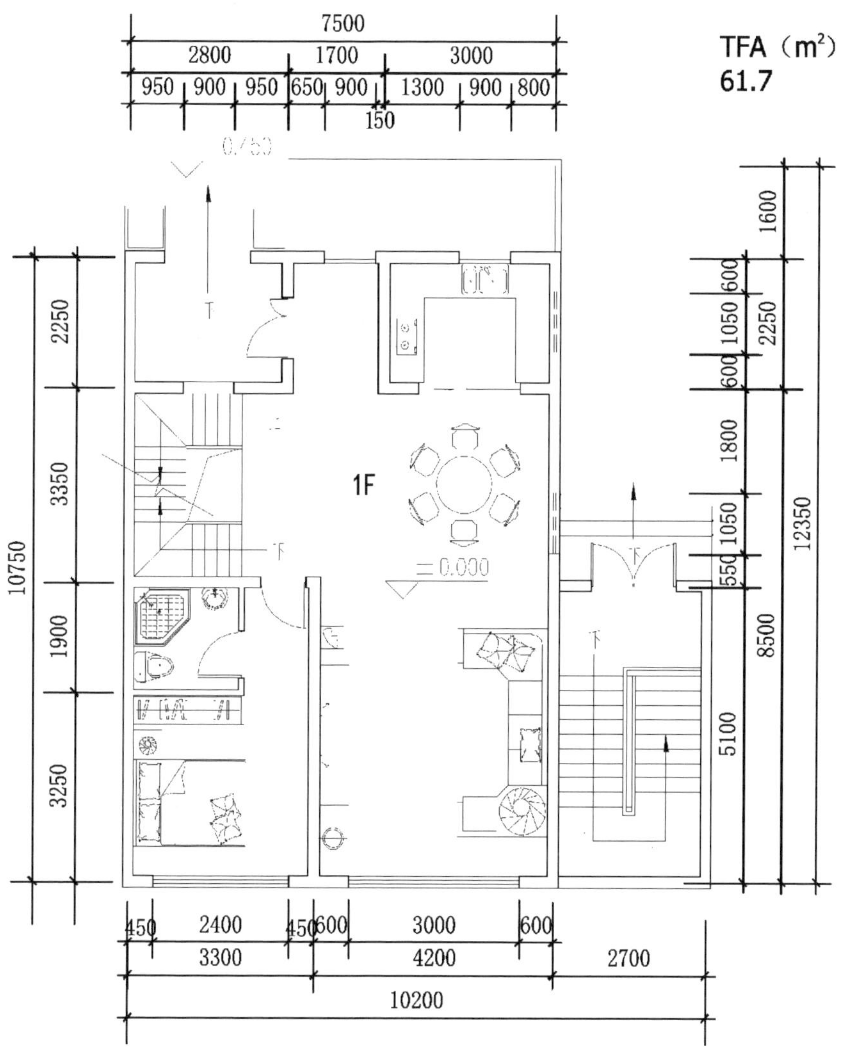

7500
2800
1700
3000
950
900
950
650
900
1300
900
800
150
TFA（m²）
61.7
1F
±0.000
2250
3350
1900
3250
10750
1600
600
1050
600
2250
1800
1050
550
5100
8500
12350
450
2400
450
600
3000
600
3300
4200
2700
10200

1F

续图 D-4

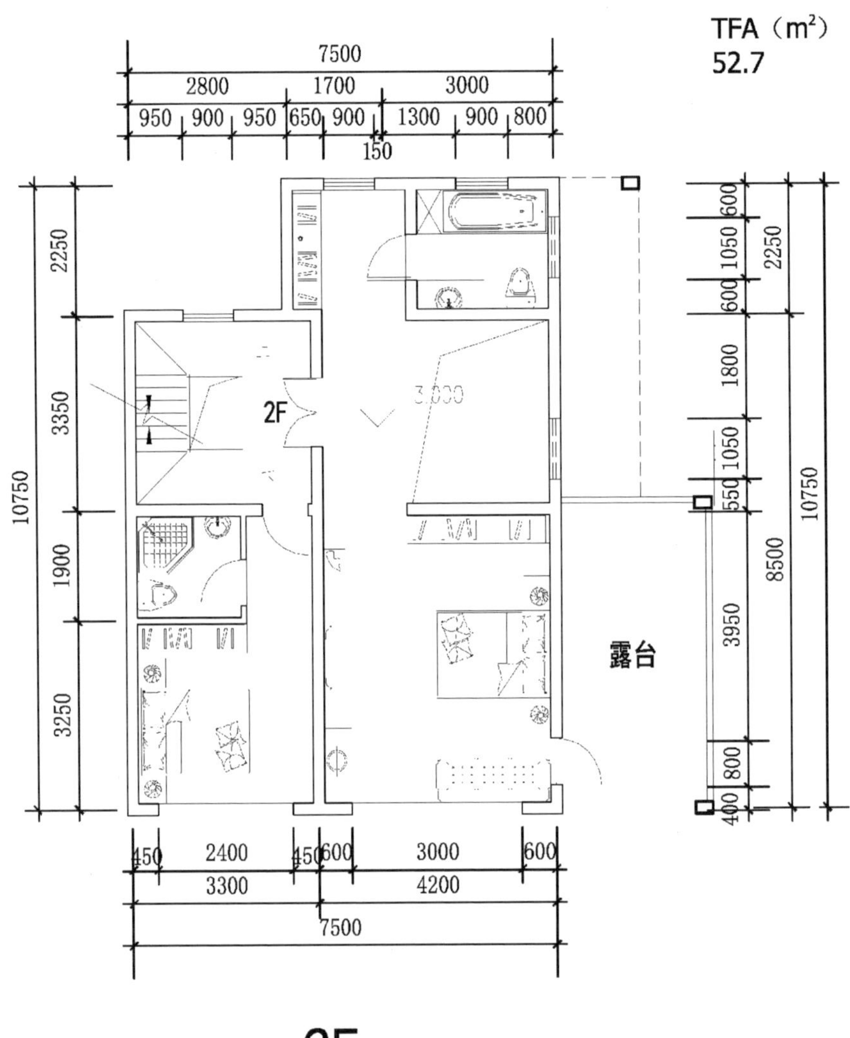
TFA（m²）
52.7
7500
2800
1700
3000
950
900
950
650
900
1300
900
800
150
2250
3350
10750
1900
3250
600
1050
600
1800
1050
550
3950
800
400
8500
2F
露台
450
2400
450
600
3000
600
3300
4200
7500
2F

续图 D-4

TFA（m²）
59.9

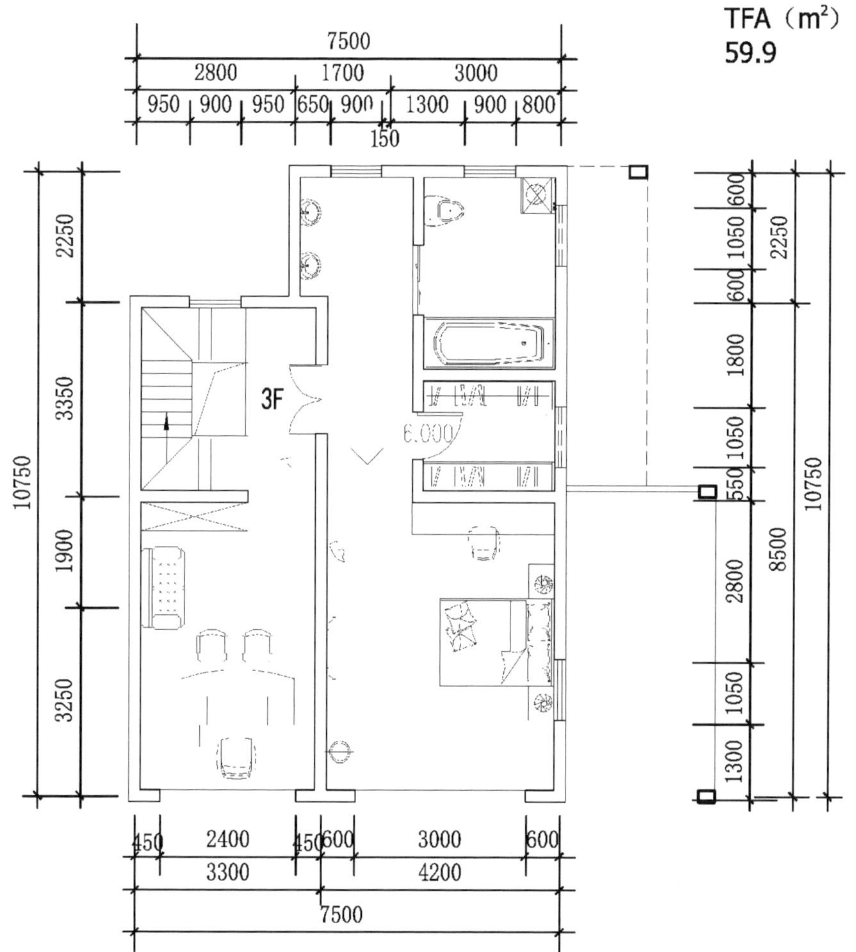

3F

续图 D-4

附录 E　平面图（案例二）

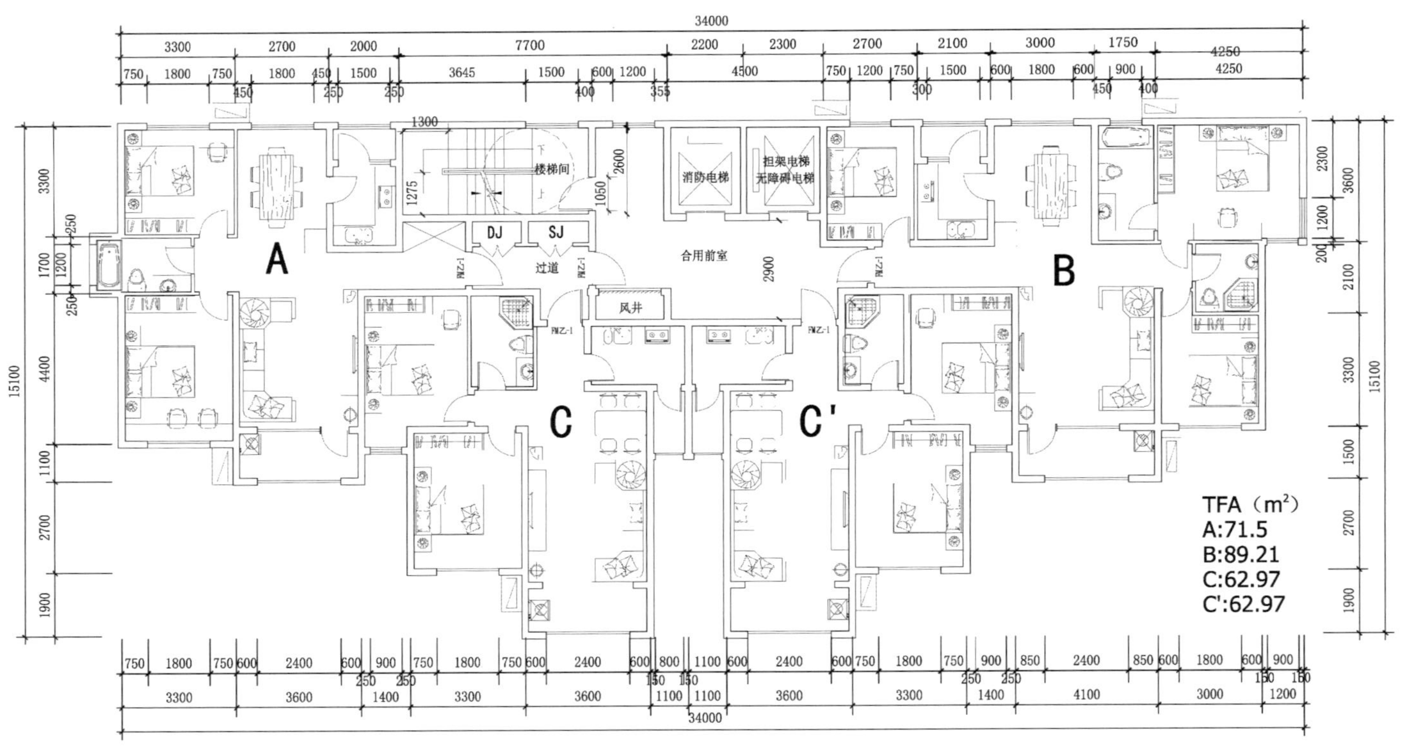

图 E-1　原方案标准层平面图（1：200）

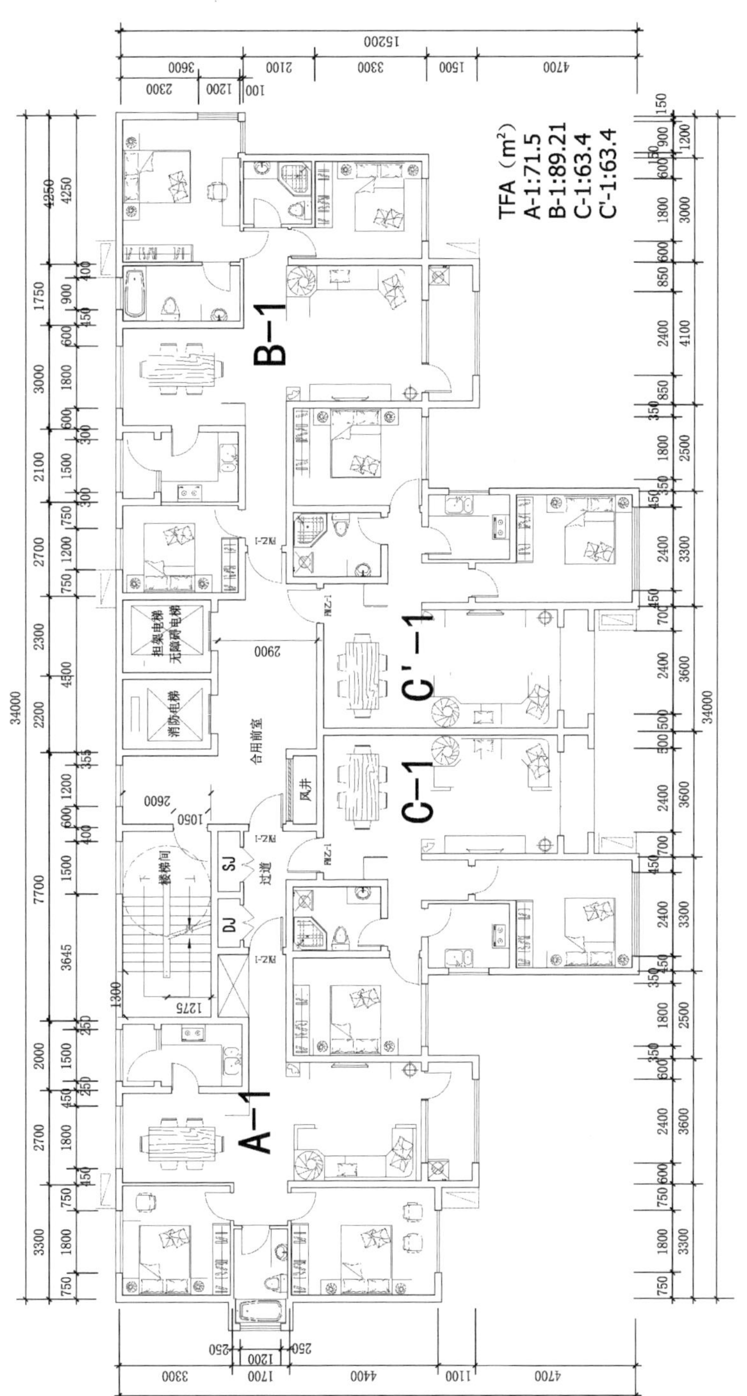

图 E-2　备选方案一标准层平面图（1：200）

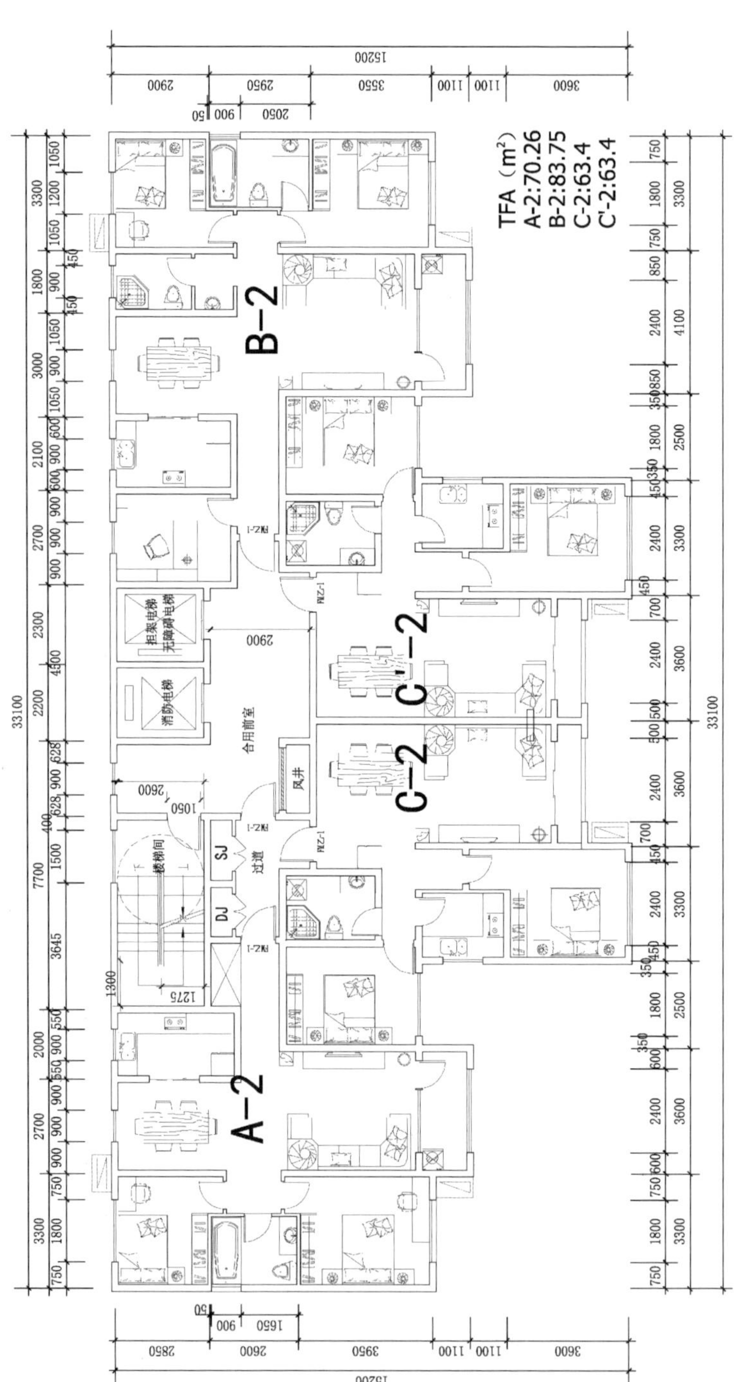

图 E-3　备选方案二标准层平面图（1：200）

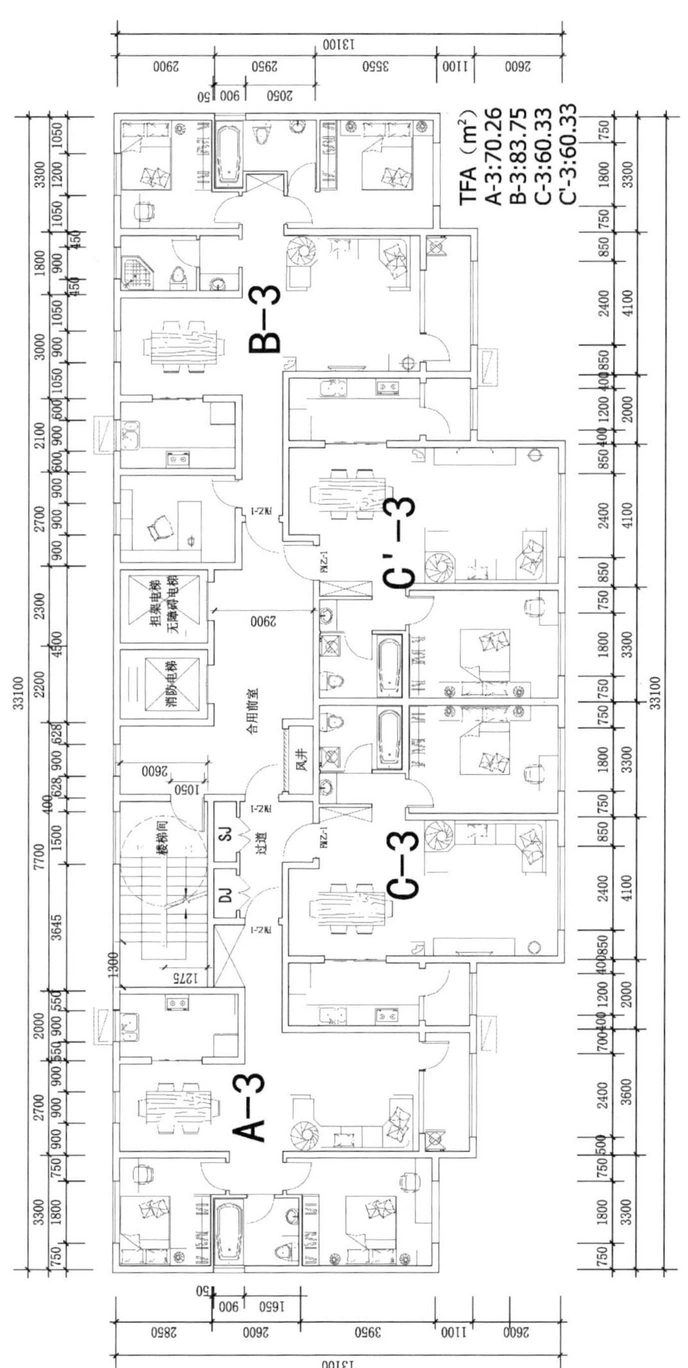

图 E-4　备选方案二标准层平面图（1：200）

后　　记

本书源于我的博士论文，是在我的导师刘丛红教授的精心指导下完成的。 刘老师从最初的选题、研究框架的确定到最后的成文都付出了宝贵的时间与精力，师恩难忘!

感谢天津大学建筑学院506工作室的李晓俊、杨鸿玮、刘立、程坦、王楠和毕晓健，与你们共同的探讨为研究提供了宝贵的思路，感谢你们在我遇到困难时一直鼓励我继续前行。

感谢河北奥润顺达窗业集团的沈丰工程师，为研究提供了宝贵的资料和技术指导。 感谢青岛中德生态园被动房公司的丁枫斌总经理，为我们提供了难得的被动房项目考察机会。

最后，感谢华中科技大学出版社的简晓思编辑为本书付出的耐心和努力。